天然气管道

——一个世纪的制度演进

[美] 杰夫 D. 迈克拉姆（Jeff D. Makholm）著

徐 斌 黄 诚 译

石油工业出版社

内 容 提 要

为什么美国形成了天然气竞争性市场而不是其他地方？为什么信贷和投资能轻易地流入世界上最古老的美国天然气管道市场？新古典经济学无法解释此问题。本书运用产权、交易成本、资产专用性、集体行动等新制度经济学的概念框架，通过比较不同国家和地区管道产业的100年来的制度发展，阐述了新制度经济学对本地化知识及其不断形成的制度和政治历史的解释力。

本书适合大学科研院所的教学及科研人员、油气相关领域的政府官员与企业管理人员阅读。

图书在版编目（CIP）数据

天然气管道：一个世纪的制度演进／（美）迈克拉姆（Makholm, J.D.）著；徐斌，黄诚译．—北京：石油工业出版社，2016.5

书 名 原 文：The Political Economy of Pipelines: A Century of Comparative Institutional Development

ISBN 978-7-5183-1276-4

Ⅰ．天…

Ⅱ．①迈…②徐…③黄…

Ⅲ．天然气管道–产业发展–对比研究–世界

Ⅳ．F416.22

中国版本图书馆 CIP 数据核字（2016）第 095038 号

The Political Economy of Pipelines: A Century of Comparative Institutional Development
By Jeff D. Makholm
© 2012 by The University of Chicago.
All rights reserved.Licensed by The University of Chicago Press, Chicago, Illinois, U.S.A.
本书经 The University of Chicago 授权石油工业出版社有限公司出版。版权所有，侵权必究。
北京市版权局著作权合同登记号：01-2014-7356

出版发行：石油工业出版社
　　　　　（北京安定门外安华里 2 区 1 号　100011）
　　　　　网　　址：www.petropub.com
　　　　　编辑部：（010）64266875　图书营销中心：（010）64523633
经　　销：全国新华书店
印　　刷：北京中石油彩色印刷有限责任公司

2016年5月第1版　2016年5月第1次印刷
710×1000毫米　开本：1/16　印张：11.75
字数：236千字

定价：50.00元
（如出现印装质量问题，我社图书营销中心负责调换）
版权所有，翻印必究

原书前言

这本书通过运用制度经济学对油气管道行业近一个世纪的发展进行研究，体现了新制度经济学在解释市场、市场行为、政府管制和竞争性进入的作用。管道行业完美地验证了新制度经济学理论：不同地区技术和操作方面极为相近，却存在制度的多样性。为什么纵向一体化出现在美国石油管道和英国天然气管道，但附近的美国天然气管道却是纵向分离的制度？为什么管道气在维多利亚州是在管制的现货市场进行买卖，而它的邻居新南威尔士州则通过长期合同卖气？为什么燃气运输管道的运输商喜欢把管道容量当作一种产权（可以按照他们的价格自行买卖），而加拿大的运输商则不喜欢这样？为什么颁发新的燃气管道资格证在美国是小事一桩，在欧洲就是严重的政治问题？为什么信贷和投资基金很容易流向美国燃气管道（世界上最老的管道），而阿根廷（世界上第二老的管道）则没有信贷流入？最后，为什么燃气管道的使用和建造在美国是完全市场竞争的，在其他地区则不是？传统的新古典经济学的分析重点在技术与成本、理性选择和均衡，并没有分析为什么管道行业在不同的国家和地区的制度为什么如此不同。新制度经济学在更广泛的理论基础上，对各个国家和地区的本地化知识、制度和政治历史都有研究，这些因素影响并将在未来继续影响世界管道行业的布局。

管道行业存在研究难度。尽管所有的油气管道操作起来都差不多，但是它们的制度在各个国家都有很大不同（甚至是同一个国家的石油管道和燃气管道也有很大差异）。美国现行的管道行业制度是在一个世纪前提出，民众对当时的管道制度非常不满意。欧洲、澳大利亚和南美洲以投资者所有权为核心的管道制度，发展历史相对更短一些，是以20世纪管道私有化改革为开始。但是这些国家和地区现在的制度还是很不相同，表现出地区事务、市场结构和政治的特质。这些地区的制度和经验一般不展示给外人，而且通常不在文件和规范中写出，所以外人很难明白。

我在国家经济研究中心的工作，让我有机会了解管道行业和相关的制度矛盾与问题。1961年，当研究中心成立的时候，研究中心领导者作为燃气经销商，与国会在20世纪30年代颁布的管道法律发生了一次大的"冲突"。"冲突"使得我直接参与到与管道产业相关的两项主要革新行动。第一，在美国创建合法的燃气运输市场——科斯市场。第二，由于20世纪八九十年代的私有化浪潮，我在全球到处飞，去帮助国有化管道公司进行私有化改革，这一过程让我有机会直接和世界上主要的油气管道公司合作，包括北美洲和南美洲、欧洲、澳大利亚、新西兰、俄罗斯和中国。

这段时间，我看到管道制度在各个国家的差异性。我的工作包括为波兰管道输送定价，与英国燃气（20世纪20年代私有化浪潮的领军队伍）深入合作，帮助阿根廷和玻利维亚进行管道制度私有化改革，为中国国有管道制度提供改革建议。我参与过澳大利亚和新西兰的私有化改革过程，在墨西哥和南非为国有油气管道制度设立了关税制度，并且参与了俄罗斯石油管道系统是否应该允许西方投资者资金进入的调查。我还参与过怎么在货币不能兑换和小额信贷的情况下，地区应该怎样为新燃气管道筹集资金。

本书中，我分析了经济理论怎么影响管道产业发展和管道产业制度。然而不是所有主流管道系统都能证明这一点。私有企业和公共福利之间的冲突在国有管道制度中是不存在的，例如中国和俄罗斯。因此，国有管道制度并不是我分析的对象。为控制书的篇幅，我没有讨论在管制情况下，关税制度的起源和方法。我认为只要管道产权条款明确、管道系统操作和融资透明，管道关税的设立应该简单、直接。然而，全球新的私有管道产权经常不明确，透明度也不好。我没有描述全球管道地图，而是从一些不常见的渠道，给大家讲一些案例。管道系统地图在做经济分析的时候没什么作用，美国石油和燃气管道在地图上看很相似，但事实上在定价、交易和制度方面却完全不同。况且，管道地图在网上很容易获得，谁也不会在乎它到底长什么样子。

这里，我要感谢 Louis Guth, Michal Tennican, Bernard Reddy, Graham Shuttleworth, William Taylor, Agustin Ros 和 Greg Houston，他们都看过本书初稿的部分章节，并给予了宝贵的意见；Matio Lopez 看了本书初稿，并且提供了关于交易成本和相关领域目前的发展状况；我非常感谢 Fernando Vinelli, Paul Hunt 和 Christian von Hirschhausen 关于这本书的评论；Donald Kaplan 抽出宝贵的时间阅读这本书；Wayne Olson 提了很多宝贵的建议。协助我完成本书的还有 Kurt Strunk, Gabriel Priero, Joshua Rogers, Ryan Knight 和 Alexander Walsh。Simone Cote 是一个细心的编辑，指出了很多书的排版问题。两个匿名的初稿审察者也对本书的终稿有很大影响，但是根据芝加哥大学出版社的规定，我不能将他们的名字写在这里以示感谢，对此深表遗憾。无论如何，这本书有任何问题，都是我自己的责任。

本书主要反映了两位经济学家的思想。一位是已故的纳德·韦斯，他是一位经济学教授，并且是麦迪逊大学产业组织研究的领导者。韦斯的第一个结合经济理论、产业发展史和政府政策的产业研究案例深受好评。他使我在威斯康星州产业研究部时培养了一种习惯，这件事要追溯到管制经济学家 John R. Commons。这个习惯就是扎实地学习制度和经济理论，这些是在考虑公众利益以后，政府做出经济管理政策的基础。我希望威斯康星这一传统习惯，在本书中能够体现出来。另一位是阿尔费雷德·E. 卡恩，他是康奈尔大学的教授、主任和托管人，纽约公共服务委员会和民用航空局主席，航空公司管制员和总统顾问，他是我在国家经济研究协会时间最长的朋友、同事。卡恩亲眼见证了20世纪40年代以来管道制度的发展历史，他经历了影响管道制度的事件，见过那些有影响的人，同时他也看了本书的初稿。他对我就像过去几十年对待其他研究经济政策的经济学家那样，给了我很大的启发，他是一个充满智慧、绅士风度和风趣的人。

译者前言

《天然气管道——一个世纪的制度演进》一书是美国国家经济研究所经济学家杰夫 D. 迈克拉姆的著作，由芝加哥大学出版社 2012 年出版。本书运用产权、交易成本、资产专用性、集体行动等新制度经济学的分析框架讨论美国管道产业的规制与发展。通过美国油气管道 100 多年的历史经验，说明了新制度经济学在解释市场、市场行为、行业管制和竞争性进入等方面的重要性。本书在中国的翻译出版应该对当前中国油气管道的市场化改革具有借鉴价值。

作者认为，由于表面上管道行业非常简单，使用的技术几十年来没有变化，使得大家认为没有什么新的东西值得经济学家研究。因此，尽管目前有公路、铁路和其他运输方式的经济学研究，以及关于发电、通信以及互联网的经济学研究，但经济学家对管道运输却没有做过系统研究。20 世纪下半叶主流的新古典经济学文献基本上对管道运输的主题不太重视。但是，由于管道存续的时间太长，围绕它们的制度却非常复杂，从一开始一个世纪前管道诞生之际就争议不断。作者认为，20 世纪末全球范围内管道私有化发展，以及呈现的地区化差异，是各个国家独特的本地化事务、市场结构和政治的反映。这也是新古典经济学忽视管道研究的基本原因。新古典经济学集中于技术和成本、理性选择、市场均衡等问题，这使其不能回答为什么信贷和投资能轻易地流入世界上最古老的美国天然气管道市场，以及为什么美国形成天然气竞争性市场而不是其他地方等问题。新制度经济学对解释本地化知识及其不断形成的制度和政治历史更具有解释力。

值得关注的是，本书强调了"科斯谈判"对于天然气竞争性市场的关键作用。两种不同的运输监管模式——公共运送与私有运送导致了管道运输完全不同的行业结构。美国天然气管道的私有运送为最终形成合法运输权的"科斯谈判"提供了基础。相反，100 多年前，美国石油管道受到 19 世纪广泛在铁路、运河使用的公共运送模式的监管，最终造成美国石油管道公司的纵向一体化。

理论上，非常流行的观点认为，由于管道的资产专用性投资的特点，存在一个"不可证实性"的要挟问题（hold up），因此迫使企业更多地采用纵向一体化的方式来进行生产（Williamson，1985）。但是，这样的企业将无法利用分工的益处，因而会增加生产成本。大量文献表明，纵向一体化的垄断公司没有激励降低成本以效率最大化，并降低消费者价格。相反，在一个竞争性市场，企业追求生产效率收益和比较优势是一个自我实施的过程。因此，美国、英国等国家的天然气市场并没有采取一体化的治理方式，而是基于鼓励市场竞争的同时，不断完善政府管制过程。应当看到，美国和英国天然气市场化发展经历了十到二十年的时间才相对成熟，我们相信，中国的天然气市场化改革也是一个渐进的过程。

  本书的翻译也是国家社科基金一般项目《页岩气背景下中俄天然气战略机遇与治理规则研究》（项目号：13BGJ016）的阶段成果之一。

译者
2016年5月3日

目　　录

第1章　新制度经济学与管道运输 1
1.1　交易成本与资产专用性 2
1.2　制度演变与市场发展 4
1.3　无形产权与新管道运输市场 6
1.4　集体行动操纵监管政策 8
1.5　本书的内容 9

第2章　管道研究现状与私有管道资本 15
2.1　现有的管道研究文献 16
2.2　管道和私有资本 19
2.3　与私有管道资本角逐的世纪 21

第3章　生产成本的经济学：管道的自然垄断 27
3.1　管道的自然垄断理论 28
3.2　管道可观察的成本结构 30
3.3　成本驱动的管道自然垄断的持续性 31
  3.3.1　管道运能扩张下的自然垄断 31
  3.3.2　管道作为"网络" 32
  3.3.3　管道自然垄断在实际上的经验缺陷 33
  3.3.4　管道的自然垄断受到地理与地质的挑战 34
  3.3.5　管道的自然垄断受到政治与准入监管的挑战 35
3.4　管道短暂的自然垄断 36

第4章　应对垄断的管道监管 40
4.1　标准石油公司与1906年的首次管道监管 41
  4.1.1　各州石油管道监管的尝试 42
  4.1.2　针对标准石油的加菲尔德（Garfield）调查和国会的行动 42
4.2　20世纪30年代的天然气监管措施 43
  4.2.1　1906年以来天然气管道行业的发展 44
  4.2.2　州政府监管控制的努力失败 44
  4.2.3　1938年天然气法案 45

4.3　欧洲的天然气管道监管 46
　　4.3.1　英国：私有化过快的结构性影响 47
　　4.3.2　欧洲大陆天然气管道监管的困难 49
　4.4　南半球的私有化与结构问题 50
　　4.4.1　澳大利亚：在一个发展的公有天然气管道系统中推进竞争 50
　　4.4.2　阿根廷：首先重建，然后私有化 54
　4.5　管道监管的取消 56
　　4.5.1　美国石油管道的有节制监管 57
　　4.5.2　基于成本的美国天然气管道监管 58
　　4.5.3　澳大利亚事实上的放松管制 59
　4.6　结构性分析的终结 60

第 5 章　新制度经济学的本质贡献 69
　5.1　交易成本 69
　　5.1.1　可占用的专用性准租金 70
　　5.1.2　资产专用性与管道投资的特性 71
　5.2　公共运送 / 第三方进入和管道交易 72
　　5.2.1　公共运送运输监管的发展 72
　　5.2.2　公共运送与服务义务 73
　　5.2.3　运输路线分配与特许权发放 73
　　5.2.4　公共运送与资产专用性之间的矛盾 74
　5.3　监管体制的发展 75
　　5.3.1　法院 75
　　5.3.2　立法机关 76
　　5.3.3　新机制的发明者 77
　　5.3.4　时间表问题 77
　5.4　集体行动理论 78
　5.5　产权与科斯谈判 80

第 6 章　公共运送下的交易：1906 年的石油管道监管 88
　6.1　对标准石油公司管道施行公共运送 89
　6.2　天然气管道摆脱公共运送 89
　6.3　"商品条款"与纵向一体化 91
　6.4　在没有商品条款的条件下美国石油行业开始施行公共运送 92
　　6.4.1　ICC 与标准石油公司争夺管辖权（1906—1914） 92
　　6.4.2　新独立的管道最终再次合并（1911—1931） 93
　　6.4.3　公众压力引起的"仲裁"（1931—1941） 94

  6.4.4 战后的管道运输合同 ································· 95
  6.4.5 一致性法规下石油管道行业的演变 ···················· 96
  6.4.6 FERC 的监管措施（1985 年至今）····················· 98
 6.5 美国石油管道和"反对真空" ······························ 98

第 7 章 私有运送下的交易：1938 年的天然气管道监管 ············ 106
 7.1 不受监管的交易：天然气管道的纵向一体化导致了 1935 年的控股
   公司法案 ·· 107
 7.2 1938 年天然气法案 ··· 108
  7.2.1 法案的立法过程 ······································· 109
  7.2.2 法案的主要特点 ······································· 111
  7.2.3 美国立法政治与公共运送的避免 ······················ 112
 7.3 法院对于天然气法案的确认：霍普的天然气案例以及受监管财产的
   估值 ·· 113
 7.4 管道交易公共事业模型的问题································· 115
  7.4.1 最高法院要求 FPC 监管天然气井口价 ················ 116
  7.4.2 执照的竞争，扭曲的天然气市场以及压力集团 ········· 117
  7.4.3 管道公司的过分扩张 ·································· 119
  7.4.4 以使用权协议交换援助计划 ··························· 120
 7.5 运输业开放竞争的整合·· 120
  7.5.1 建立高度明确的天然气实际运输权 ··················· 121
  7.5.2 为运输权交易建立可预期的成本基础·················· 122
  7.5.3 建设完全信息与低成本的交易体系 ··················· 123
  7.5.4 FERC 在监管运输权市场中的角色转变················ 124
  7.5.5 运输权市场自身的发展································· 125
 7.6 美国天然气分销商形成了有效的压力集团······················ 126
 7.7 竞争性管道运输的演变·· 127

第 8 章 全球管道体系的竞争性潜力····························· 139
 8.1 美国的石油管道：围绕公共运送演变的一个世纪 ··············· 139
 8.2 加拿大的天然气管道：没有运输权市场的使用权公开 ·········· 141
 8.3 英国天然气管道：抽象运输·· 142
  8.3.1 运输抽象中的附加机制 ································ 142
  8.3.2 监管困难的结构性障碍 ································ 143
 8.4 澳大利亚：克服结构和体制障碍································ 144
 8.5 阿根廷天然气管道：体制困难与政府征收 ······················ 145
 8.6 天然气管道对欧洲竞争性天然气市场的阻碍···················· 146

8.6.1　运输权市场内在的制度性障碍 …………………………… 147
　　　8.6.2　竞争性运输：欧盟管道竞争的未来 ………………………… 150
第 9 章　**理解管道：新制度经济学的视角** ……………………………………… 158
　9.1　有形管道资产的价值 …………………………………………………… 160
　9.2　公共运送与第三方准入的负担 ………………………………………… 161
　9.3　集体行动的角度 ………………………………………………………… 162
　9.4　制度历史的角度 ………………………………………………………… 163
　9.5　管道与后来的制度主义者 ……………………………………………… 164
参考文献 …………………………………………………………………………… 166

第1章 新制度经济学与管道运输

20世纪70年代末,吉米·卡特(Jimmy Carter)总统任命康奈尔大学的阿尔弗雷德·E.卡恩(Alfred E. Kahn)教授改革美国航空业的时候,卡恩将航空行业的本质形容为只要不被复杂的市场进入、退出和定价监管阻碍,该行业的边际成本就可以将其高度灵活的资本部署到市场需要的地方。[1]但是,随后民航委员会(美国航线费率设定机构)的撤销比简单放松航空业竞争更为复杂。中心辐射模式的发展以及一些主要中心运能不足显示出航空业取消监管的后果不可预料,并且比许多人想象得更复杂。[2]但是最终,航空资本确实达到了显著的流动性——带翅膀的边际成本。航空业在取消监管后反映出的竞争性,无论是在定价和线路的灵活性,还是低效运输的消失,都对美国的航空旅行产生了革命性的影响,为一大批自由旅行者带来更快捷更安全的航空旅行。取消价格监管与监管机构是新古典经济学对保护主义势力的一次胜利,后者用监管手段支撑结构性竞争的航空运输卡特尔垄断。

本书是关于近代制度经济学家的胜利——不是新古典经济学家——从理论视角分析竞争如何并且为何在管道运输行业发生。那为什么要回顾航空业监管的取消呢?

因为航空业提供了有用的对比。管道是戴着镣铐的边际成本。管道资本依附于土地并且无法移动——与航空业可移动资本形成对比。管道从一个点向远方建设。它是目前最高效的内陆燃料运输方式,为特定的石油和天然气生产商服务,将经常在大陆另一边炼油厂、天然气分销商、发电厂与气源地——连接起来。管道公司以及用户之间的不确定性或者商业机会主义,都会使设施搁置,并损害投资资本的价值。这种挑战非常大,以至于政府都会使用公共资金自己建设管道。如果私人投资者建设管道,他们会与燃料供应商与用户达成联盟。在资本不可移动性与其后的同盟面前,促进管道运输的竞争相比卡恩的航空业改革来说是一个更复杂的问题。解释管道运输竞争性的来源需要更多样的经济学理论。

管道行业寻求联盟是问题的核心。其中,最主要的问题就是纵向一体化。但是纵向一体化存在问题:石油和天然气生产商利用管道纵向一体化作为对付非一体化对手的武器。政府已经采取了多种办法方便管道运输资本的流动——以高效满足公众对燃料的需求,同时试图防止石油和天然气生产公司利用管道阻碍燃料市场的竞争。美国和加拿大寻找的方式是通过委员会监管私人投资者拥有的管道,在20世纪的进程中，成功的方法在不断变化。世界上其他大部分地区寻求政府拥有管道，或者国家用很多不同形式进行直接控制。但是选择私人或者公共资本产生了深远的影响。在北美洲，几十年前，私人管道资本的使用促进监管机构的发展，并且为后来形成竞争性管道运输铺平了道路。为什么唯独北美洲选择了这条道路？

竞争本身又是怎样的呢？管道的表面特征看上去很难预示竞争性内陆运输的产生：长期的固定管道，以及相应的保护投资资本所必需的长期合同。的确，私人投资的管道在管道行业出现的第一个世纪中并非以竞争性运输为特征，而是与受监管的燃料市场混合在一起，形成的纵向一体化与严格的监管。但是，在21世纪，尽管私人投资者拥有的美国天然气管道系统继续维持几十年前的综合成本监管费率，但是随着管道系统的适用和扩张，同时出现了一个不受监管，并且高度竞争性的市场。这些竞争性运输市场反过来支持了高度竞争的天然气现货和期货市场。这种竞争性的管道运输是如何发展出来的？为什么需要花费一个世纪？为什么美国成功的竞争性天然气管道运输没有扩展到其他管道系统，甚至也没有扩展到美国的原油管道？

这些问题一直困扰着经济学家。管道只是管道，无论它们在什么地方，技术和运营没有差别。但是追求利润和福利最大化、理性选择和均衡的经济学理论，这些从1941年就取得了统治地位[3]的现代新古典经济学的基础并没有为这些问题提供根据。的确，大多数现代经济学家依赖新古典经济学传统的结构、理性和数学逻辑，它在20世纪初的时候取代了非数学化的制度经济学。但是，尽管新古典主义视角（方法）包含管道基本的成本结构因素，却没有足够的分析工具发现管道行业的组织形态。发现行业经济分析中的共同点意味着接受更多样和跨学科的理论视角，这被称为新制度经济学，是经济理论较新的延伸和发展。[4]制度细节和塑造复杂行业的地区性历史，特别是运输行业，对后来发展出新制度经济学的制度主义者来说至关重要。[5]这种理论有助于解释管道项目中私有和公有资本的选择问题；为什么地区中的行业结构会与其他地区显著不同；某些地区的合同交易是如何代替那些纵向一体公司的；为什么在全世界的管道系统中只有一个管道系统形成了竞争性运输。

新制度经济学采用了不同的分析视角，比如市场经济的法律制度，行业治理模式，合同安排，公共（政治）选择，监管以及制度变革。[6] 4个要素可以解释全世界管道行业中的组织多样性：交易成本与资产专用性、制度演变、无形产权以及集体行动。

1.1 交易成本与资产专用性

经济学家用资产专用性来解释为什么公司采用纵向一体化，而不采用相互之间在现货市场签订合同或者交易的方式。某些种类的投资对特定商业关系的要求非常高，它们会形成机会性"敲竹杠"的风险，而纵向一体化可以缓解这种风险。管道显示出很强的资产专用性：它是连接燃料生产商、炼油厂、发电厂和当地天然气分销商的长距离不可移动资产。纵向一体化将生产商、管道公司、炼油厂、发电厂、以及天然气分销商的利益联合起来。这种联合极大地减轻了（如果没有消除）一方在燃料运输安排中受到另一方敲竹杠的预期，限制了对沉没资本投资的预期收益。管道的问题在于尽管资产专用性将管道推向纵向一体化，但是其内在的规模经济效应限制了公司数量，使得燃料市场集中在为数不多的纵向一体化管道公司周围。

加州大学伯克利分校的奥利弗·威廉姆森（Oliver Williamson）因为在交易成本经济学理论方面的贡献，在 2009 年分享了诺贝尔经济学奖。他的理论解释了为什么有些经济交易在公司内部发生，而另一些在市场上通过合同发生。他在 1980 年前后发明了资产专用性这个术语。资产专用性促使投资者在建造管道之前建立可靠的商业关系。先建造后谈判会使得用户利用投资者资产的不可移动性获得优势并大幅限制投资者盈利能力。

处理管道的资产专用性需要生产商、管道公司、炼油厂、天然气分销与其他方面相互之间进行可靠的交易。这样的交易有两种成本：事前谈判或者起草合同的成本越低，那么在合同无法处理突发事件的情况下事后的成本就会越高。[7] 交易成本经济学的一个中心原则就是规定这种关系的合同往往都是不全面的——这是由威廉姆森称为"有限理性"所造成的。[8] 虽然人类行为有能力预测、发现合同缺陷，并且制订相应的合同和制度计划，但是他们绝对消除不了这种成本。纵向一体化避免了潜在的巨大事后合同成本，看上去成了主要的石油天然气管道的必要条件。

新古典主义经济学倾向于忽略交易成本假设。[9] 在没有交易成本的情况下，决策者可以完全预见未来。他们可以毫不费力地制定完整的、无争议并且有约束力的合约。在这样的环境下，经济治理机构在生产过程的效率上扮演中性的角色。生产通过现货市场的价格进行组织还是通过企业内部的纵向一体化并不重要。[10] 这种视角不利于并妨碍了交易成本占据重要地位的行业的分析。管道公司和用户已经拥有很多避免资产专用性所带来的潜在高成本后果的能力，威廉姆森关于交易的成本和不确定性的理论逐渐体现出显著的重要性。

经济学家在很久以前就提出，从一般意义上讲，公司是为处理交易成本而建立的特殊治理结构。[11] 罗纳德·科斯（Ronald Coase）在 1937 年发表的那篇关于企业性质的著名文献中，重点探讨了企业与供应商签订合同或企业一体化兼并的选择问题。[12] 科斯（1991 年诺贝尔奖获得者）开始在伦敦政治经济学院，后来去了芝加哥大学，他发现价格机制（他对于现货市场的称谓）的使用是需要成本的，表现在交易、合作以及协议成本之中。[13] 威廉姆森拓展了科斯的理论，不仅研究了达成协议

· 3 ·

的成本，而且还研究了协议各方机会主义行为的风险，并认为可以通过纵向一体化提前预防。[14]

对私人投资者拥有的管道来说，协议成本主导了早期的关系并且导致了纵向一体化。管道行业的出现发生在美国工业革命早期。标准石油公司管道出现的时代并没有及时可靠的商业记录、合法的监管会计准则、可靠的监管程序以及证券与交易委员会。那些在20世纪早期最先辩论管道监管规则的人们确实认为管道可能仅仅是独立的长途运输公司，同铁路或者运河一样。但是，更有头脑的立法者发现，后两者分别在其市场中拥有可转换性，而管道不同。运河和铁路的发展可以依靠多样化的经济产品为基础，并不需要纵向一体化。他们还发现，如果忽略管道对双边交易可靠性的需求而进行监管，那么注定会损害私有管道或独立的燃料生产商的融资前景，或两者同时受到损害。[15]

美国早期石油和天然气管道中，私有资本的使用突出了现有制度的弱点，无法有效处理合同交易中的成本问题。结果到20世纪30年代，石油和天然气行业主要集中在有限的几个纵向一体化管道公司手中。处理这个问题的办法很少，因为现存的公共运送明确规定禁止签订协议。但是天然气管道监管则出现了空白，国会认为法律和会计制度的发展可以降低管道制定协议的成本，并且为独立管道行业吸引私有资本提供方便。

的确，独立和具有竞争性的内陆运输市场的发展需要一系列的制度，用来降低交易成本以及清除管道行业纵向一体化的必要条件。一些基础制度出现于管道行业之前；另一些出现在20世纪初美国有效监管私有公共事业的时候；还有一些直接应对管道行业的市场混乱以及合并行为。但是这些制度在北美洲之外并没有出现。当减少签约成本的制度能够解释21世纪多个不同管道体系中的地理和行业（比如石油或天然气）差异性的时候，没有考虑交易成本的经济学理论却没有发现这一点。

1.2 制度演变与市场发展

管道是个古老行业，其中一些主导其行为的制度也很古老。管道行业是典型的资本高度密集的长途内陆运输行业，可以追溯到19世纪上半叶美国和欧洲运输商品的运河以及铁路系统。内陆运输监管的根源可以追溯得更远，即君主们如何授予特许权并且限制运输行业的市场进入——因此确保盈利能力——用来交换为所有人（比如他们的臣民）提供服务的承诺。因此，管道的治理制度是由相对古老的社会习俗、舆论、立法行为以及司法判例组成的复杂产物。如同其他领域的国内治理方式一样，这种制度会发生演变。通常来说，这种演变并不像查尔斯·达尔文

（Charles Darwin）的"渐进主义"，更像演化生物学家史蒂芬·J.古尔德（Stephen J. Gould）的"间断均衡"——由被长期遗忘的事件所导致的间断性跳跃式演化。即使如此，这种演化通常是具有选择性并且不完整的。在公共选择和政治演化领域，演化并非一直发生。[16] 监管本身演化缓慢：实践与政治中形成的管理和监管制度如果有效，就无法轻易地被新方法或新理由取代。关于管道行业行为不同制度引导的有效经济学分析必须承认其发展的间断性。

道格拉斯·诺斯（Douglass North，经济历史学家，在1993年与人分享了诺贝尔经济学奖）来自圣路易斯的华盛顿大学，他在研究中认识到这种经济治理制度的演化是如何促进经济发展的。他批评新古典经济学理论在解释经济发展的根源时忽略了治理制度与时间因素。诺斯引用了运河、铁路以及海运的发展史来证明其理论——在追求利益过程中经济治理制度的演化——推动了运输系统的发展，并且提高了私有资本融资的可得性。他应用运输行业证明其发现可能并不令人吃惊。长途运输包含了技术、财务和信贷、产权、公共使用、土地使用及不确定性等一系列独特的问题。运输的改进对经济的成功至关重要，并且完全取决于可靠的制度基础。可以这么认为，运输的制度演化本身就是复杂的。

诺斯的理论贡献在于否定了过度的简单化。[17] 但他展示了令人瞩目的历史例证。他阐释了19世纪早期航海业生产力和增长的急剧发展并不是因为新技术，而是因为航海贸易中新的治理制度。[18] 他同时说明了19世纪早期美国农业生产力的发展是私有资本融资和产权保护的新制度的结果，这使得大规模建造运河以及铁路系统成为可能。在上述例子中，特殊的压力集团（比如铁路托运人、土地开发者及农民）学会了如何利用治理体制方便私有投资基金的筹集，保障贸易规则，并保护私有产权。新制度有时会失败，比如美国公共融资的运输项目，当时纽约州政府在1839—1842年的萧条中选择对伊利运河（Erie Canal）债券违约而不是提高州税率。[19] 其他体制，比如州际商业法案以及其他以铁路为目标的立法，消除了一些形式的合理价格歧视，并且加快了地区间的铁路卡特尔发展，但没有促进铁路运输业效率提高和竞争。[20] 诺斯的创新在于深入研究了不同运输模式的历史，发现了压力集团如何对新治理体制施加压力（或者利用）以便克服发展和盈利能力增长的障碍。

诺斯对传统新古典主义经济学理论的批评之一在于：新古典主义认为经济增长的原因是技术改变以及新生产要素的使用。他认为新技术以及生产要素应用并不是增长的原因，而是增长本身，背后的体制变化才是增长的根本原因。铁路和运河系统有效地说明了这个理论。管道可能提供了一个更好的例证，因为它不具有其他运输模式的替代性。与运河（其功能被铁路取代）和铁路（其功能在20世纪被其他运输模式大规模缩减）不同，管道已经存在了一个多世纪，并且是长途内陆能源运输的首选运输方式——其技术并没有显著的改变，只是机械挖掘取代了手工挖掘，焊接取代了铆钉和螺丝。还有什么行业可以比目的单一、技术稳定的管道行业更能证明体制变化将竞争性对手排除在限制市场进入的垄断行业之外,或者不同的制度基础造成了当前北美和欧洲之间竞争力的不同?

诺斯特别关注产权的界定和保护制度,这是各种金融和贸易新形式的基础。管道运输行业中产权的严格界定在其独立性和竞争性发展中同样起着至关重要的作用。的确,美国私有管道资本确实使得立法机关和法院为详细说明和保护受监管财产的价值创立了新的制度,并使得管道利益相关者的合约关系取代了纵向一体化。追随诺斯开创的历史分析体系,本书将探讨21世纪管道行业结构根源之一的制度因素。

1.3 无形产权与新管道运输市场

管道是距离较长、不可移动的管状钢制资产,包含泵站和压缩站,没有什么难以琢磨的地方。但是如果不将管道作为有形的钢制结构,而是看作向管道所有者支付高度可预期费用的情况下,提供一种在两点间运输燃料无形产权的物质手段,这就值得研究了。就像长期财产租借合同(为占有、分割或者转租)中,承租人在支付租金后对商业办公空间拥有无形权利一样,21世纪美国天然气管道系统中管道的"承租人"拥有相似的权利。在向州际管道公司支付基于投资成本的受监管费率之后,管道用户可以根据自己的需要安排天然气运输。但是他们同样可以在管道合同规定的任何时间将天然气的运输权转卖出去——在其与管道公司签订长期合同所规定的时间之中。尽管承租人支付了受监管的费率,他们可以不受监管的在透明度高的互联网交易所中以任意价格出售其运输权,交易所提供所有托运人、运输能力、贸易以及即时价格等全部信息。这是全世界独一无二的市场。来自威斯康星大学的约翰·R. 康芒斯(John.R.Commons)是20世纪上半叶伟大的制度经济学家,他说道:"在现代资本主义中,最重要最稳定的经济关系是私有财产关系。"[21] 当两点间管道运输的无形协议使合约权利的价值变得明确和稳定的时候,权利就提升到了私有财产的高度,美国竞争性的管道运输市场就形成了。美国州际天然气管道传统和严格基于成本的监管体制在20世纪中期发展起来,保障了这种无形私有财产的价值基础。其后形成的其他制度保障了财产的价值及其无摩擦的自由交易。

无形运输权基础上的自由市场使得美国监管者可以同时应对管道引起的很多问题——在资产专用性的限制下保证私有投资流入,以及防止对商品市场产生危害。美国天然气管道公司不再交易其运输的天然气,或者损害天然气现货及期货市场的活力。天然气生产商与用户(以及他们的代理商)在一个统一和竞争性的现货市场中相互直接接触。他们分别安排管道运输。[22] 一个强大的期货市场伴随着现货市场,就像其他竞争性的期货商品交易市场一样。不受监管的市场决定谁在什么时候使用管道系统，并且许多不同的潜在管道运能开发商相互竞争，并决定系统如何以及向哪个方向扩张，在不受监管者判断的影响下创造更多的无形权利。美国天然气运输管道抵制了所有的偏见，并且经过一个世纪努力，形成了竞争性的行业结构。

美国天然气管道在实践中证明了科斯1960年的发现，尽管科斯的同事在当时表示高度的怀疑——但是在30多年后却使其获得诺贝尔奖。他发现控制产权（不是仅仅拥有资产）是经济组织的核心，他写道："没有创造对资源的产权，私有企业系统就无法发挥作用，当产权形成后，想要使用资源的一方就必须向资源所有者支付费用。"[23] 他认为，随着产权的明确，"混乱消失了"，并且政府也没有必要采取行动限制对有限资源的使用（除了维护界定和施行产权所必需的法律系统）。科斯使他的同事们相信，产权为资源赋予制度稀缺性，它形成了贸易的基础。通过创造与保护稀缺性的价值，可以创造从来没有过的市场。[24] 这在1960年是很激进的想法，与长期的信条背道而驰。[25] 此后，在污染权、碳补贴、无线带宽以及其他商品方面，通过对无形产权的创造和明确界定形成了一批特殊的合法权利，这就是"科斯市场"。[26]

内陆天然气无形运输权的自由科斯市场在美国形成并且发展壮大。联邦监管者的作用转变为包括保护无形的运能权利以及无摩擦的交易，并且传统的监管立法数量以及基于成本的管道费率干涉都大大降低。[27] 加拿大和阿根廷的天然气管道系统拥有形成这种市场的行业基础，但是两国都没有采取界定无形权利的措施，或者强制推行允许管道运输科斯市场存在的市场机制。欧洲大陆和澳大利亚的天然气系统离这种运输权交易市场的距离更为遥远，面临很大的制度和政治障碍。

在运输权方面，美国石油管道运输系统与科斯市场毫无相似之处，并且没有迹象表明近期将有所改善。根本原因在于1906年特别立法规定施行"公共运送"——不允许科斯市场依赖的无形权利的严格界定。就电力传输而言，无法形成这类市场的原因是物质上的，而不是立法上的。相互连接的电网中电流的速度和不可预测性（相比其他而言，其运输的速度是天然气或者石油管道一般速度的1500万倍）使其在现有的技术下无法在已有的成本条件下产生两点之间的无形权利。[28] 公路和铁路运输正在越来越多地使用不受监管的运输协议，以便进行创新并且提高长途铁路和公路网络的效率。但是铁路和公路的公共运送需要处理很多复杂的问题，比如中转站、连接站、不同的货物、反向运输、车辆以及不受监管的私营运送的竞争。[29] 并且无论如何，铁路和公路网络可以为不同用户服务。形成无形运输权市场的竞争性机会的条件在其他运输方式中并没有显现。

管道系统表现出物质上的简单性和运营上的可预测性，运输货物标准化，并且没有其他方面对可靠点对点运输权利的创立产生意料之外的妨碍。管道系统是唯一符合创立合法运输权的市场，并且可以形成科斯谈判的基础。本书大幅描述的这些事件——有些是刻意的，但经常是无意识的——使得这个精巧的市场可以适用于这个古老、低技术并且治理制度陈旧的行业，但它成功了。它还提出了另一个问题，竞争性的管道运输是否可以扩展到世界上其他地区，比如卡特尔、天然气供应商阻止市场进入，或者死气沉沉的燃料市场。

1.4 集体行动操纵监管政策

美国天然气运输科斯市场并不是在20世纪末自动出现的，也不是好奇的联邦监管经济学家、法官和委员会所进行的监管行动的结果，而是几十年来关于天然气价格的立法和监管冲突造成的。冲突的一方是天然气分销商和美国北部的各个州，另一方是天然气生产商（主要是美国的石油公司）。后来，这些分销商为了其上百万的连接用户与管道拥有者进行了20多年的斗争，将传统受监管的管道业务转变成竞争性的科斯运输权。

经济学家中最早关注压力集团如何塑造立法和公共政策的是亚当·斯密（Adam Smith），他注意到，"每当立法机关试图理顺雇主和雇员之间的分歧时，各类顾问总是发挥主导作用。"[30] 但是，来自马里兰州大学的曼瑟尔·奥尔森（Mancur Olson）认为，亚当·斯密关于集体行动与其后果的发现直到最近才被重视起来。[31] 奥尔森在1965年出版了一本有影响力的著作——真正的经济学畅销书《集体行动的逻辑：公共物品与集体理论》，[32] 它颠覆了关于集体行为的经济学智慧。经济学家与政治学家一般认为，如果集体中的每个成员（个人或公司）拥有共同利益，那么集体成员会寻求扩大这种利益。但是奥尔森认为，这种想法过于简单，而且从根本上是错误的。他使用博弈论以及简洁的福利最大化经济学分析，证明了集体越大，其成员花费金钱或者时间追求共同利益的动机就越小。换言之，小集体（比如石油公司）可以有效追求其利益，而大集体（比如上百万的天然气用户）则不行。[33]

石油公司或者管道所有者（或者单个贸易集团）形成的小集体面对大量的用户，使得前者在立法与监管政策的制定和实施过程中十分有利。这是20世纪早期美国石油管道的状况，也是今天欧洲天然气管道面临的现实。在没有组织化的天然气分销商压力集团以及其法律和经济顾问的情况下，美国的科斯运输市场是不会演化完成的。那些分销商的出现以及其如何获得优势，都证明了集体行动的作用。

管道系统的用户是否可以形成有效的压力集团——规模小、资金足并且有影响力，对于形成打压管道所有者利益的公共政策来说至关重要。但是监管当局和立法机关似乎忽视了这些购买方的力量。美国形成有力且成功的受监管的天然气分销商压力集团是20世纪30年代立法无意间的副产品，立法原先的目的在于禁止州际基础设施控股公司滥用市场的行为。政策引导上百万的天然气用户直接参与天然气市场（在获得赞誉的"完全零售许可"的标签下），打破了欧洲和其他地区压力集团所追求的平衡。一般来说，更有竞争性的天然气市场结构的未来取决于这种压力集团是否并且如何追求其共同利益。

1.5 本书的内容

在本书中，管道可以作为经济学理论跨学科方法的例证。分析将引用美国的石油管道以及其他国家的天然气管道，说明不同制度环境的原因和影响。所有这些管道系统都采用：(1) 新古典经济学分析（自然垄断与政府通过价格监管限制反竞争性行为的经济学分析）；(2) 交易成本经济学（由于资产专用性造成的似乎不可避免的纵向一体化）；(3) 制度细节以及历史路径依赖；(4) 无形产权的界定与保护，形成竞争性市场；(5) 管道监管立法形成中的公共选择与集体行动。

回顾一个世纪的全球管道发展需要一定的结构安排。本书开头仅仅关注行业成本构成（与所有系统基本相同）以及政府对私人投资者拥有的管道的基本监管。此后的章节进行了扩展，分析了交易成本、产权、制度演化以及集体行动如何形成行业的连续性和演变。本书中管道运输的是石油或者天然气并不重要——重要的是决定其行为以及行业组织的制度。本书各章强调了使用新制度经济学理论方法分析管道行业的优势，行业分析同时也表现出制度主义者的力量。

第2章到第4章采用传统新古典主义经济学对管道进行分析，以及应对全球自然垄断管道的监管方法。第2章回顾了管道研究的背景：现有的关于管道的文献，美国与其他地区在管道发展过程中私有资本发挥独特作用的原因，并且简要展示了本书后面试图分析的天然气市场。第3章使用自然垄断理论进行多期静态分析，展示了管道在自然垄断中如何形成高度特殊性，其市场权力的持续性受到地质、地理、时间以及定价和市场准入监管的挑战。第4章描述了管道监管如何应对私人投资者拥有管道的市场权力。以上各章总体上体现了新古典经济学分析的显著局限，其分析无法解释全球各地区管道市场发展中监管、市场准入以及定价机制之间的差异性。

第5章到第7章通过新制度经济学视角考察了管道。第5章审视交易成本经济学，回顾了由公共运送以及第三方准入（TPA）——经常被经济学家滥用——所造成的交易限制。第6章与第7章描述了两种不同的运输监管模式——公共运送与私有运送如何导致了管道运输完全不同的行业结构。100多年前，美国石油管道受到19世纪广泛在铁路、运河以及公共马车上使用的公共运送模式的监管。美国石油管道行业至今依然无法适应这种监管。最终造成美国石油管道公司的纵向一体化，并且出现了为规避资产专用性风险设计的各种巧妙办法。但是，美国天然气管道的私有运送为最终形成合法运输权的科斯谈判提供了基础。

第 8 章研究美国天然气行业中有效的科斯权利市场是否可以在其他管道市场中复制，比如美国石油管道，加拿大天然气管道，或者世界其他地区的主要天然气管道系统。同时，研究了欧洲和澳大利亚天然气商品市场反应迟钝的本质原因，这些地区依然由与石油挂钩的长期协议主导，同时还讨论了监管应该如何演化才能出现运输竞争，并且保障能源安全。第 9 章从广义的角度，讨论管道的经济、监管、政治议题，并重新审视一个世纪来管道所表现出的问题。

注　释

1. 卡恩向作者表示卡特总统原先的想法仅限于改革行业的监管——放松组织严密的卡特尔。他成为民航理事会主席 7 个月后发现没有可能达成完全放松监管的妥协。他使用"带翅膀的边际成本"来表示按照经济原理进行行业改革的意图并没有受到飞行旅行浪漫性的影响。Paul A. Samuelson and William D. Nordhaus, *Economics*, 12th ed. (New York:McGraw Hill, 1985), 526.

2. 卡恩的担心之一——整个行业会被一群跨市场的运营商控制，分别控制各自中心进出的交通流——从来没有发生。Clifford Winston, "Lessons from the U.S. Transport Deregulation Experience for Privatization" (discussion paper no. 2009-10, OECD/ITF Joint Transport Research Center, Paris, 2009); Alfred E. Kahn, "Reflections of an Unwilling 'Political Entrepreneur,'" *Review of Network Economics* 7, no. 4 (Dec. 2008):616-20.

3. 那一年，麻省理工的保罗·萨缪尔森提交了其著作《经济分析的基础》的初稿，并作为他在哈佛大学的博士论文。Paul A. Samuelson, *Foundations of Economic Analysis* (Cambridge, MA:Harvard University Press, 1947).

4. 奥利弗·威廉姆森对其新制度经济学的方法总结道："新制度经济学的进步不在于推动了重要理论的发展，而是发现并说明了（肯尼斯）阿罗所说的微观分析特征，并且使得累计价值达到最大。"Oliver E. Williamson, "The New Institutional Economics:Taking Stock, Looking Ahead," *Journal of Economic Literature* 38 (Sept. 2000):596.

5. 肯尼斯·阿罗提出问题："为什么旧制度主义学派失败得这么悲惨，尽管其拥有诸如 Thorstten Veblen, J.R.Commons, 以及 W.C.Mitchell 的分析。"阿罗认为后来的制度主义者使用更清晰的逻辑将经济史构造出来，并不仅仅是为了简单回答传统的资源分配问题，而是提出了新问题，比如为什么经济制度会以其特殊的方式出现。Kenneth J. Arrow, "Reflections on the Essays," in *Arrow and the Foundations of the Theory of Economic Policy*, ed. George Feiwel (New York:New York University Press, 1987), 734.

6. 在 2009 年美国经济学协会主席讲话中，普林斯顿大学的阿维纳什·迪格里特

(Avinash Dixit)总结到,他将经济治理的源头和机制最深入的研究定义为"支持经济活动的结构性和功能性法律和社会制度",这是如何进行经济制度和政策改革最好的建议来源。Avinash Dixit, "Governance Institutions and Economic Activity," *American Economic Review* 99, no. 1 (Mar. 2009):5.

7. 事后成本包括"当合同执行由于间断、错误、缺失以及无法预料的干扰出现错位之后的适应不良与调整。"参阅1985年纽约牛津大学出版社出版的Oliver E. Williamson的《The Mechanisms of Governance》的379页。威廉姆森不是第一个抓住交易成本与其后果的经济学家。他将其归功于来自威斯康星大学的约翰·R·康芒斯。参阅1985年纽约牛津大学出版社出版的Oliver E. Williamson的《The Economic institutions of Capitalism》的3页。

8. "(交易成本经济学)赞成有限理性是一种合理假设,并且在合约研究中有限理性主要的贡献在于表明复杂合同的不完善是不可避免的"(从根源上强调)。参见2005年荷兰施普林格出版社出版的由Clack menard和Marm M. shirely主编的《Halchbook of New Instition Ecohomics》中 Oliver E. Williamson的《Transaction Cost Economics》,46页。实证研究显示了合同制定的复杂性与事后行为的关系。参阅Keith J. Crocker和Kenneth Reynolds的《The Efficiency of Incomplete Contracts:An Empirical Analysis of Air Force Engine Procurement》,见1993年春《Journal of Economics》24,卷1期的126-46页。合同的不完善,以及事后潜在的机会主义,使得组织形成了不同形式的治理方式,并且受到不同学者的检验。Crocker与Masten研究了实证文献,包括资产专用性与纵向一体化之间的关系。参阅Keith J. Crocker和Scott E. Masten,《Regulation and Administered Contracts Revisited:Lessons from Transaction-Cost Economics for Public Utility Regulation》,摘自1996年的《Journal of Regulatory Economics》8期5-39页。

9. 约翰·施蒂格勒写道,"交易成本为零的世界与没有摩擦的物理世界一样奇怪。" George J. Stigler, "The Law and Economics of Public Policy:A Plea to Scholars," *Journal of Legal Studies* I (1972):12.

10. Eirik Furubotn与Rudolf Richter列举了10种不同种类的制度安排,被认为是在新古典经济学中没有交易成本的"中性配置"。Eirik G. Furubotn and Rudolf Richer, *Institutions and Economic Theory:The Contributions of the New Institutional Economics* (Ann Arbor:University of Michigan Press.1997), 9-10.

11. "同时,我试图寻找可以包含冲突、依赖以及秩序的研究单位。多年后我得出结论,它们只能在交易方程中合并起来,与商品、劳动力、需求、个人以及交换的旧概念完全不同。" John R. Commons, *Institutional Economics* (New York:Macmillan, 1934), 4.

12. 1937年《Economica》4,卷16期386-405页 Ronald H. Coase的《The Nature of the Firm》提到:如同Paul Joskow指出的那样,直到最近,人们才承认公司与市场对制度机制的替代是经济学的一部分。Paul L. Joskow, "Vertical Integration," in Handbook

of New Institutional Economics, ed. Claude Menard and Mary M. Shirley (Dordrecht, Netherlands:Springer, 2005), 323页。

13. Coase 的《Nature of the Firm》389页，科斯正在处理现有经济学思想的一个断层，当时没有可接受的理论解释纵向一体化公司的存在。特别是，他批评 Frank Knight 之前广受好评的分析，将公司的纵向一体化与横向一体化混为一谈。1971年芝加哥大学出版社再版的《Frank H. Knight》中，Knight 认为，无法"科学地处理"公司规模的决定因素，其坚持认为"（公司）效率与规模之间的关系是理论中最严肃的问题，其主要是性格以及历史事件的原因，没有明确的一般原则。"参阅 Coase《Nature of the Firm》394页。

14.Williamson 将机会主义定义为"为寻求私利而进行的欺骗，包括计划好的误导、欺骗、混淆以及其他混乱制造。"机会主义应该与简单地寻求私利区分开来，后者之中个体遵守既定的规则进行博弈。Williamson, *Mechanisms of Governance*, 378.

15. 的确，一个世纪后人们发现，如果不考虑交易成本经济学，纠正反垄断问题的尝试会在行业中导致意料之外的后果。Williamson 列举了有线电视特许权投标的问题：在通过有线电视特许权投标解决其自然垄断性问题的过程中，政策制定者忽视了事后机会主义的问题。参阅 Oilver E.williamson 的《Franchise Bidding for Natural Monopolies—in General and with Respect to CATV》，见 1976年 春 的《Bell Journal of Economics》7，卷 1 的 73-104页。关于反垄断中交易成本的问题讨论，请参阅 Paul L. Joskow 的《Trans- action Cost Economics, Antitrust Rules, and Remedies》，见 2002年《Journal of Law, Economics and Organization》的 18, 卷 1 期 :95-116页。

16. 参见 Susanne Lohman 的《Rational Choice and Political Science》，摘自 2008年纽约 Palgrace Macmillan 出版的由 steven N. Durlauf 和 Lawrence E. Blacne 编的《The New Palgrave Dictionary of Economics》第 2版的 5-6页。Oliver Wendell Holmes 法官在 1897年波士顿的讲话中说道："我们所做的大部分事情，其理由并不比我们的先辈或者邻居的理由好多少。"Oliver Wendell Holmes, "The Path of the Law," address, 1897, reprinted in *Collected Legal Papers* (New York:Harcourt, Brace and Howe, 1920), 167, at 185.

17. 本书详细研究了 19世纪美国运输系统的发展，戴维斯和诺斯说他们并没有试图为运输系统（比如运河）提出完整的理论框架或者历史。正如他们所说，他们的研究"试图说明理论的目标、成就以及局限 (ibid.)。"Lance E. Davis and Douglass C. North, *Institutional Change and American Economic Growth* (Cambridge:Cambridge University Press, 1971), vii.

18. 诺斯发现 19世纪早期单位成本低的大型船技术在 1600年的荷兰式帆船中就已经存在。但是这种船应用到安全的波罗的海航线以外则需要等到海盗以及私掠慢慢减少之后，直到拿破仑战争末期，更快的武装船舶使得航运的单位成本提高。Douglass C. North, "Sources of Productivity Change in Ocean Shipping," *Journal of Political Economy* 76

(1968):953-70.

19. 根据戴维斯和诺斯的叙述，这是纽约立法者改变游戏规则的政治机会主义。此后，投资者更愿意将钱借给私营的大型内陆交通项目，而不是被认定为机会主义的政府。Davis and North, *Institutional Change*, 140-43.

20. Ibid., 48-51, 135-66.

21. John R. Commons, *The Economics of Collective Action* (New York:Macmillan, 1950), 21.

22. 合同持有方如果愿意，可以雇佣代理人将两种服务自由合并在一起。

23. Ronald H. Coase, "The Federal Communications Commission," *Journal of Law and Economics* 2 (1959):14.

24. Ronald H. Coase 的《The Problem of Social Cost》，摘自1960年《Journal of Law and Economics》3卷1-44页，从本质上说，科斯的想法是在产权清晰、低交易成本、完全竞争、完全信息，以及资源有效分配中没有其他障碍的情况下，无论资源初始的所有权如何，资源都可以得到有效分配，在过程中解决所有的私人外部性。约翰·戴尔斯在1968年发表了一篇有影响力的论文，如同科斯一样，讨论了环境市场，关联价格（戴尔斯称之为"经济内容"）以及产权法律。J. H. Dales, Pollution, Property and Prices (Toronto:University or Toronto Press, 1968).

25. 张五常讲述了一个故事，科斯如何在1960年说服了芝加哥大学的一群怀疑其理论的知名教授，包括米尔顿·弗里德曼，乔治·斯蒂格勒，阿诺德·哈伯格，鲁本·凯赛尔，约翰·麦格理，阿隆·迪雷克托等等，证明他的可交易产权理论是可行的。科斯的理论看上去与20世纪初英国经济学家亚瑟·庇古被长期接受的理论有所冲突。参阅Steven N. S. Cheung 的《Ronald Henry Coase (b. 1910)》引自1987年麦克米伦出版公司出版的 The New Palgrave 的《A Dictionary of Economics》第1版 456页。科斯对庇古的批评可能是不公正的。维克托·古德伯格认为庇古提到了很多科斯和威廉姆森后来强调的议题，并且科斯1960年的论文与庇古自身对市场失败问题的理解方式是一致的。参阅 Victor P. Goldberg, "Pigou on Complex Contracts and Welfare Economics," Research in Law and Economics 39 (1981):42-43页。

26. A. Denny Ellerman, Paul L. Joskow, and David Harrison Jr., "Emissions Trading in the US:Experience, Lessons and Considerations for Greenhouse Gases" (Pew Center on Global Climate Change, May 2003); and Evan R. Kwerel and Gregory L. Rosston, "An Insider's View of FCC Spectrum Auctions," *Journal of Regulatory Economics* 7, no. 3 (May 2000):253-89.

27. 但是的确，大部分美国州际天然气管道继续保持基于成本的监管费率。

28. 对于点对点高压输电线来说这并不正确，互联电网中的分隔可以形成点对点能源运输权的出售。

29.Winston, "Lessons," 4-8.

30.Adam Smith, *The Wealth of Nations*, book 1,chapter 10, part 2 (New York:Modern Library, 1937), 142.

31.Mancur Olson 的《Collective Action》，引自 2008 年纽约 Palgrve Maomillian 出版社出版的由 Steren N. Durlauf 和 Lawrence E. Blume 主编的《The New Palgrave Dictionary of Economics》第二版的 3-5 页，当然，不是所有人都忽略了斯密的发现。詹姆斯·M·兰蒂斯在 20 世纪 60 年向约翰·F·肯尼迪总统提交了一份著名的报告，指责美国在 20 世纪 40 和 50 年代的监管基本无效（报告认为生产方的压力集团在监管规则创建上相比消费者的组织性和有效性更高）。James M. Landis, *Report on Regulatory Agencies to the President Elect*, US Senate Committee on the Judiciary, 86th Cong., 2nd sess.(Washington, DC:Committee Print, 1960).

32.本书在半个世纪后仍然再版。See Mancur Olson, *The Logic of Collective Action: Public Goods and the Theory of Groups* (Cambridge, M A:Harvard University Press, 1965).

33.制度与经济增长之间的理论和实证研究在最近表明集体行动、政治权力、制度内生性以及资本的分配存在自然的相互关联。参阅 Daron Acemoglu, Simon Johnson, 和 James A. Robinson《Institutions as a Fundamental Cause of Long-Run Growth》，引自 2005 年爱思唯尔出版公司出版的由 Philippe Aghion 和 Steven N. Durlauf, 主编的《Handbook of Economic Growth》的 386-472 页。斯皮尔勒和廖为新制度经济学（NIE）的文献提供了一个优秀的总结："但是，最近从新制度经济学角度研究压力集团在公共政策制定中作用的文献数量增加。就如今的理解而言，新制度经济学的特性在于其强调打开决策制定的黑箱，这涉及对规则的理解和博弈。参阅 Pablo T. Spiller and Sanny Liao, "Buy, Lobby or Sue:Interest Groups' Participation in Policy Making:A Selective Survey," in New Institutional Economics— A Guidebook, ed. Eric Brousseau and Jean-Michel Glachant (Cambridge:Cambridge University Press, 2008), 307。

第 2 章　管道研究现状与私有管道资本

　　石油和天然气管道的资本集中度非常高。管道横穿山野，跨越各种自然和政治阻碍，一般不为人所知。如果维护保养得好，其寿命会持续很长时间——50年的情况很普遍。管道与其连接的两端之间相互依赖程度很强，管道两端也都是资本密集型行业，比如钻井生产、炼油、天然气配送设施、工业企业和发电厂。管道本身的技术要求很稳定，在几十年间几乎没有什么改进，都是大而笨重的管状物体。发达国家中每个人购买产品几乎都要依赖管道，其价值也得到了体现，比如用天然气为住宅和企业供暖，加汽油驱动汽车，加燃气发电厂供电等。

　　但是，如果供求双方存在争议的话，那就另当别论了。俄罗斯将管道作为政治筹码，对付那些不受其约束的苏联国家。1974年，在OPEC（石油输出国组织）石油禁运之后，美国的理查德·尼克森总统不得不签发特别授权法案，在保护环境的强大反对声中建造了横贯阿拉斯加的原油管道（从20世纪70年代末开始，穿越加拿大的阿拉斯加天然气管道计划就一直是个政治议题）。管道的垄断经营引起了公众普遍的反感，在20世纪初期和中期，美国国会对此进行了立法，这些法律在今天依然对美国的管道有效。在全世界范围内，管道都被当成垄断行业，需要立法监管或者政府直接持有。似乎没有其他行业拥有这种特点，技术和运营稳定，但是在政治上很棘手。

　　原油和天然气管道的走向和用途很明确：将燃料从一个地方通过规定的路径运送到另一个地方。确实，将一个国家或者大陆的管道系统称为网络有些名不副实，因为人们一般将网络用在通信或者电力传输上（电子的传输速度是光速）。管道真的就像横帆帆船上结在一起的绳子一样，每一条线都是有特定功能的。尽管差别明显，但是，使用私有资本建造管道是一件很难的事情。在美国和加拿大之外，每条主要的天然气管道以及大部分的石油管道都是由政府建造的。即使在美国，私人建造管道也要面临挑战，需要受到特殊的行业结构或者保险公司在第二次世界大战后创造的特定金融工具的限制。

　　管道成了贸易中典型的瓶颈——横跨在贸易路线上潜在的收费站。没有管道，石油天然气在陆地上的运输很困难。1864年，有一个叫萨缪尔·冯·赛克尔（Samuel van Syckel）的人来到宾夕法尼亚州西北部，他试图通过控制油桶来控制石油溪的石油运输，后来他发现，运输石油的关键不在于油桶，而在于车夫。在西宾夕法尼亚的泥土路上，每个车夫都有一辆两匹马拉的货车，运5～7桶油。于是，他想到可以通过管道代替成千上万的车夫，而当这些车夫退出运油行业的时候，当地的独立石油生产商就不得不依靠他。冯·赛克尔开始这么做了之后，管道的垄断性质就形成了，即使不是自然垄断，也是通过管道拥有者精心设计的，并且可以按照他们的想法改变公共政策。由于这种垄断的倾向，每条非政府持有的主要管道都受到了政府的监管（有时两者同时发生）。

世界范围内的管道必须在不同的规则体系下运行——不同的服务、不同的价格以及不同的建造规则。有些国家将他们的管道定义为公共承运人，另一些国家则将管道变成大型公共事业。英国和澳大利亚维多利亚州的两套管道系统常年被限定为虚拟的储存设施（天然气从一端进入就立刻从另一端输出，而不考虑其中实际存在的管道）。美国的天然气管道公司被定义为范围明确并且长期合法的运输资格体系的创建者和运营者，其他公司可以拥有或者通过市场价格交易来获得该资格。在美国的体系中，天然气管道的垄断力量——像冯·赛克尔那样运用市场内部力量——就消失了。每一种不同的方式都反映了这些国家和地区管道发展的制度演变历史，管道设施也继续改变着燃料市场。

2.1 现有的管道研究文献

很明显，经济学家要研究全世界的管道是很困难的，因为之前没有人做过系统的研究。目前有很好的公路、铁路和其他运输方式的经济学研究。[1] 也有很好的关于电力市场和通信市场，包括互联网的经济学研究；[2] 还有很好的关于全球石油行业和美国、欧洲以及其他地区的天然气行业的研究，其中一些在本书中将有所引用。但是，目前并没有专门针对全球管道的经济学研究。陆上运输会随着其运输燃料的不同而不同，这是为什么呢？

这其中有两个可能的原因。首先，从表面看，管道行业非常简单。管道行业中使用的技术几十年来没有变化，使得大家认为没有什么新的东西值得经济学家研究。其次，管道存在的时间太长，以至于围绕它们的制度非常复杂，并且最初的争议发生在一个世纪前。[3] 因此，我们目前看到的管道多样性很强，即使其物理特性非常相似，并且这种多样性在美国和全世界广泛存在。20世纪下半叶主流的新古典经济学分析并没有为这种多样性的来源提供分析的基础，因此，经济学文献基本上对管道运输的主题视而不见。

目前现有的针对管道的经济学分析基本上是石油和天然气市场研究的副产品。比如，耶鲁大学的保罗·麦克艾福瑞（Paul MacAvoy）以及MIT（麻省理工学院）的学术顾问莫里斯·阿德尔曼（Morris Adelman），还有其他同事，比如史蒂芬·布莱耶尔（Stephen Breyer，现在是美国最高法院的法官），都深入研究过美国天然气价格监管的弊端以及联邦天然气行业监管的低效。麦克艾福瑞以此为主题写了3本书，但其关注点都在天然气上，并没有关注在管道（也没有关注北美以外的管道）。[4] 同样，阿拉斯加大学的阿隆·图辛（Arlon Tussing）写过两本关于美国天然气行业的著作。[5] 两本书历史资料丰富，并且包含了美国管道建设的表格。但是，同麦克艾福瑞一样，图辛的主要关注点依然是美国的天然气行业，而不是管道。其他一些学者深入研究了欧洲和其他地区的天然气行业。1980年，马科姆·皮布利斯（Malcolm Peebles）写了一部天然气工业详细的历史，从罗马帝国开始一直到全球的液化天然气（LNG）贸易，他关注了欧洲和美国的部分管道问题。[6] 但是同麦克艾福瑞和图辛一样，皮布利期的主要关注点仍然是天然气而不是管道。牛津大学的罗伯特·马布罗（Robert Mabro）在欧洲天然气市场的文献中贡献很大，他收集并与韦布鲁·邦德（Wybrew Bond）一同编辑的论文精彩地分析了当前欧洲的气源。[7] 但是如同皮布利斯（也为马布罗的合集做出过贡献）的书一样，马布罗也只关注了欧洲的天然气工业，管道方面则一笔带过。

如果要找到针对管道的学术研究，那就必须首先要关注产业历史学家。有两位学者写过这个题目，他们通过查阅管道公司内部资料而获益良多。第一位是哈佛商学院的亚瑟·曼辛斯·约翰森（Arthur Menzies Johnson），写了两篇美国原油管道在19世纪60年代诞生到20世纪60年代发展的深入研究论文。[8] 约翰森对于世界上第一个管道法案——《1906年的赫本（Hepburn）修正案》诞生时的相关政治情况作了深入研究，同时也研究分析了20世纪30年代以来美国司法部和管道行业之间不断加剧的紧张关系。

第二位是加州州立大学（萨克拉门托）的产业历史学家克里斯多夫·贾斯汤达（Christopher Casteneda）。在3本资料详尽的书中——也借助了公司内部文件——他探寻了在国会通过1938年天然气法案前后管道行业的发展。[9] 贾斯汤达在天然气管道发展的混乱年代中抓住了人物个性、政治和行业冲突的本质。但是约翰森和贾斯汤达都不是经济学家，他们没有论及市场失败的本质根源，也没有分析政府的管制监管措施，当时政府采取了多种手段抑制管道的市场权力，同时加速向行业内引进私有资本。

法律学者也在管道文献中有一席之地，特别是耶鲁大学的尤金·德布斯·罗斯托（Eugene V. Debs Rostow）和华盛顿和李大学的小乔治·S·沃尔伯特（George S. Wolbert Jr.，后来成为壳牌石油公司的法律总顾问）。两人都在1950年左右开始了这方面的研究。罗斯托为石油管道找到了不成为公共承运方的办法，同时也不会造成美国石油行业的纵向一体化。[10] 沃尔伯特基本上为管道行业的行为作了辩护。[11] 另外一位法律学者，华盛顿大学的理查德·J·皮尔斯（Richard J. Pierce），为美国天然气行业演变的文献做出了杰出贡献，他关注了管道问题。[12] 罗斯托和沃尔伯特不是经济学家，并且他们之间的争论已经过时，而且他们主要的关注点在于法律上相反观点的出现,而不是管道的经济学分析。

国会对于管道的监管同时引起了政治学家的兴趣。康奈尔大学政治系的 M. 伊丽莎白·桑德斯(M. Elizabeth Sanders)深入分析了 1938 年的天然气法案。[13] 她将经济与多元政治的视角结合起来,分析国会如何在相互竞争的选民之间取舍并撰写法案,以及如何应对接下来时代的纷争。桑德斯对压力集团在管道立法中的作用非常显著——这在美国任何立法中都一样。在她的分析中我们需要承认,最终并不是经济学家将美国天然气管道行业引向科斯谈判的公共政策并不是经济学家,而是在不同相互竞争的压力集团中进行权衡协调的政治家。在天然气法案通过后争论最激烈的年代里,每一个压力集团都有其具有代表性的经济学家,其中主要的有 MIT 的莫里斯·阿德尔曼(Morris Adelman),代表天然气生产商(主要的石油公司);康奈尔大学的阿尔弗雷德·E. 卡恩(Alfred E.Kahn),代表天然气销售商(代表上百万的天然气消费者)。国会通过的法律(或者取消的法律,比如 20 世纪 50 年代对天然气价监管的取消)并不追求经济效率。法律只是反映了立法者希望在最大限度上包容观点成熟合理的压力集团。

经济学家也研究管道,但是大部分详尽的研究都是在 50 年前完成的。1947 年,韦恩(Wayne)大学的埃莫瑞·托德赛尔(Emery Troxel)写出了迄今为止最好的关于美国监管的著作之一。他的书和相关论文从经济学角度研究了美国的天然气管道及其监管,并做出了重要的贡献。[14] 赖斯大学(Rice University)的莱斯利·库肯博(Leslie Cookenboo)在 MIT 的阿德姆之后发表了原油管道的经济学论文,并在 1955 出版成书。[15] 用现在的眼光看,库肯博似乎过度地迷恋于新古典经济学中自然垄断的概念——他甚至建议石油生产领域强制要形成大型合资企业,以便使可供出售的石油产量达到最大,并且使单位成本最小。[16] 1971 年,卡恩在其著名的监管原理和制度的经济学中,在第二卷的 152 到 171 页来写管道(20 页在卡恩的综合性著作中已经是很大的篇幅了),并且在 20 世纪 50 年代到 60 年代也参与了管道和天然气价格管制监管的争论。[17] 在这 20 页中,他用独白式的风格,权衡了合资计划(这动摇了库肯博)与管道行业可能支持的竞争性观点,但他并没有表明趋向于哪一种观点。

这些管道的分析基本上都是基于管道所有者与其消费者之间的冲突,这种冲突在监管者或者美国法庭上都出现过。在美国和加拿大之外,一直等到 20 世纪末才出现了主要的私营管道。在欧洲和其他地区的管道私有化之后,关于受监管的私有财产的定义一直很模糊,也不太可能在法庭上听到这些争论。新出现的私营管道,政府对其实际监管的界限不明,并且欧盟和成员国在管辖权上的规则冲突,都使得经济分析缺乏稳固的基础。

于是,将管道作为主要内陆运输行业来进行研究的经济学分析很少。但是,这些研究之中共同的问题可以放在新制度经济学的框架下研究。尽管关于管道的历史、法律和经济学分析已经存在，但是缺乏从多样的理论角度对世界管道进行分析。

2.2 管道和私有资本

私有资本在管道的发展中发挥了关键作用。管道中的私有资本因素将美国的监管经验同世界上其他地区的经验区别开来。美国石油和天然气管道最显著的特点在于全部由私人投资者出资。私人投资者认为每条管道都可以收回成本，而为新管道制订合适的还款计划是一项很大的事件。资本市场会独立审核管道的整体方案、路线和运能。另外，这些管道是私有财产，美国法律禁止任何组织——无论是政府的行政还是立法部门——在没有公正法律程序的情况下降低私有财产价值。因此，与美国管道相关的重要立法和规则都在法庭上进行了听证，听证的议题就是管道投资方的财产利益。

美国第一个大型交通项目是艾瑞（Erie）运河的建设项目，运河将19世纪的"西北领土"（比如伊利诺伊州、印第安纳州、密歇根州和俄亥俄州）与东部海岸的市场连接起来。运河在1817年开工，到1825年竣工，将五大湖区的艾瑞湖与流向纽约的哈德逊河打通。按照兰斯·E.戴维斯（Lance E.Davis）和道格拉斯·C.诺斯的重新计算，由于计划的规模和不确定性，当时大型资本市场也不成熟，同时希望通过运河来发展的农业市场还不存在，因此就需要政府进行融资。[18]公众在一开始似乎接受了政府参与大型运输项目的行为，到1839年和1842年的萧条期间，运河项目出现了普遍的经营失败，使得纳税人持有的项目债券净收益大大低于原先出资方的计划。公众开始拒绝履行公民义务，这使得受影响的州为了防止这种政治问题再次发生而修改了立法——基本上禁止在未来为这种交通项目进行公共融资。这些行为不可避免地增加了公共借贷的成本，接着在20世纪50年代中期受到铁路建设刺激的资本市场开始发展，私人借贷的成本和不确定性降低。运河的经验以及为铁路系统服务的庞大私人融资市场的诞生基本上保证了其他内陆交通系统——比如石油管道以及后来的天然气管道——在美国不会通过政府进行融资。19世纪中期美国的内陆交通融资，比如运河和铁路，发生了从公共到私人的制度转变，这是特定情况下公众意见与公私融资相对成本变化双重作用的结果。到了19世纪后半期，大型管道的建设获得了更多的关注，这几乎也就注定了美国的这些项目会通过私人投资者融资而不是公共融资市场。

在20世纪末之前，美国之外的主要管道建设依然由政府利用公共资金完成。利用这些资金，政府就可以根据自己的意愿建造管道，因为他们不会像私人投资者一样受到融资条件的约束。政府可以建造私人投资者不愿建造的管道，也可以将运输服务的价格定在高于或者低于管道成本的水平上。由于管道寿命很长，由政府决定的管道地点和规模即使在管道行业私有化之后仍然对燃料市场和管道监管产生影响。

对比美国和其他地区私有资本的主导作用和早期独立股份制公司的影响并不是本书的主题。但是在梳理美国监管机构的发展时，很重要的一点，就是要认识到私人投资者对于公共事业和其他基础设施行业（比如跨州管道）的支持程度。在20世纪早期，一个主流的国家工作小组研究并验证了私有制在受监管行业中的作用，并努力继续利用私有资本在建设和运营受监管公共事业中发挥作用。美国法规监管发展中的几个重要人物是那项研究的主要成员，比如经济学家约翰·R.康芒斯（John R. Commons），公共事业控股公司的先驱萨缪尔·英瑟尔（Samuel Insull），以及后来的最高法院法官路易斯·布兰德斯（Louis Brandeis）。研究本身确立了私有自由资本在公共事业监管以及相关美国商业活动中的持续影响力。[19] 在研究完成之后，美国依旧坚持了公共事业的私有投资，而几乎所有其他国家都在利用公共资金修建和运营主要管道。[20]

在管道行业引入私有资本加速了天然气向点对点运输市场的最终转变，一共有两种方式。第一，美国管道的位置和规模必须满足保守的出资方。第二，如果私有资本受到威胁，那么最高法院会根据监管目的最终决定其价值。

管道的位置和规模随着燃料市场而变动，用合适的容量将生产区域和消费区域连接起来。确实，管道有时候的放置地点或者连接的区域在今天看来无法理解。但是在第二次世界大战后，如果要为每条新管道提供独立融资，那就必须考虑到保险公司（提供大量长期贷款，每条管道单独偿还）的因素。竞争性的运输市场将产生管道运能利用不足的问题，因为运输方在事后才会发现哪些运输线路是有价值的。但是这些问题以及其所导致的其他问题相对来说都很小，因为每个管道项目都首先必须通过资本市场的审核，这就意味着几乎不会存在重复建设。

在合法运输权市场发展的过程中，私有财产的价值也是一个重要的议题。在1944年霍普天然气（Hope Nature Gas）决议中，最高法院认定私有财产适用美国宪法下的财产保护条款，监管方不能将其从投资方处拿走。[21] 如果受监管的天然气管道行业缺乏这种财产的基础价值，那么科斯预想的市场就可能不会存在，因为这些合法的运输权的定价基础可能会相当模糊。由此，这种坚实的成本基础就大大方便了交易。

1986年，从英国天然气公司（British Gas）开始，世界上很多地方的天然气管道以不同的私有化形式从公共持有转向私人持有。欧洲其他地区、南美洲和澳大利亚的主要管道都出售给了私人投资者。但是这些私有化的天然气管道没有一个必须通过私有资本市场检验，这与美国不同，并且也没有声明存在一个基本的法律基础（比如霍普决议）作为明确的财产价值基础。美国天然气管道监管和其他地区（欧洲或者澳大利亚）的监管法规在制度上的差异是非常大的。

2.3 与私有管道资本角逐的世纪

本书的中心目标是利用制度经济学理论分析美国天然气管道系统的演变——受监管的州际公共事业公司出售天然气以控制消费者，但是最终转变成系统性的基础设施，天然气市场因此得以独立和自由运行，并且合法的运输权以不受监管的价格在一个平稳体系的市场中交易。1938年的天然气法案赋予联邦监管者控制管道市场权力的义务，并且他们也有义务通过监管价格和市场准入来促进投资。法案的起草者肯定曾经对以下想法感到震惊：只要将监管者的目标改变为确定并保护天然气的点对点运输权价值，管道所拥有的市场权力就会消失，同时消失的还有另外一些麻烦，比如如何在很多申请新执照的公司进行选择的问题。这场改变持续了大约60年，从传统的垄断价格和市场准入监管，到自由的科斯谈判，可以高效地获得运输权，还有竞争性的大型内陆运输市场。这种转变的原因有两个，两者都涉及私有管道财产的利益冲突。第一个原因在于管道监管的其他方法到最后都失败了。其次，在监管私有财产的使用和定价时，法律、会计和管理基础性作用十分重要。

国会关于管道监管的第一个实验是1906年推行的"公共运送"（Common Carriage）法案，而州际商业委员会（ICC）正忙于铁路的问题，没有给出明确的会计、定价和执照申请准则。[22]这些石油行业的监管在一个多世纪里逐渐失败。最重要的是，他们没有考虑到交易成本的经济学——由资产专业化带来的纵向一体化。由于没有意识到管道的相互依赖性以及下游对于管道行业"公共运送"性质的反感，1906年的法案不可避免地造成了石油管道行业的纵向一体化，并且形成了合资企业。法案的其他弊病也可以通过目前的新制度经济学显现出来。由于没有意识到在缺乏透明的强制性会计制度的情况下，私有财产的有效监管是没有办法成功的，这项法案导致了石油管道价格的形成在几十年中对外界一直是个谜。由于没有赋予联邦监管者审批执照的权力，法案使得管道开发商为了获得铺设新管道所必需的征用权在州际之间相互竞争。从此以后，行业从业者和监管者不得不应对1906年法案形成的经济阻碍——在当时加强了，而不是限制管道所有者的市场权力。

在限制管道市场权力的努力失败之后，国会在20世纪30年代又进行了一次尝试，调查了从1906年以来关于私有公共事业监管的所有情况。此次收获颇丰，个别的州，比如威斯康星州和纽约州，发展出新的会计和管理制度用来监管其私有公共事业，同时，最高法院提出了宪法上的财产权问题，这是政府对价格有序管制监管基础的中心问题。期间,最高法院向国会明确了其对于强制性会计准则的责任;同时,监管者在执行监管费率时也有了关于尊重财产价值的精确依据。

20世纪30年代的新法案规定,管道必须与天然气下游销售商分离,同时采用严格的会计体系和联邦准入监管,管道的新开发者需要阐述其"经济需求"。但是,这些先进的新规范监管再一次失败了。国会没有预测到这种州际管道的实用型监管会破坏天然气市场,为了获得新的管道执照,相互竞争的管道公司会大量买进天然气(最终由销售商买单)。在这种情况下,管道建设方在竞争中就无法自由出价以获得管道建设的执照。但是也不能认为低效的联邦监管(结构精细效率但缓慢)可以跟上天然气市场的调整——特别是一些联邦管辖之外的州所进行的州际交易。1938年的法案降低了本州内的天然气供给(这在联邦管辖之外),国会做出妥协,放松了部分的价格监管,而管道方则不计一切代价从生产商那边购买天然气。

在20世纪70年代到80年代的混乱中,监管者发现了一个解决方法——不用将管道方限制在1938年法案之下,而是在宪法下反映受监管私有财产的深层次价值——让天然气生产商和运输方直接交易,而管道方不再作为中间人或者公共承运人。监管者牺牲了管道方的部分利益使得市场可以"公开接触"独立的天然气运输方,并且明确了管道方和传统运输方的运输资格,这就向科斯谈判的方向前进了第一步。但是只要管道方利用自己拥有的天然气与这些运输资格展开竞争,或者利用现存的运输资格的隐含价值(其历史资产成本很低)来补贴新增运能的自由分配,这些运输资格也无法有效交易。通过专家精确的分析,监管者花了10多年的时间,终于充分明确了天然气运输资格的定义,这样,运输方可以在交易所内自由买卖,而交易所则由管道公司负责维持。

这些分析人员、律师和监管者不可能听说过罗纳德·科斯或者他在1960年发表的关于此类市场成功条件的文章,他在诺贝尔获奖作品中引用了这篇文章,[23] 但是他们确实开始了制定精确的法定天然气运输资格的工作。这其中包括运输资格中具体的物质因素,在实际运输市场中的内含价值,以及如何进行交易,这项工作确实细致而费力。但是在2000年这项工作完成的时候,天然气管道监管者就转变成了一个应对部门。天然气管道费率目前逐渐变成了例行事务,而执照问题——曾经引起了大量的庞古式争议和监管努力——也不存在争议。[24] 尽管对于管道方、消费者和监管者来说是一段艰苦的过程,但是这个过程产生了高度的竞争性,管道公司建造和管理管道资产,并提供在天然气运输中的真实财产权,而运输方式在使用和交易过程中就可以使用科斯谈判了。一个世纪以来,大家一直在宪法赋予天然气管道方的私有财产权和公众对于管道相互竞争的诉求中寻找解决方案,如果没有这种制度上的努力,那么转变是不可能发生的。这种竞争性的管道运输并没有在美国石油管道上出现,不是因为石油和天然气运输之间固有的行业性差异,而是因为制度。

在讨论美国天然气运输中达成科斯谈判的具体制度因素——也是石油管道无法达成的原因之前，第3章和第4章讨论新古典经济学视角下的监管（或者解除监管）。第5章继续讨论制度经济学的贡献以及这些新市场漫长的进化。

注　释

1. 斯图尔特·达盖特在20世纪初期写了一本关于铁路和公路运输的著作令人印象深刻。西奥多·基勒在两代人之后对铁路的研究同样令人印象深刻。Stuart R. Daggett, *Principles of Inland Transportation* (New York:Harper and Brothers, 1928); and Theodore E. Keeler, Railroads, Freight and Public Policy (Washington, DC:Brookings Institution, 1983).

2. Sally Hunt and Graham Shuttleworth, Competition and Choice in Electricity (New York:Wiley, 1996); and Jonathan E. Nuechterlein and Philip J. Weiser, Digital Crossroads:American Telecommunications Policy in the Internet Age (Cambridge, MA:MIT Press, 2007).

3. 的确，制度复杂性对任何世界油气管道行业的观察者来说都是一个障碍。当俄罗斯石油运输公司（Transneft），或者南非Petronet公司的代表到美国学习石油管道监管的时候，他们回去之后对这个行业一个世纪来的行业结构、定价方式以及复杂的运输安排方式非常困惑（就我所知，两个公司都存在这种情况）。美国天然气管道系统几十年的制度演变似乎与欧洲天然气市场的问题毫不相关，还有来自俄罗斯的供给安全问题，使得欧洲天然气市场的发展与当前状况对很多欧洲人来说不值得进行仔细分析。

4. 莫里斯·阿德尔曼关于石油行业有一本自己的著作，但是同麦克维尔一样，其只是稍微提及了管道。Paul W. MacAvoy, *Price Formation in Natural Gas Fields* (New Haven, CT:Yale University Press, 1962); Paul W. MacAvoy and Stephen G. Breyer, *Energy Regulation by the Federal Power Commission* (Washington, DC:Brookings Institution, 1974); Paul W. MacAvoy, *The Natural Gas Market:Sixty Years of Regulation and Deregulation* (New Haven, CT:Yale University Press, 2000); and Morris A. Adelman, The World Petroleum Market (Baltimore:Johns Hopkins University Press, 1972).

5. Arlon R. Tussing and Connie C. Barlow, *The Natural Gas Industry:Evolution, Structure and Economics* (Cambridge, MA:Ballinger, 1984); and Arlon R. Tussing and Bob Tippee, The Natural Gas Industry:Evolution, Structure and Economics, 2nd ed. (Tulsa, OK:PennWell Books, 1995).

6. Malcolm W. H. Peebles, *Evolution of the Gas Industry* (London:Macmillan, 1980).

7. 本书包含了来自牛津大学的比伯斯和乔纳森·斯特恩的文章（他们分析了俄罗斯天然气出口战略的起源）。Robert Mabro and Ian Wybrew-Bond, eds., *Gas to Europe:The*

Strategies of Four Major Suppliers (Oxford, UK:Oxford University Press, 1999).

8. 正如约翰森在其第二本书的前言中说的那样，美国的一些主要石油管道公司喜欢他的第一本书，并且向哈佛商学院提供资金希望出版第二本，并对约翰森的研究开放公司记录。约翰森强调一些管道公司代表给出了事实与行文上的建议，但是他们没有干涉他的方法或者结论。Arthur M. Johnson, *The Development of American Petroleum Pipelines:A Study in Private Enterprise and Public Policy.*1862—1906 (Ithaca, NY:Cornell University Press, 1956); and Arthur M. Johnson, Petroleum Pipelines and Public Policy, 1906—1959 (Cambridge, MA:Harvard University Press.1967).

9. 卡斯坦内达的第一本书从得克萨斯州东部管道公司获得了公司记录，在第二本书中使用了潘汉德东部管道公司的记录。Christopher J. Castaneda, *Regulated Enterprise:Natural Gas Pipelines and Northeastern Markets*, 1938—1954 (Columbus:Ohio State University Press, 1993); Christopher J. Castaneda and Clarance M. Smith, Gas Pipelines and the Emergence of America's Regulatory State:A History of Panhandle Eastern Corporation, 1928—1993 (Cambridge, UK:Cambridge University Press, 1996); and Christopher J. Castaneda, Invisible Fuel:Manufactured and Natural Gas in America, 1800-2000 (New York:Twayne Publishers, 1999).

10.Eugene V. Rostow, *A National Policy for the Oil Industry* (New Haven CT:Yale University Press, 1948); and Eugene V. Rostow and Arthur S. Sachs, "Entry into the Oil Refining Business:Vertical Integration Re-examined," Yale Law Journal 61 (1952):856-914.

11. 沃尔伯特在加入壳牌石油公司后完成了第二本著作。很明显，他在壳牌石油期间参与了每一项有关石油管道的主要诉讼，他的著作读起来像扩写后的法律简报。他顽强地坚持石油管道纵向一体化的事业。但是除了他后来著作中明确的观点外，他在书中像百科全书一样详细说明了20世纪50年代到70年代石油管道面临的政策争论（为各方观点引用了几千条脚注）。George S. Wolbert Jr., *American Pipe Lines:Their Industrial Structure, Economic Status and Legal Implications* (Norman:University of Oklahoma Press, 1951): and George S. Wolbert Jr., U.S. Oil Pipe Lines (Washington, DC:American Petroleum Institute, 1979).

12.Richard J. Pierce, "Reconstituting the Natural Gas Industry, from the Wellhead to the Burnertip," *Energy Law Journal* 9, no. 1 (1988): r-57.

13.M. Elizabeth Sanders, *The Regulation of Natural Gas:Policy and Politics*, 1938—1978 (Philadelphia:Temple University Press, 1981).

14.Emery Troxel, *Economics of Public Utilities* (New York:Rinehart and Company, 1947); Emery Troxel, "Long-Distance Natural Gas Pipe Lines," *Journal of Land and Public Utility Economics* (November 1936):344-54:Emery Troxel, "II.Regulation of Interstate Movements of Natural Gas," *Journal of Land and Public Utility Economics* (February 1937):20-30;

and Emery Troxel, "Ⅲ.Some Problems in State Regulation of Natural Gas Utilities," *Journal of Land and Public Utility Economics* (February 1937):188-203.

15.Leslie Cookenboo Jr., *Crude Oil Pipe Lines and Competition in the Oil Industry* (Cambridge, MA:Harvard University Press, 1955).

16.库肯博对管道公共政策的第一个建议是："（任何）石油管道公共政策需要保证……大型的联合运输可以发挥最大作用，使得所有公司的成本最小。"Cookenboo, *Crude Oil Pipe Lines*, 167.

17.Alfred E. Kahn, *The Economics of Regulation:Principles and Institutions, vol. 2, Institutional Issues* (New York:Wiley, 1971).

18.即使是纽约州都很难筹集700万美元建造一条长363英里、宽20英尺、深4英尺，从哈德逊河到伊利湖的运河，最高处630英尺，最低处62英尺。Davis and North, I*nstitutional Change*, 77-79, 139-43.

19.Municipal and Private Operation of Public Utilities, 3 vols. (New York:National Civic Federation, 1907)，国民邦联调查委员会用了6个月深入研究了美国和英国许多家公有和私有的设施，希望了解究竟私有制还是公有制最符合国家的利益。委员会不推荐采用公有制，并帮助美国在未来形成设施的私有制。报告系统并且公正地奠定了私有制的基础，这在当时获得了良好的认同。参阅 William B. Munro 的《Review:The Civic Federation Report on Public Ownership》，出自1909年《Quarterly Journal of Economics》23卷1期161-74页。对于一个关于调查委员会报告的深入个人汇总来说，康芒斯写道："新闻界几乎每天都会报道我们联合调查委员会的进展"，参阅1934年 John R. Commons 的《Myself》纽约:Macmillan 出版公司的111-20页。

20.沃顿·克拉克来自费城天然气设施公司，他是调查委员会的一员，他总结了支持政府监管下私有制的观点，认为："政府对于合理控制（私有）公共事业公司来说非常无力或者太过腐败，靠自己提供公正而有效率的公共服务是没有希望的。"*Municipal and Private Operation of Public Utilities*, 1:443.

21.Federal Power Commission v. Hope Natural Gas, 320 US 591 (1944)，加拿大拥有自己版本的霍普法案，参阅 Northwest Utilities v. City of Edmonton, S.C.R.186 (NUL 1929)。霍普法案是理解美国监管制度的关键。其重要性与第7章中提到的内容是一致的。

22.的确，戴维斯和诺斯认为ICC在19世纪末整合了铁路卡特尔的市场权力，并未有效限制其市场权力，主要通过运输的普通法条款：禁止铁路公司进行合理的价格歧视，或者降价以保持偏远路线的流量。Davis and North, *Institutional Change*, 135-66.

23.我在1993年写了一篇短文，描述了科斯谈判在美国管道运能监管方面的可能性，7年之后联邦监管方颁布了新市场中的最终监管细节。参阅《Gas Pipeline Capacity:Who Owns It, Who Profits, Who Pays?》，出自1993年10月1日《Public Utilities Fortnightly》132, 卷18期17-20页。对于受到各种现实问题和压力集团困扰的从业人员和监管者来说，我的讨论很可能看上去过于深奥。

24.科斯推翻了英国早期经济学家亚瑟·庇古所宣传的观点（或者，更确切地说是其追随者的观点），后者认为政府有责任阻止那些利用有限资源但为社会创造较少资源的潜在开发商。

第3章　生产成本的经济学：管道的自然垄断

　　管道似乎是典型的自然垄断行业。的确，叙拉古的阿基米德在公元前3世纪发现了圆周率的定义，并且明白管道的运输能力大致等于圆周率乘以半径的平方。如果管道材料的成本大约等于圆周率乘以半径的线性函数，那么管道运能的平均成本随着管道半径的增大而减小，因为成本以线性增长，而运能则呈指数型增长。这意味着使用一条管道为任何一个可能的市场提供运输服务是最便宜的方法——即现代新古典经济学家对自然垄断的定义。阿基米德可能并不明白为什么未来的经济学家会对这个概念如此大惊小怪。

　　但是，在20世纪以及21世纪早期，自然垄断的概念引起了热烈的讨论，因为主要的石油和天然气管道对世界能源供给的重要性迅速增加。由于自然垄断，大型管道的单位成本小于小型管道，监管者和政府相信主要的管道公司拥有市场权力。理论上说，在市场权力的作用下，如果管道不被政府所有或者接受价格监管，就不会提供高效的服务——提供反映其成本的竞争性价格。20世纪80年代到90年代全球天然气管道私有化的时代中，自然垄断的思想促使各国进行了私有化，并将管道作为公共事业进行监管，似乎在内陆燃料运输领域管道的竞争是不可能的。管道自然垄断的预设使得一些经济学家赞同仅仅在产地与主要消费区域之间仅仅需要建造一条大型管道，类似一种强制性的合资企业。[1] 其他经济学家认为，当不受监管的管道在市场上表现更好的时候，自然垄断的概念由于管道监管被过度强调了。[2]

　　哪方是正确的？是那些将管道作为自然垄断的人们，还是那些主张免除管道监管的人们呢？这是一个视角狭窄的伪问题。新古典经济学中自然垄断的概念源于生产成本的视角，但这不足以分析资产专用性——这是管道行业与其他行业最关键的不同。但是分析不充分并不代表两者完全无关：管道的成本结构对理解在特定地点和时间的行业本质起着十分重要的作用。本章主要分析成本结构，并且在传统新古典经济学的框架内竭力解释行业行为——去除自然垄断的阻碍，使得制度分析更为有效。尽管存在自然垄断的经济学理论，但是成本结构不会在现实的管道运输市场中造成自然垄断。研究管道运输市场中的现实案例，很容易发现自然垄断理论的失败，在现实的主要燃料地区市场中没有产生一条由单一投资者拥有的管道。

3.1 管道的自然垄断理论

经济学家在自然垄断的基础经济学理论上有很广泛的共识。有关自然垄断理论的阐述几乎在每本初级经济学教科书上都会出现。但是，就像完全竞争一样，自然垄断是一个抽象和静态的理想化概念，并且没有特别的理由可以认为教科书中的定义应用到管道行业的适应度比完全竞争应用到其他市场中的更高。[3]

管道无论是单独的还是作为连接系统的一部分，都是自然垄断吗？毫无疑问，在两点间，对于一定增量的需求来说，一条管道的成本小于两条管道。[4] 图3-1显示了传统的自然垄断，平均成本在产出的整个阶段都在下降。如果不进行监管，单一定价的公司会在边际成本等于边际收益的水平上进行生产，即 Y_m 等于 P_m 处。理论上，如果有监管机构，它会迫使公司在竞争性产量处进行生产，即 Y_c。但是在那个产量下，需求所愿意付出的价格并不能补偿平均成本，公司在没有税收（或者其他形式）补贴的情况下无法生存。在这种情况下，监管者模拟出竞争性结果的最好方法是设定价格等于平均成本，允许公司在那个价格水平上满足需求，即 Y_r 与 P_r。

在20世纪80年代，贝尔实验室的威廉·沙基（William Sharkey）与普林斯顿大学的威廉·鲍莫尔（William Baumol）和他的合作者贝尔实验室的约翰·帕恩查（John Panzar），以及同样来自普林斯顿的罗伯特·威利格（Robert Willig））深入研究了自然垄断的定义及其可持续性，即一个公司免遭竞争者的进入威胁以获得利益的情况。[5] 沙基和鲍莫尔不仅仅总结了自然垄断的定义，他们同时展示了公司如何不能防止追求利润的竞争者进入市场，甚至在行业使用降低成本的技术时也是如此，如图3-1所示。

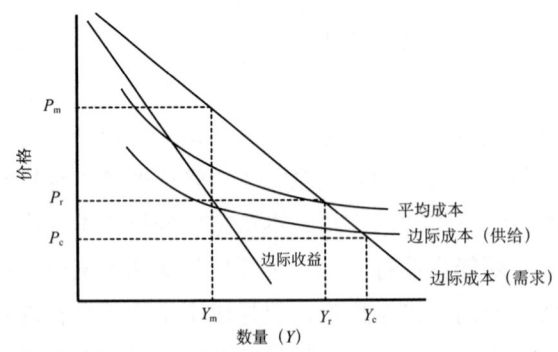

图3-1 自然垄断的成本结构

鲍莫尔和他的同事在总结自然垄断理论的时候，使用了3个关于自然垄断的功能性定义。第一个并且也是最有约束力的定义如图3-1所示。它详细说明了下降的边际成本（MC），即产量越大边际成本越小，与图3-1中的边际成本曲线非常温和。如果边际成本在生产过程中一直下降，那么平均成本（AC）也会随之下降。另一个约束力较小的情况是：边际成本上升但依然小于平均成本，那么后者仍然会随产量增加而下降。在这种情况下，自然垄断的实质源于下降的平均成本，无论其下方的边际成本曲线发生什么变化（比如边际曲线在另一张图中不断向上摆动，但是始终处于平均成本曲线的下方），平均成本均随产量下降。

同时，还有一个更宽松的定义。自然垄断不需要平均成本在任何时候都下降。在这种最宽松的情形下，如果在整个生产过程中，公司成本函数是次加成本函数，那么这个行业就存在自然垄断。[6]这就意味着无论成本曲线如何变化，即使在短期出现成本的增加，两个或以上的公司无法在比单一公司更低的成本上进行生产。这是单一产品的自然垄断最宽松的条件，它包含了边际成本与平均成本都下降的特殊情况。[7]

自然垄断的新古典主义经济学定义并没有引发什么争议。从相对产出水平的单一产品公司的定义上看，自然垄断是可以持续的，并且可以防止竞争性进入的威胁。这些定义是否适用于单一产品的行业取决于平均成本曲线在相对产出水平上是否最终变成U形（成本是否最终会上升，标志着规模经济的结束）。拥有严格次加成本函数的单一产品公司可以防止竞争性的进入。但是如果公司的U形平均成本函数在相对产出水平上都不符合上述3种定义，情况就不同了。

虽然人们有理由认为管道运能的平均成本会在相对产出水平上下降，但是一般的感觉可能会出错，尤其在受监管行业中，这种错误经常发生。比如，在20世纪的大部分时间中，经验法则认为发电站的成本曲线如图3-1所示，即更大的发电厂拥有一直下降的平均成本。20世纪50—60年代经济学分析中的成本函数无法使用简单的数学分析U形的成本曲线。[8]在当时，经济学家还没有办法检验电力行业的自然垄断假设。20世纪70年代更高速的计算机的诞生才使得经济学发展出新的计量技术，为自然垄断提供实证检验。来自威斯康星大学的洛瑞兹·克里斯滕森（Laurits Christensen）和威廉·格林（Willliam Green）使用新理论以及更为有效的计量经济学估计方法，首次进行了重要的研究，他们否定了美国电力行业平均成本下降的假设。到1970年他们发现，大约一半的发电企业的成本状况固定不变；同时，他们发现少部分企业在平均成本斜率为正的部分运行，他们是实证估计行业U形成本函数的首批经济学家。[9]到1970年，电力行业的基本原则被证明是错误的。

研究管道的成本并没有研究发电行业的成本那样具有挑战性。发电厂是复杂的电力生产设施；而管道仅仅是长途的金属运输管线，中间配有泵站或者压缩站。另外，管道的运营杠杆（固定成本与全部成本的比值）相比发电厂明显更大，后者燃料与劳动力占到总成本的一半以上。对于管道来说，其成本曲线可以通过研究其产量，或者管道的运能，以及建设成本之间的关系来估计。

3.2 管道可观察的成本结构

管道建设成本一直是管道行业和经济学研究的重点。亚瑟·约翰森（Arthur Johnson）研究了普雷利石油天然气公司（Prairie Oil and Gas Company）多方面的文件，为不同规模管道的建设成本寻找证据。普雷利公司是标准石油公司的附属公司，负责从堪萨斯州和俄克拉何马州的油田购买、生产以及运输油气。由于那些油田远离密苏里州和伊利诺伊州的主要市场，公司发展成了主要的石油管道公司之一。1915年，普雷利公司拥有超过5000英里的公路和管道，并且成为国内最大的管道系统。到1919年，在一个激进的扩张项目中，公司的2～12英寸不同口径管道的累计成本显示出成本与长度和口径没有太大的关系。换言之，尽管普雷利公司每英里管道的成本（从2英寸到12英寸）随口径的增加而成比例增加（分别从1613美元到19533美元），每英寸管道每英里的成本仅仅增加了一倍（从807美元上升到1628美元）。[10] 由于运能以口径的平方关系增长，很明显普雷利公司的成本下降与图3-1显示的情况相同。

关于天然气管道的第一个系统的成本结构研究同样证实了平均成本与运能之间的递减关系。艾默瑞·托克赛尔（Emery Troxel）利用20世纪30年代中期成立的联邦贸易委员会的数据，完成了关于天然气管道建设成本的经济学计算。[11] 在那个时代，并不存在对州际管道费率的联邦监管，并且作为美国经济监管基础的统一会计体系尚未应用于管道行业。[12] 当时，无论是联邦还是各州的机构都没有为管道建设收集数据。另外，托克赛尔注意到，天然气运输、分销管道与气田收集管道之间并不存在被普遍接受的区分标准——这个国家到1933年已经拥有了65543英里的天然气管道。

托克赛尔面对的困难在于获取天然气管道可靠数据以及定义天然气运输管道与管道成本基础，他最后决定建立自己的数据库。他从管道的资本贡献以及运营成本角度进行计算，发现天然气管道口径与每英寸口径的每英里成本之间存在大致稳定的关系，3.5英寸的管道每英里成本平均在每英寸1320美元，与18英寸口径管道的成本1216美元大致相同。[13] 每英里管道成本显示出管道口径上的多样性，体现了不同地区对不同管道的偏好。但是，这与图3-1中显示的每英寸口径管道成本依然保持一致。

这种关系获得了更多新证据支持。联邦电力委员会（FPC）在管道文件中收集了1954年、1959年和1960年的天然气管道建设成本趋势数据，表明不同管道口径中，每英寸管道的每英里成本大致相同。[14] 联邦能源监管委员会（FERC）在1980—1994年天然气管道审批文件中的数据也表明了相同的情况。[15]

当石油和天然气进行长途运输的时候，管道设计运能是唯一衡量管道运输总成本的指标。管道越长，管道中需要增加的压力就越大，以便管道出口可以获得足够的压力。运能通过3种方式获得：增大管道口径、在管道沿线增加泵站和压缩站以及在重要地点进行"环绕"（在原有管道线路上增加新的管道）以增加管道的实际口径。管道工程师利用压缩站、基本管道口径以及环绕的方法，在运能、出口压力以及最小成本的目标上进行平衡。

3.3 成本驱动的管道自然垄断的持续性

当自然垄断表现为图3-1中的格式化静态模型的时候，经济学理论会如何分析？管道随不断增长的市场而扩张。在大多数市场中，管道在不同的地区中存在，从现有气田或者进口枢纽有多条线路用来供应特定市场。经济学家已经研究了自然垄断如何受到以上两种因素的影响。

3.3.1 管道运能扩张下的自然垄断

自然垄断的跨期理论模型研究的是当公司生产扩张的时候，垄断是否能够持续？换言之，如果公司的产品无法在需求增长的情况下，通过两个或以上的公司进行生产而降低成本的话，该公司就可以形成跨期自然垄断。[16] 鲍莫尔和他的同事利用简单的两期模型，研究了自然垄断持续性的诸多特征。令人惊讶的是，他们发现当扩张发展到一定程度以满足不断增长的需求时，现有的自然垄断可能是不可持续的。更糟的是，鲍莫尔发现在现有垄断收回其原始的投资成本之前，成功的后来者实际上会取代现有垄断。问题的关键在于现有公司的新增资本不能灵活应对需求的增长。类似于管道的行业拥有平均成本下降的特性，零星的新增运能成本必定会超过在第二期内为满足需求而建设新运能的整体成本。在鲍莫尔的两期模型中，相比新进入者的成本，现有公司新增资本可能对公司不利，除非新公司进入行业的固定成本水平达到足以消除这种差异的水平。从这个角度看，两期模型中的新进入者拥有选择权，现有公司会因为其进入而受损，新公司可以选择一次性建设完整的大型系统。换言之，对潜在进入者来说，等待是一个有价值的选择，因为其可能在某种情况下使现有的公司消失。

但是，这个模型同其他模型一样，拥有非常严格的假设条件。模型中的公司设定单一价格，相对对手来说没有信息优势，并且不会通过降价以限制进入的方式对其他公司的威胁做出反应。[17] 另外，行业中没有关于价格和进入的监管。最后，公司无法同客户签订协议或者形成其他的跨期承诺，从潜在进入者手中有效抢夺大部分的市场。

在现实世界中，现有的公司有很多手段保护垄断，至少将垄断持续到其收回资本成本的时刻，并且在扩张中获得对于潜在进入者的优势。有两种手段对于管道来说至关重要：与现有客户签订合约，从其他竞争者手中抢夺一部分市场；进入监管机构，为行业进入制造行政障碍。

从现有公司与客户签订合约的角度上说，新进入的公司只能为新增需求服务，而无法针对整个市场，这样就增加了其建造新管道的平均成本。价格监管同样也可以保证现有公司在市场中的位置。如果监管者将价格设定在平均成本的水平，这期间包括当期投资资本的折旧，那么在第二期的时候，现有公司的资本可完全发挥作用并且部分经过折旧，这样可以降低监管价格。在这种情况下，第一期的消费者通过监管价格支付了折旧，新进入者必须在第二期化解这种定价劣势。实际上，第一期受监管的价格是通过现有公司受监管的资本账户来支付的。经过几年的运能扩张，现有公司相对潜在进入者来说已经拥有强大的受监管价格优势。如果监管者使用名义（非实际）历史账户为基准设定监管价格，那么这种优势会更加显著——纵向的进入壁垒。无论在哪种情况下，为运能——无论是原有或是新增——设定统一平均成本的努力都会在今后的时期内消除潜在进入者带来的竞争性。

因此，对于跨期模型中的特定管道来说，理论并没有提供特别的理由质疑自然垄断的持续性。对特定管道自然垄断的持续性来说，模型的约束条件过于严格且并不现实，新进入者并不具有更大的灵活性以便更经济地满足整个市场。也就是说，等待市场发展的选择权价值是其他模型中新进入者的竞争动力，但是这并不足以在以成本为基础的监管制度下对市场中的现有公司形成成本优势。

3.3.2 管道作为"网络"

本书并不使用网络来描述管道运输系统。对电子通信、电力传输、公路与铁路运输，甚至本地天然气分销系统，网络所包含的意义并不适用与长距离的石油和天然气管道。对电子通信和电力传输来说，网络意味着用户间的联系以光速传播，同时要么毫无痕迹，要么无法预测。的确，由于无法预测电力传输系统中电子的痕迹，使得电力销售中无法形成有形的合同路径。否则，电力的交易就可以与特定的线路进行绑定，由于缺乏这种合同路径，导致电力市场竞争性改革要求电力以"打包"的形式出售，由一系列传输系统进行管理，其本身由"独立系统运营商"负责监督。石油和天然气管道并不如此，燃料的运输可以在两点之间预测，并且容易形成有形的合同路径，将特定的燃料销售同特定的管道进行绑定。

铁路、公路或者航空运输系统除了需要处理客运与货运的多样性之外，同时还要处理往返的双向需求。[18]这些运输系统的计划、建设以及运营并不像管道一样是围绕着产地与消费中心之间的单向运输。本地的天然气分销公司在大城市地区维护着布满城市街道的复杂管道系统，这种系统可以被称为网络，特别是这些分销公司会在其系统中进行重复建设，以便在故障的情况下为系统中的用户提供保障。

与此不同的是，石油和天然气管道建设在两点之间，其燃料的运输可以预测。即使在阿巴拉契亚地区庞大而古老的油气管道系统中，油气的产地和目的地都是明确的。其他"网络"中的交易经济和操作复杂性（比如网络外部性、双向性以及货运与客运的多样性）并不适用于此。

可以肯定的是，油气运输系统有其特殊的复杂性。比如，石油产品管道将不同种类的石化产品（取暖油、航空燃油、汽油等）在日常运输计划中作为"批次"处理。每个批次在管道中推动另一批次前进，而管道两端的储罐将不同的产品分类。与美国类似的大部分天然气管道系统要求进入管道的天然气符合特定的热量值标准，但是有些天然气管道（比如荷兰或者波兰的管道）会处理多种类型的天然气。管理产品管道或者双重天然气系统有其复杂性，但是同电信、铁路、公路或者电力传输系统的复杂性不同，由于缺乏网络经济性，网络行业的经验无法适用于管道运输行业。不将油气管道称为网络可以避免这种不恰当的比较。

3.3.3 管道自然垄断在实际上的经验缺陷

管道在计划和扩张阶段很明显拥有显著下降的成本结构，新古典主义经济学基础理论可以处理这个问题。但是经济学理论无法解释世界上主要的天然气管道是否并且如何保持其自然垄断地位的——特别是北美洲和南美洲、欧洲和澳大利亚等大洲级别的管道系统。在两点之间采用大口径的管道会产生显著的规模经济，随着其增长以及产地和市场的转变，为现有和未来的管道竞争提供了丰富的可能性。

3个因素导致了实际运行中的管道无法直接适用规模经济导致的自然垄断理论。第一个因素是地理上的，地区性限制以及管道中不可撤销的沉淀成本性质。天然气来自于稳定下降的地质构造。这在交易中称为"递耗资产"。随着可再生气田耗竭，地区中的天然气生产改换地点并且发生改变，而天然气管道无法改变，反映出其资产的不可重置性。阿巴拉契亚原先大部分的天然气田曾经促进了天然气行业的发展，如今只能作为储气设施。当新的气田得到开发，或者新的市场出现，并不能保证现有管道的优先权会为其带来比新进入者更多的成本优势。

第二个因素是政治，以及其决定建造投资者拥有的管道以及建造地点的方式。新管道许可证的竞争需要成本之外的分析。比如，土地是最终的稀有商品，并且主要天然气管道对其有很大需求，经常要求政府给予优先权以及在私人土地上进行建设的许可。在成本、便利性、新天然气管道推进者的努力与在天然气中促进长期竞争之间一直存在着争议。单一受监管天然气管道公司会以更低的价格服务，这种自然垄断的观点无法打动政策制定者与监管者。

第三个因素是监管定价本身。本章前面讨论的自然垄断理论假定统一的定价，现实中并非一定如此。确实，美国联邦监管者发现，区分成本以及不同年代运能的需求对建立运输市场来说很有必要。"增量定价"的方法防止现有管道公司通过原有运能的价值（向现有用户收取"roll-in"）使新建运能的价格低于成本，拉低竞争者的价格，有效阻止市场进入，进行潜在的价格歧视。

3.3.4 管道的自然垄断受到地理与地质的挑战

管道行业受地理因素影响非常大。油气田不能移动，并且主要进口和处理设施相对来说需要特别建设。初步可以认为，管道行业连接了供给与消费市场，但是这里包含了削弱行业自然垄断性的主要特征。主要的消费市场通常在不同的产地之间，生产商与管道公司之间激烈竞争以满足需求；另外，通向大城市消费市场的主要管道经常在发现更近和更大的产地之后陷入困境。在美国不受监管的管道发展早期历史中，有很多小型气田（以及与其相连的管道）由于更大、更有经济性的天然气供给（来自新的气田）而遭到忽视或者价值受损。[19] 这就证明了当新发现的天然气胜过通向原有更远的气田的现存天然气管道时，地理与生产地质因素对管道市场垄断产生了破坏作用。阿根廷和澳大利亚市场为这种现象提供了两个例证。

（1）阿根廷：火地群岛管道的衰落。阿根廷拥有世界上最古老和最大的天然气管道系统之一。其第一条主要管道于1949年建成，长1900千米，口径10英尺，从巴塔哥尼亚到布宜诺斯艾利斯，是当时美国境外最长的一条管道。[20] 阿根廷20世纪60年代在火地群岛的奥斯托尔盆地（Austral Basin）发现了大量的天然气储量。田纳克（Tenneco），一家在美国田纳西州运营的天然气管道公司，赢得了一个合同，负责建造一条从火地群岛横跨麦哲伦海峡最后到达布宜诺斯艾利斯海岸的长达3568千米的管道。这条管道是一项工程杰作，横跨了很多河流和海峡。它在1965年开始向布宜诺斯艾利斯提供服务。

1991年，阿根廷政府开始对阿根廷燃气公司施行私有化，该公司在天然气运输和分销领域享有纵向一体化的垄断。当时，向布宜诺斯艾利斯周围主要天然气市场供气的有3个气源地。除了南部来自奥斯托尔盆地的供给之外，还有管道带来的北部玻利维亚的天然气。此外，还有两条在1970年和1988年建成的2000千米管道，运输新近发现的西部内乌肯盆地天然气。在私有化过程中，阿根廷政府决定将阿根廷燃气公司拆分成几个地区性的天然气分销商，以及至少两个相互竞争的天然气管道运输公司。

多个新成立的私营管道公司在南部管道上出现了两个问题。首先，火地群岛中奥斯托尔盆地的管道更长更旧，维护很困难，因此其新增的维护成本非常高。其次，奥斯托尔盆地气田中3个主要的气井的可运送产量高于南部管道运送至主要市场的运能。阿根廷针对所有管道建立了基于成本的合理性监管账户，将南部管道的费率提升到很高的水平，使得奥斯托尔盆地天然气的"净回值"消失了。考虑到来自主要盆地的天然气运输远期价格，奥斯托尔盆地中陈旧的2630千米管道无法与来自内乌肯盆地的 1194 千米新管道在相同水平上竞争。从经济效率的角度上说，最好地服务阿根廷主要市场的管道规划是使南部管道达到使用寿命，并且发展距离更近的内乌肯气田和相应的管道以填补供给缺陷，而不是进行替代。

南部气田"相同水平"的定价会消除奥斯托尔盆地天然气的价值，或者预示了作为布宜诺斯艾利斯气源地最终的终结，但阿根廷政府认为这非常失策（并且会激怒南部省份）。作为私有化的一部分，政府选择用内乌肯气田西部管道补贴南部管道的方法保持南部天然气田的价值。[21] 这是用政治方法解决棘手的经济问题，其源头是更加经济的西部新管道超过了原先的南部管道。

（2）澳大利亚：库珀盆地管道的衰落。多年来，以煤炭和天然气为基础的澳大利亚天然气和电力公司（AGL）负责为悉尼提供天然气，公司由投资者所有。在澳大利亚内陆发现库珀盆地气田并且在 20 世纪 60 年代末期开发之后，联邦政府在 1976 年建造了一条长 1299 千米的管道——"蒙巴—悉尼"管道向悉尼输送天然气。AGL 随后向天然气转型。

在库珀盆地发现和开发之后，埃索（Esso）和必和必拓（BHP，澳大利亚煤矿公司）组成的合资企业在巴斯海峡发现并开发了气田，在南部维多利亚州海岸以外。天然气被送到海岸进行处理，之后送往墨尔本，替代公有公有的维多利亚天然气和燃料公司（GFCV）使用的人工煤气。到 1995 年，从巴斯海峡向悉尼输送天然气的利润可观。不仅因为维多利亚海岸的处理设施距离悉尼只有 795 千米，而且巴斯海峡的储量大约是库珀盆地的 3 倍。[22]

从基本的竞争角度看，很明显早在 1995 年之前，巴斯海峡的天然气可以在长期轻松取代库珀盆地为悉尼服务。但是 1994 年，政府制定了蒙巴—悉尼管道系统销售法案，将蒙巴—悉尼管道的股权出售给悉尼当地的分销商 AGL。从现实角度说，分销商（主要的天然气买家）拥有一条特定管道的大部分股权妨碍了管道和天然气的竞争发展。巴斯海峡管道，现在称为东部天然气管道，最终由杜克能源公司（Duke Energy）领导的财团建设完成。AGL 强烈希望保护蒙巴—悉尼管道的经济利益免受新进入者的影响，因此新的管道建设必须克服 AGL 所设立的进入壁垒。

无论哪种情况，如同阿根廷的情况一样，近距离大型气田的发现不可避免地损害了现有主要天然气管道的价值，并且证明无论其成本结构如何，主要的天然气管道都面临着新进入者的持续威胁。

3.3.5　管道的自然垄断受到政治与准入监管的挑战

尽管 19 世纪阿巴拉契亚早期原油管道的建设没有任何政府机构的批准或干预，现代管道需要监管方的执照审批——其理由有很多，最重要的是有秩序地获得优先权。一些监管机构寻求最低的成本以及单一的大型管道。另一些监管者倾向于对竞争者保持开放，并且对现有公司认可的用更低的成本扩张的想法充耳不闻。

关于建设受监管的新管道运能执照（即美国关于公共便利与需求的证明）的竞争是多方面的。[23] 一些人寻求规模经济，另一些寻求新进入者的竞争会推动先进的新项目，规模经济可能并不存在。这种争论在1971年阿尔弗雷德·卡恩深入地讨论中表现得最为明显，他同时研究了中央计划与竞争性的观点。[24] 不同的行政法法官和委员会发现，他们需要决定是否批准新天然气管道项目的执照申请，尽管现有天然气管道公司会抱怨新项目重复建设或者并不完善。[25]

这些案例中令人瞩目的是判决似乎更倾向于竞争性的行业进入，而不是现有公司或者合资企业基于规模经济长期的模糊想法。[26] 法官们偏向进入者一方，而现有公司极力要求进入者证明其会使价格更低，或者证明目前的高运营成本不是现有公司的责任。[27] 监管机构很难有效处理所有与执照审批相关的事件，特别是需要面对现有管道的固有利益。因此，法官们愿意听从竞争者的意见，而不考虑仅仅作为概念存在的规模经济最大化的可能性。[28]

3.4 管道短暂的自然垄断

几十年的实证研究表明，在静态计划的意义上，单条线路的管道成本在面对大型管道的时候必定会下降。但是这种平均成本的下降——典型的新古典主义自然垄断——并不足以描述现实中的管道市场。长距离管道与天然气分销商本地的管道网络不同，后者有效并且"自然"地排除了竞争者的进入。主要的运输管道面对诸多阻碍能成功发挥成本优势，否则就会成为典型的自然垄断。[29]

总之，自然垄断的概念并没有推进多少管道运输的经济学分析。即使在静态中存在一些自然垄断的要素，人们也会怀疑管道竞争者之间是否会在一段时间内提供更有效的服务。不考虑静态的成本结构，管道经常形成极其低效的自然垄断。从现实意义上看，它们往往无法垄断大规模的管道运输市场，尽管很多公司一直在尝试。在实际管道运输市场中，只有在政府或者监管者允许的情况下，管道成本结构中的规模经济才可能达到。[30]

注 释

1. 比如，来自赖斯大学的莱斯利·库肯博（Leslie Cookenboo）在其1955年美国石油管道研究中认为"集成的大规模运输"在最大可能范围内构成了强制性的合资企业。*Crude Oil Pipe Lines*, 167-68.

2. 见 MacAvoy《Natural Gas Market》99页，在与史蒂芬·布莱耶法官（Setephen

Mreyer）的合作中，麦克维尔坚持联邦天然气管道监管的价值"要么很低，要么为零，"很大程度上因为不存在自然垄断。*Energy Regulation*, 54.

3. 类似观点参阅 Thomas J. DiLorenzo 的《The Myth of Natural Monopoly》，发表于《Review of Austrian Economics》9卷2期43-58页。

4. 纵缝焊接的天然气和石油管道的口径在以前存在制造上的限制——一般为64英寸。较为先进的螺旋焊接将钢板卷起制成管道，生产出口径大于64英寸的管道。John L. Kennedy, *Oil and Gas Pipeline Fundamentals* (Tulsa, OK:PennWell Books, 1993), 50-60.

5. William W. Sharkey, *The Theory of Natural Monopoly* (Cambridge:Cambridge University Press, 1982);and William J. Baumol, John C. Panzar. and Robert D. Willig, *Contestable Markets and the Theory of Industrial Structure* (New York:Harcourt Brace Jovanovich, 1982).

6. Baumol, Panzar, and Willig, *Contestable Markets*, 17.

7. 对于单一产品的企业来说，比如管道公司。成本次加性的概念可以直接归因于平均或边际成本的下降。但是，对于多产品的企业来说，自然垄断和成本次加性的概念更加复杂。尽管现实案例的研究并不是鲍莫尔及其同事所研究的重点，但是研究的初衷在于将自然垄断的概念进行最广泛的总结，以便研究如果在多产品的电信行业中允许竞争者进入并且向个人提供产品，以及现有多产品公司的结构稳定性，这项研究大部分由AT&T公司在其1984年遭到拆分之前资助。

8. 1971年纽约 Mc Graw-Hill 出版公司出版的 James M. Henderson 和 Richard E. Quandt 的《Microeconomic Theory:A Mathematical Approach》第2版80-86页，马克·内罗夫（Marc Nerlove）在1963年最早使用对偶理论，通过指定成本函数，研究了行业内的基本生产技术——这项技术后来成为许多行业成本结构实证研究的主流技术。尽管如此，他仍然受到规模成本降低的函数形式影响。Marc Nerlove, "Returns to Scale in Electricity Supply," in *Measurement in Economics*, by Carl F. Christ et al.(Stanford, CA.:Stanford University Press, 1963).

9. Laurits R. Christensen and William H. Greene, "Economies of Scale in U.S. Electric Power Generation," *Journal of Political Economy* 84, no. 4 (Aug. 1976):655-76.

10. Johnson. *Petroleum Pipelines and Public Policy*, 146-48.

11. Troxel,《长距离天然气管道》。

12. 联邦电力委员会在1938年对天然气管道公司施行统一会计制度（紧接在天然气法案通过之后），在1978年对石油管道公司施行（在1978年能源政策法案通过之后，该法案将石油管道的管辖权从州际商业委员会转移到联邦能源监管委员会）。

13. Troxel,《长距离天然气管道》，349页。

14. Alfred M. Leeston, John A. Crichton, and John C. Jacobs, *The Dynamic Natural Gas Industry* (Norman:University of Oklahoma Press, 1963), 83-85.

15. E. W. McAllister, ed., *Pipeline Rules of Thumb Handbook*.4th ed. (Houston:Gulf

Publishing Company, 1998), 510,544.

16.Baumol, Panzar, and Willig, *Contestable Markets*, 408-13.

17. 见 Ibid., 425-29页, 正如他们所说:"可持续性研究的根本缺陷在于新进入者的期望基于伯特兰德 - 纳什模型（Bertrand-Nash Model）,"没有这一点，那么新进入者的威胁可能"在被发现之前就消失了"（428）换言之，这些模型从博弈理论的制约因素中得出，现有公司的行为取决于新进入威胁的本质和可信度，一系列可能的结果取决于在较为宽泛的伯特兰德—纳什连续集上，现有企业如何应对那种威胁。Joseph Bertrand, "*Review of Theorie mathematique de la richesse sociale* and *Recherches sur les principles mathematique de la theorie des richesses*," Journal des Savants (1883):499-508; and John F. Nash Jr., "The Bargaining Problem," *Econometrica* 18 (1950):155-62.

18. 比如 Elizabeth E. Bailey, David R. Graham, and Daniel P. Kaplan, Deregulating the Airlines (Cambridge, MA:MIT Press, 1985), 166-71。

19. 克里斯多夫·卡斯塔内达（Christopher Castaneda）提供了一些关于美国天然气发展历史的案例。*Invisible Fuel*.

20. 在1972年，俄罗斯通向西欧的3763千米输气管道之前，欧洲还没有类似的管道。澳大利亚直到1976年才拥有了一条主要的从蒙巴到悉尼的1900千米管道。墨西哥国家石油公司（墨西哥石油和天然气的垄断企业）在20世纪50年代开始大规模建造天然气管道系统，但规模仍然小于阿根廷。跨加拿大管道在1957年开始运营。

21. 作为导致1991年阿根廷燃气公司私有化分析的一部分，我为阿根廷私有化当局演示了"净回值"计算，当局决定将较新较短的内乌肯管道资产加入奥斯托尔盆地管道的运营。

22. 根据1995年农业、能源和矿产部的估计，巴斯海峡（吉普斯兰德盆地）的探明储量达到8280千万亿焦耳，库珀盆地储量大约在2800千万亿焦耳。

23. 在为公众提供方便和必要性方面，证书的目的一般在于允许监管者监管高固定成本行业的竞争。获得证书的过程可以向监管者表明存在投资的需求，并且供给方有意愿并且有能力提供服务。

24.Kahn, *Economics of Regulation*, 2:152-71.

25. 通常，在卡恩引用的案例中委员会大部分采用了行政法判决中的观点。

26. 比如，卡恩参考了法官斯凯力·怀特（Skelly Wright）的讨论:"不容否认，委员会拥有费率决定权，这项权力应该用来保护天然气的消费者。但是很明显，这项权力的影响在很大程度上是消极的……从另一方面讲，如果存在竞争，即使在一个有限的范围内，受监管的公司自身会出现创新的动力，会导致其制定计划提供更好的服务，更低的价格，或者两者兼顾。" Kahn, *Economics of Regulation*, 2:161-62.

27. 卡恩提到了审阅者对其著作的评论，他们思考了现有公司在面对新进入者时所遇到的行政障碍:"我不敢想象在这个问题上，潜在的律师会堆积出什么样的（法律）

报告……我不乐意承担证明管道公司在其运营上存在低效和不合理'高成本'问题的任务,也不想证明当前困境的责任不在自己,而是无法从其他管道获得较为便宜的天然气供给。" Ibid., 168.

28. 从美国东海岸到西海岸主要管道扩张的对抗性竞争战胜了监管者希望追求规模经济而建设单一项目的企图,有两个案例需要注意。第一个案例发生在20世纪40年代,战后天然气管道扩张进入新英格兰地区。第二个案例是20世纪60年代的南加州运能扩张。自然垄断和促进竞争之间的争论在扩张期间一直是联邦电力委员会(FPC)的头条。在FPC之前,管道公司计划通过竞争将管道从现有气田向新的市场拓展。FPC的行政法法官以及FPC本身,都面临着艰难的选择,一方面在明显的效率与竞争性之间,另一方面在长期计划与满足快速增长的需求的权宜计划之间选择。在两个案例中,竞争性最终胜出,并且在两个案例中至少存在两个管道供给方。对新英格兰的情况,参看Castaneda,《Regulated Enterprise》,145-50页。对南加利福尼亚州扩张的情况,参看Kahn,《Economics of Regulation》,154-57页。

29. 当然,管道在临近地区拥有很强的短期市场权力。通过价格歧视,现有管道可以在那些地区实施市场权力。尽管美国有大量的独立管道竞争者以及运输权买卖的强大市场,这就是FERC从来没有放松对其管辖下的所有美国州际管道的成本基础价格监管的原因。

30. 阿姆赫斯特大学的詹姆斯·尼尔森(James Nelson)将"自然"的概念完美地融入了情境:法律或者经济学中引入的最不幸的概念之一就是"自然垄断"。每种垄断都是公共政策的产品。目前的垄断,无论是公众的还是私人的,都无法在历史中发现其纯粹的形式……在道路方面呢?除了公认的有垄断头脑的罗马人建设的那部分处,"国王大道"在18世纪更像是一个通行权而不是设施。公路通过私营公路公司解决了困境,有时基于准竞争性的基础……因此,"自然垄断"实际上产生于这样一个认识,公共政策的某些或者全部目标被利用,从而鼓励或者允许垄断产生,并且在其垄断之中抑制或者禁止未来的竞争。(James R. Nelson, "The Role of Competition in Regulated Industries," *Antitrust Bulletin* II [1966]:3)。

第4章 应对垄断的管道监管

20世纪早期,西奥多·罗斯福总统以及他在国会的同僚在没有反托拉斯的有效强制手段的时代就开始计划打破标准石油公司(Standard Oil Company)的垄断,这就把垄断、政治以及管道经济学放在了一起。这标志着管道问题第一次受到国会的重视,参议院举行辩论讨论是否将州际商业委员会(ICC)关于公共运送监管(比如铁路)的权力应用到管道行业中。最终,国会决定将1906年赫本修正案中的ICC石油管道管辖权适用到1887年的州际商业法案,但是却将天然气管道排除在外,这对于天然气运输系统在21世纪形成竞争性市场(应用科斯谈判)至关重要。但是,当标准石油公司使用不受监管的石油管道垄断美国石油生产的时候,21世纪还很遥远。

除了通过赫本修正案之外,1906年对于美国新型监管机构的发展来说非常关键。那一年,威斯康星州和纽约州率先在州内通过了监管公共事业的法律;其他各州很快根据这两个范本进行了仿效。[1] 另外,当年还诞生了评估私有和公有的公共事业相关因素的详细研究。[2] 该项研究在1907年出版并产生了持续的影响:美国公共事业的建设和控股需要靠私人投资者,而不是政府。同样在1906年,一家大学(威斯康星大学)首次开设了公共事业经济学的课程。[3] 所有这些都预示了在接下来的30年中,对公用事业公司进行的经济监管会产生新的法律、会计准则以及管理机制。

随着这些监管措施的施行,很容易发现国会并不擅长起草一个可施行的赫本修正案。美国基础设施监管领域的有效机制,无论是在州层面还是在联邦层面,都有待发展。针对监管目标的一般会计系统诞生于20世纪30年代,合法的强制管理手段产生于20世纪40年代。公共服务需要依靠私有财产来提供,而利用美国宪法保护私有财产的明确指导从1928年才开始制定,到1944年最终完成。石油管道的监管只能参照铁路监管的模式来进行。州际商业法案以英国1854年运河与铁路法案为模版,试图将一系列法律原则变成条例并融入普通法之中。[4] 但是,到了20世纪,ICC治理铁路的努力始终受到法院的阻碍,促使罗斯福政府鼓励国会给予该机构更大的权力。[5] 本章表明,在管道运输市场的分析中,制度细节和历史一样都很重要。

4.1 标准石油公司与1906年的首次管道监管

世界上首条石油管道在1860年早期取代了宾夕法尼亚西北部坑口溪地区的3000位马车夫。马车夫要将木桶装的石油运向铁路罐车,而管道极大地提升了石油运输的效率。在获得特定线路或通向特定目的地的管道优先权之后,管道所有者就率先开始了与其他运输方式的竞争。换言之,管道方拥有优势,可以控制附近任何石油生产者的合同条款。

1863年,约翰·D. 洛克菲勒(John D. Rockefeller)开始交易石油,为炼油厂供货。通过一系列联合,他的炼油产业逐步发展起来,到19世纪70年代末,他的标准石油公司(及其关联企业)拥有国内大约90%的炼油能力。到1874年,洛克菲勒看到并抓住了管道的潜力,迅速取代了马车夫,并与铁路展开直接竞争,将石油直接从油田运输到主要集散地和市场。到1904年,标准石油公司控制的原油管道如图4-1所示。

值得注意的是,洛克菲勒早期如何在小范围内将早期锁定的石油运输合并起来,该范围内油田和主要目的地都相对较近。

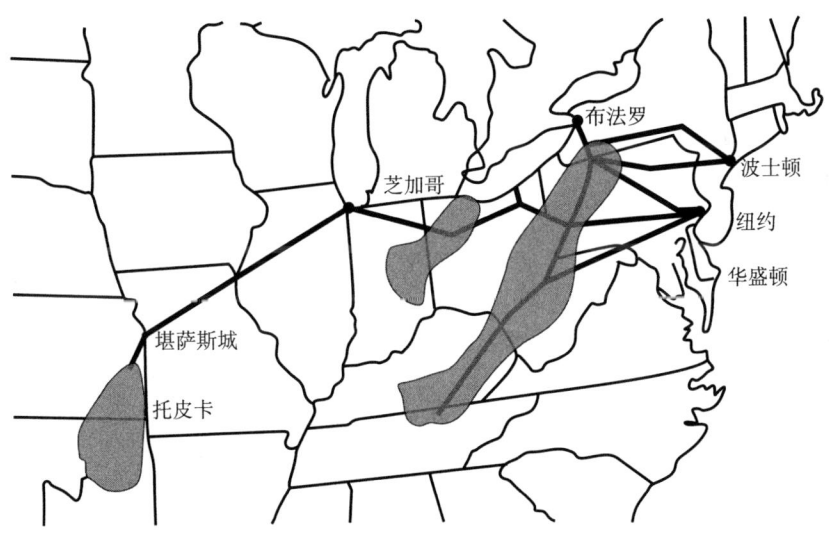

图4-1 1904年,赫本修正案之前的美国石油管道(Reprinted from report of the Commissioner of Corporations on the Transportation of Petroleum [Garfield report;Washington, DC:US Government Printing Office, May 2, 1906], facing p. 45)

4.1.1 各州石油管道监管的尝试

原油管道在早期并没有进入公众视线，也没有进入国会的立法日程之中，国会认为管道问题对于非石油生产州并不重要。由于独立生产商无法获得地区性管道的使用权，也无法计算通过那些管道运输和储存的石油总量，地区性的石油生产商总是抱怨井口价受到标准石油公司的管道控制。世界上第一个管道监管办法因此诞生——俄亥俄州和宾夕法尼亚州的立法者在 1872 年陆续要求征用管道为公共运送设施。纽约州在 1878 年通过了第一个"自由石油管道"法案。宾夕法尼亚州在 1883 年也通过了类似法案。到 1906 年，超过 21 个州已经通过了关于管道、征用权以及公共运送的明确法案。[6]

但是，这些州的法规对使用标准石油公司附属管道的独立石油运输方来说没有任何影响。马萨诸塞州参议员亨利·卡伯特·洛奇（Henry Cabot Lodge）收到一封来自标准石油公司的信，并且在议会中宣读，表明"这项法案（赫本修正案）无效"，公司认为其石油管道实际上是"密西西比州东部的公共运送设施。"[7] 从广义上讲，这可能是成立的，但是在一般普通法中，针对公共管道的措施并没有将独立石油生产商从标准石油的管网和炼油设施中解放出来。不久，参议院进行了辩论，讨论公共运送设施，甚至连同价格制定部门一起参与讨论，是否可以帮助行业中的独立生产商，否则这个行业就会被一家公司垄断。

各州法案对州际公共运送的无效性在堪萨斯州的原油管道案例中表现得最为明显。堪萨斯州的石油产量在 1903 年和 1904 年大幅增长。为了连接堪萨斯州东面的市场，石油生产商不得不使用标准石油公司旗下普莱利油气公司（Prairie Oil & Gas）的管道。普莱利公司购买石油并向东运输，由于地区产量增长，石油价格从 1903 年的 1.3 美元/桶下降到 1904 年的 0.8 美元/桶，而炼油产品的价格却保持不变。普莱利公司同时采用了基于原油相对密度的新定价制度。在 1905 年初，公司停止了新管道和储存设施的建设。当地生产商认为标准石油公司滥用市场权力，造成不公平竞争。受普莱利公司的影响，堪萨斯州立法通过了授权建造州立炼油设施的法案。法案将石油管道作为公共运送设施，设定了铁路和管道的运费标准，同时禁止州内石油产品营销中的价格歧视行为。但是，这些措施并未有效帮助石油生产商进入堪萨斯东部市场。[8]

4.1.2 针对标准石油的加菲尔德（Garfield）调查和国会的行动

ICC 在 1906 年颁布的第一个联邦石油管道监管条例是一系列舆论、政治以及管道经济学的综合结果。可以肯定的是，石油行业的联邦监管与管道监管密切相关，其原因是标准石油公司及其铁路合作方在铁路石油运输方面拥有明显的剥削性。通过操控秘密的铁路交易和回扣，标准石油公司的市场操纵行为拉低了油田所在地（比如堪萨斯州）的价格而抬高了消费市场（比如新英格兰）的油价。但是，在处理管道问题时，国会面临的是监管一个资本需求巨大而且相对年轻的行业，其不像铁路一样连接不断增长的当地市场，而是连接产能和获利能力都不可避免下降的油田。当时，资本市场并不成熟，资本密集行业（特别是石油行业）的纵向一体化是美国的流行方式，国会不太可能针对石油或天然气管道采取大规模行动。[9]

为了回应堪萨斯州的石油生产商，国会在1905年请求调查堪萨斯州原油和炼油产品之间的价差，并且调查价差是否是由歧视或者非法的铁路和管道运输造成的。研究由新成立的公司办公室（Brueau of Corporations）负责，这个办公室就是联邦贸易委员会（Federal Trade Commission）的前身，由詹姆斯·R. 加菲尔德（James.R.Garfield）领导。[10] "加菲尔德"报告有超过500页的数据和地图，详细研究了国内铁路和管道系统如何工作，以及标准石油公司是如何控制它们以及石油运输的。报告明确认为，到20世纪早期，标准石油公司"在行业强烈的反对下，通过不公平的竞争手段"兼并了美国几乎全部主要的石油管道。[11] 报告公布了一些"特殊协议"的秘密票据副本，并系统解释了标准石油公司如何成功地通过管道和铁路垄断了石油运输。正在此时，舆论也强烈抵制标准石油公司，因为艾达·塔贝尔（Ida Tarbell）作为新闻调查领域的先驱，在其详实的报道中分析了约翰·D. 洛克菲勒以及公司的商业模式。[12]

为了回应加菲尔德报告中的指控以及公众压力，国会在1906年通过了赫本修正案，将石油管道加入铁路的联邦监管之中。新法案的关键在于ICC有权根据自身的方式调查以及制定"公平合理"的最高限价。[13] 根据加菲尔德报告以及标准石油的行为，将石油管道加入修正案是可以期待的。但是，由于俄亥俄州年轻的参议员约瑟夫·P. 佛瑞克（Joseph P. Foraker）坚持不懈的努力，天然气管道被排除在外。这对于美国天然气管道行业最终的制度与竞争性发展有着至关重要的作用。

实际上，由于铁路的问题更加棘手，也没有会计、准入或者其他管理手段来管处理相对年轻的石油管道行业，并且依然整合在一起的标准石油公司不断阻挠，ICC将其精力放在了其他事情上。在20世纪40年代之前，美国并没有针对石油管道的有效监管，甚至在1978年国会解散ICC并将其对石油管道的管辖权交给联邦能源监管委员会（FERC）之后，该行业也没有受到现代意义上的有效监管。

4.2 20世纪30年代的天然气监管措施

天然气管道惊险地逃过了ICC的监管，在后来的30年中，州际天然气管道在没有系统联邦价格或者市场准入监管的情况下获得了发展。缺乏监管的州际管道运输行业并没有造成问题，无论对于地处偏远的天然气生产商（比如堪萨斯州）还是对于试图使用合法权利监管天然气价格以保护各州消费者的州政府。

4.2.1　1906年以来天然气管道行业的发展

1906年之前，天然气管道行业规模小，并且局限在已知天然气田的附近地区。标准石油公司使用天然气作为石油管道泵站的燃料，并且在油气田周边100英里内。管道技术本身限制了管道市场的规模，首个大型油气管道由铸铁建造，管道很脆弱并且不可靠。到19世纪末，钢材取代了生铁用来建造天然气管道。虽然钢材比铸铁更加稳定，早期的钢制管道由钢板卷成，中间有缝隙，无法承受高压。当时最大和最长的管道是8英寸120英里的管道，从印第安纳州中部的气田通向芝加哥。1911年开始使用的氧炔焊技术以及1922年使用的电弧焊技术提高了缝隙填补的技术，为铺设长距离管道提供了可能。[14]

随着技术改进以及美国20世纪20年代的经济增长，天然气管道系统迅速发展。正是在此期间，从位于堪萨斯/俄克拉何马/得克萨斯的雨果顿（Hugoton）柄型盆地到中西部市场的长距离天然气运输得以实现。

4.2.2　州政府监管控制的努力失败

20世纪20年代与30年代早期天然气管道大发展，一直到大萧条期间所有的管道建设才停止，在此期间，州政府的监管者不断试图控制由当地分销公司制定的天然气价格。当地的天然气生产分销商已经存在了100多年，但是这些公司的整合程度越来越高，通过协议或者合并形成了州际天然气管道行业。当地分销商运送到城市门站的天然气价格越来越受到其他州天然气公司天然气和管道费用的影响。随之而来的就是一场立法竞赛，州政府或者联邦监管者是否有权在其管辖范围内监控由消费者支付的天然气价格。[15]

从1910年开始，最高法院就使用一系列的案例澄清并且重申了国会，而不是州议会在监管州际天然气管道上的基本作用。第一个案例涉及俄克拉何马州是否可以有效限制输往州外的天然气运输。最高法院裁定，这项限制对州际商业产生了不必要的负担。[16]更需要说明的是发生在1924年的案例，最高法院推翻了一项由堪萨斯公司委员会做出的决定，后者要求对由城市服务系统设定的城市门站价格采取固定费率制。最高法院更喜欢"政府一致性不作为"，而不是各州对于州际管道监管的不一致。[17]到20世纪20年代中期，法律明确了跨越州界的天然气运输构成州际商业，受到美国宪法管辖，国会是唯一可以对行业发布监管措施的组织。[18]

尽管最高法院已经明确了各州和联邦不用为制定天然气费率负责，各州监管者依然尝试通过天然气管道来影响本地的费率制定。随着20世纪20年代和30年代多州共有公司的扩张，各州的监管者越来越发现有必要对这些公司在其监管下的附属公司的交易进行调查。在1932年的案例中，堪萨斯公司委员会试图裁定由西部分销公司（West Distributing Company）支付的天然气批发价格，该公司为堪萨斯州多个城镇服务，其母公司城市服务天然气公司（Cities Service Gas Company）是一家高度一体化的控股公司。

这场由州发起的州际天然气管道调查在法律上受到了挑战，最高法院面对的情况是：受州监管的分销商从其关联生产商和管道公司处购买天然气和运输服务，两家都属于同一家全国最大的公司。最高法院很难拒绝州监管者的调查要求，调查的合理性在于本地的垄断企业正在试图将其上游定价转嫁给本州的消费者。最高法院支持了堪萨斯委员会的决定，裁定监管者可以要求公司证明关联方的定价是合理的，并且反映了所提供服务的真实价值。[19]

在最高法院1932年的决定之后，很多州都开始调查子公司城市门站费率的合理性（包括天然气和运输费率）。[20] 与这些调查同时进行的通常还设有针对母公司的更广泛的调查，第一场问询在1928年进行，当时参议院要求联邦贸易委员会（FTC）调查并报告现有基础设施公司的情况。商业历史学家克里斯多夫·卡斯塔内达（Christopher Castaneda）把这场针对母公司的调查成为"史上最公开和深入的调查之一"。[21] FTC的调查最终形成了1938年的天然气法案。

4.2.3 1938年天然气法案

当国会在1906年监管州际石油管道的时候，实际上是依照铁路费率监管规则设计出来，用以打击标准石油公司的市场权力。而当国会在1938年监管州际天然气管道的时候，实际上是在填补20世纪20年代到30年代早期天然气行业大发展所留下的监管空白。由于国会需要为一个已经存在的行业立法，并且需要符合宪法规定，就需要考虑从3个方面着手。首先，为了满足各州利益，国会必须明确指出该法案不适用于当地的分销公司。其次，考虑到现有的管道用户（主要是当地的分销商），国会的法案要求管道公司承诺保证特定客户的天然气供给不会中断，因此就避免了州际商业法案中关于铁路和石油管道公共运送要求。第三，现有管道（以及它们所在的州）代表了很多选民利益，国会要求对市场准入进行立法，限制进入已有管道的市场。

除了满足这些选民之外，国会在1938年管道立法中拥有两项制度基础，而这在1906年是不存在的。首先，当时的天然气行业实际上并没有分销商之间纵向一体化的情况。作为行业中的一个大事件，1935年国会授权证券和交易委员会（SEC）分拆多州共有的公司，这些公司将天然气管道连接到当地的天然气分销公司。这样，天然气法案可以处理一个实际上孤立的天然气管道行业。第二，国会可以利用20多年来各州和法院在公共事业监管上取得的重大进展，包括明确的监管会计体系、折旧监管以及举行听证和申诉的行政程序等。[22]

4.3 欧洲的天然气管道监管

今天的欧洲拥有与美国类似的庞大天然气管道系统，提供欧洲25%的能源需求。[23] 管道大多数在第二次世界大战以后建造，气源地一方面来自欧洲内部，另一方面来自北海、阿尔及利亚和俄罗斯。欧洲天然气流向图显示出各个方面的主要气源，最大的单一方向从俄罗斯的大气田一路向西。美国类似的地图也显示了来自气源地的广泛分布，国内的天然气从墨西哥湾流向北部和东部。从外太空看，这两个大型的天然气管道系统似乎有很多相似的地方。

但是，美国与欧洲天然气管道系统一样也有误导性。其掩盖了制度与市场的差异。美国天然气生产具有高度竞争性，前二十大生产商历史上的市场占有率不到50%。在欧洲，俄罗斯占据了大约30%的市场，前五大生产商占据了85%的市场。[24] 在美国，天然气交易的价格根据各自独立的管道交汇点（称为"中心"）的现货价格指数确定。天然气市场竞争程度高，价格由一个大型且高流动性的现货市场决定，与类似的石油现货市场无关。而欧洲没有这样自由竞争的天然气市场。在美国，天然气与天然气期货合约在纽约商品交易所（NYMEX）进行交易，这表明天然气与谷物、牛肉以及其他商品一样，变得易于交易和运输。欧洲的管道系统同样也有一些天然气交易中心，以及新成立的新欧洲能源交易所（EEX），但是无论是中心还是交易所的远期交易量与美国相比都微不足道。[25]

美国和欧洲天然气市场的差异延伸到管道系统。欧洲所有的主要运输管道都由政府或者国有公司建造，并且它们都与地区分销商整合在一起（很多目前都是）。[26] 欧盟并没有美国宪法中的"商业条款"，因此，欧盟当局（相对于国家监管方）无法保留凌驾于欧盟成员国之上的贸易管辖权。因此，欧洲的管道监管是通过欧盟与成员国之间一系列复杂机制达成的。[27] 欧洲在天然气运输权的合法交易方面没有形成体系。一些短期小规模的运输互换确实存在，但是这是由管道公司决定的，与美国现代的天然气运输权交易市场完全不同。欧洲的管道有时会公开可用运能的数据，但是各方的定义并不统一，而且管道公司可以控制数据。运输方的名称由管道公司秘密保护，欧洲内部的天然气运输信息并不对外公开接受调查，欧洲的运输方因此承担了很大的后勤和信息成本，并且还需要独自在欧洲进行天然气运输。欧盟中大多数国家的监管者已经在天然气消费者中推广对于天然气供应商的"零售选择"，但是这很大程度上没有效果，因为欧洲天然气管道体系缺乏透明性，并且欧洲大多数天然气供给都是通过生产国与欧洲不同国家的垄断管道企业之间的长期协议达成的。

4.3.1 英国：私有化过快的结构性影响

1986年国有英国天然气公司（British Gas）被出售给各方投资者，开启了全球天然气行业私有化的浪潮。这场交易造成了英国监管方与英国天然气公司（及其后来者）之间的两大冲突，并且延续至今。第一，政府对垄断的纵向一体化企业进行私有化的决定在很大程度上是由领导者个人性格以及政治上的紧迫性决定的，而不是信息充分条件下的政策选择。在全国天然气管道私有的背景下推进天然气供给竞争以及在其后出售垄断企业被证明非常困难。第二，1986年私有化进程过快，在此之前英国并没有发展出监管私有公共事业的程序和会计基础。同美国在20世纪初努力建设监管机制一样，英国从1986年开始需要建设同样的机制。到本书出版之时，私有化的努力仍然在继续。在会计和管理程序方面（包括将监管决议上诉到法院）取得了一定进步，天然气商品交易的竞争性也有所增加。但是天然气管道系统——国家运输系统（NTS）依旧处于垄断地位，运输价格机制基于假设进出中央"平衡点"的天然气数量。这种定价机制没有能力传递有效的价格信号，限制了市场上运输能力的增长，同时扼杀了对于现有垄断管道公司的竞争。

NTS相对研究中的其他管道系统来说规模很小。英国的监管者更愿意保留垄断的管道系统，作为天然气竞争性交易的渠道，同时作为解决私有化中最大问题的政策——私有化后的英国天然气公司"功能性"纵向一体化（比如，运输与天然气销售）。或者其他任何竞争性管道运输的建议从来都不是英国的政策考量。

或许，将英国的管道定价体系看成与更大规模的管道系统相联系并不合适。但是，这种假设性的管道定价模型被称为"进出模型"，并在欧洲大陆被广泛复制，甚至写进了欧盟的法律。从这方面看，这种定价系统的起源，以及其对英国有效管道定价的限制对接下来的分析很有意义，我们接下来要分析支撑这种管道运输市场的交易结构和机制。

（1）纵向一体化垄断私有化的起源。英国的经济学家已经写了很多关于英国天然气公司私有化进程的历史。[28] 玛格丽特·撒切尔（Margaret Thatcher）首相以及当时的财政部长奈吉尔·罗森（Nigel Lawson）希望将英国天然气公司的供应和运输分开，并且试图将分销商按照地区进行划分。[29] 但是丹尼斯·卢克爵士（Sir Denis Rooke，当时的公司主席，也被称为"英国天然气公司的狮子"）希望将纵向一体化的公司整体私有化，将自然垄断的分销与可能形成竞争的天然气运输和零售进行整合。卢克觉得公司应该保持完整，使得其可以与其他纵向一体化的天然气公司，比如法国天然气公司（Gaz de France）和鲁尔燃气公司（Ruhrgas）"在全世界竞争"。[30] 撒切尔和罗森表示了妥协，但是英国天然气公司的私有化方式在目前被广泛认为是一个错误。[31]

的确，在事后对英国天然气的私有化努力做出批评显得更为容易。在私有化之前，英国并没有认真考虑过向独立天然气销售商毫无歧视的提供实际的管道运输服务。[32]1986年之前，美国也没有完全放开管道，以便促进天然气供给或者运输方面的竞争，包括在天然气分销方式上的竞争，比如为终端用户在运输和储存上提供不同选择。然而，即使在为大型天然气用户创造竞争性的购买环境上，英国的私有化也错过了创造更加有竞争性和高效工业结构的机会。

私有化后的英国天然气公司是一个纵向一体化的天然气供应、储存、运输以及分销公司。没有独立分销商为消费者向压力集团进行游说。因此，英国政府把注意力放在了替代性的"运输与交易商"上，在其他地方称为"销售商"，作为垄断的天然气运输／分销系统中的竞争性天然气供给来源。

（2）进口／出口，以及运输的抽象。1992年公平贸易办公室（OFT）发布了关于英国天然气公司垄断行为的报告，公司承诺建立一个方便竞争性运输贸易商进入市场的体系。[33]为了达成目标，英国天然气公司在1992年计划将管道运输系统形成一个巨大的容器，在"进入"容器的一端以及容器的"出口"分开收费。分开的两项费用总和构成了运输费，如同卡车公司在同一城市交纳的"收货"和"卸货"费用，而将收货和卸货点之间连接起来则不再另外收费。收货和卸货的收费方式在方向性极强的天然气管道体系中会造成很明显的问题，即管道运输最大的成本在于将两点连接起来的资本密集型设施，而不是收货（进口）以及卸货（出口）的费用。忽略气源地和用户之间的运输距离会使得任何合理的价格信号变得模糊，从而使得运输费体系无法传送这些信号。

在进口／出口体制下，英国天然气公司体系下所有的天然气被送至一个假定的中心点"国家平衡点"（NBP），再从这个点向各自的用户输送。为这个进口／出口模型创造一个交易和平衡机制既困难又昂贵。到了1996年，在机制开始施行之后的4年，其商业和物流保障部分（称为"网络代码"）就花费了英国天然气公司1.8亿英镑，而且天然气用户和运输方都认为其复杂、不顺畅并且不公平。[34]到了1995年年末，公司召集不同的用户和运输交易商召开研讨会，希望为制定运输费提供更为清晰的原则和方法。[35]

当时，英国天然气公司将单一的NBP市场描述成过渡手段，希望使新的天然气运输交易商更快地进入市场。1995年，英国天然气公司开始考虑一些将管道定价与管道实际使用挂钩的方法，并希望开发出一套永久的定价机制。但是最终，这项新的建议无论是在天然气供应办公室（Ofgas），或者其继任者——天然气和电力市场办公室（Ofgem），还是在英国天然气公司本身都没有取得进展。英国天然气公司或许认为其盈利能力与改进收费的结构无关。无论如何，进口／出口机制对进入天然气市场起到了实际的阻碍作用。在经过了讨论之后，1996年年初，英国天然气公司计划开发更为实际的受监管运输机制，同时保留单一NBP。[36]

4.3.2 欧洲大陆天然气管道监管的困难

欧洲的天然气管道系统由一系列公有和私有的管道混合而成，并且由国家层面的监管主体进行各自不同的监管。作为欧洲内部贸易最大的支柱，欧盟（通过其三大基本机构——欧盟委员会、理事会和议会）已经通过3次立法尝试，推动形成共同监管框架，承认成员国各自的监管机构有权对其管辖区域内的管道开展主要的监管活动。欧盟推动这项共同框架的原因可以从建立欧洲共同体的条约第12章（Title XII）中反映出来。[37]

欧盟对于天然气监管的首次尝试是在1998年。[38]这项指导意见十分概括，层次较高。呼吁增加透明度，开放上游天然气管道系统、竞争性的天然气市场，以及供给方、管道方和天然气用户在权利和义务上不受到歧视。同时，指导意见承认欧盟监管活动受到两项约束。第一，管道方可以对商业敏感性信息保密，这就意味着欧盟无法通过强制手段获得数据，或者至少为了监管目的而使用数据（第12条）。第二项约束在于现存的长期天然气购买合同。如果开放上游管道对持有合同的管道方造成"严重的经济和财务困难"，那么这些管道将不适用那些开放条款（第25条）。对内部连接的管道来说，指导意见没有强制要求提供会计和运营数据。

2003年，欧盟对大陆管道系统的监管做了第二次尝试。[39]第二个指导意见明确要求实施运输和分销系统的第三方进入（TPA），系统需要"向所有合格的用户开放……并且在用户之间做到公正和无歧视（第18.1条）。"需要注意的是欧洲和普通法之间的差别，这项指导意见与美国在州际商业法案中的公共运送条款类似。[40]指导意见"至少在法律形式上"禁止运输管道方和天然气分销商之间的纵向一体化（第9条），这项条款有一个漏洞，合并的管道方可以在运输和分销之间设立一个空壳公司。在会计和信息披露方面，第二指导意见依然允许管道公司对财务和运营信息保密（第10.1条）。

2007年，欧盟竞争委员会总监（DG comp）对2003年的第二指导意见做出了严厉的批评。[41]其报告指出，持续的纵向一体化对市场功能产生了负面冲击，"妨碍了新进入者并且威胁到了供给安全。"[42]报告同时指责欧盟和不同成员国监管机构之间缺乏统一性。[43]总体上说，报告强调了对2003年指导意见漏洞的不满。报告特别指出对欧盟纵向一体化的管道公司的监管几乎形同虚设，毫无作为。

为了应对这种局面，欧盟在2007年发布了第三指导意见，并在2009年实施。[44]第三指导意见认为当前的拆分条款（比如管道公司的纵向拆分）是不够的，各成员国监管方需要加强各自之间的协调，管道公司需要更好地在各成员国之间协调天然气贸易。但是，第三指导意见依然存在漏洞，特别是针对管道公司的纵向拆分（从生产商到分销商）以及关于管道成本与可用运能的可靠数据披露。通过在"拆分所有权……与设立与供给和生产利益无关的系统运营方"之间选择就可以避免纵向拆分。[45] 在透明性和会计方面,指导意见没有为监管会计方法提供标准,并且依然允许管道公司保留其机密信息(最终指导意见第16条)。

为大陆天然气买卖双方提供透明和竞争性的天然气运输对欧盟监管方来说是一个巨大的挑战。3个指导意见以及对天然气竞争性缺乏的批评证明了这些挑战。的确,2007年报告中关于监管发展的主要批评在于大陆的管道监管在强制透明、纵向拆分、成员国监管法规以及欧盟监管主体的权力方面都缺乏有力措施。竞争委员会承认如果这些领域存在漏洞,并且没有更广泛的制度和政治基础去弥补,那么欧盟的管道监管将继续失效。因此,在3个指导意见之后,欧盟天然气管道运输依然处于无效监管状态。虽然欧盟花费很大精力建立独立系统运营商,并努力安排复杂的短期跨国运输,但在成员监管方的局部合作方式上仍然需要投入更多精力。但是由于第三指导意见中的那些漏洞以及其他可以为欧盟管道监管提供有效基础的制度因素——在管道运输和天然气供给方面,欧盟还没有实际上形成监管机制,用来打破欧盟内国家垄断公司在市场上的控制地位。

4.4 南半球的私有化与结构问题

南半球有两个大型的管道系统——澳大利亚和阿根廷。[46] 他们的管道行业在结构、监管与投资健康程度显示出很大的不同。阿根廷的管道系统相对老化,可以追溯到20世纪40年代晚期,而澳大利亚的管道始建于20世纪60年代,在21世纪初的时候迅速增长用以满足新的市场。两个国家都在20世纪90年代的时候对其管道系统进行了私有化。阿根廷对其天然气行业进行了改革,创造了相互独立竞争的天然气管道方,以及以透明和受监管的合同为基础的商业机制,而澳大利亚显然什么都没做。但是,尽管阿根廷建立了管道的竞争机制,还建立了一个政治性很强的监管机构,这对于一个没有现代公共事业监管历史、没有监管会计标准、没有管理程序或者可靠司法系统的国家来说并不令人意外。从这个角度讲,尽管澳大利亚没有促进管道运输的竞争,其在监管层面很大程度上应用了普通法系中公平程序的原则,包括最高法院定期检查以及对监管意见的驳回。

除了监管上的困难之外,阿根廷联邦政府最终在2002年破坏了其在管道行业的监管信誉,在比索贬值之前,政府单方面取消了天然气管道特许协议中的货币保障,使得很多公司迅速陷入违约的境地。澳大利亚可以为主要的管道项目吸引投资;而阿根廷不行,这继续导致其面临天然气供给的短缺。

4.4.1 澳大利亚:在一个发展的公有天然气管道系统中推进竞争

除了规模因素之外,澳大利亚仍然是一个岛国经济体,其天然气行业发展相对较晚,部分原因是由于其主要气源地位置不佳。澳大利亚的气田要么位于人迹罕至的内陆地区,要么位于遥远的西北海岸,要么位于东南海岸之外的巴斯海峡之中。从20世纪90年代开始,澳大利亚开始改革其公有的天然气管道系统。1993年政府委员会在研究了其日益下滑的国际竞争力之后,建议在经济的各个层面加强竞争,包括天然气管道。[47] 这项研究推动了联邦独有的管道系统私有化,该系统负责新南威尔士州和维多利亚州纵向一体化的天然气管道和分销业务。在私有化之后,澳大利亚新开发了4条管道,使得两大天然气供应商可以将天然气输送到新的地区或者此前由其他供应商占据的地区。但是澳大利亚的天然气管道行业开始变得高度集中并且缺乏监管,因为私有化之初产生了失误,并且澳大利亚竞争当局拒绝将有效的监管控制扩展到新的管道上去。

到20世纪90年代早期,澳大利亚东部的天然气行业由一些地区性的天然气分销公司组成,服务的范围包括维多利亚州首府(墨尔本),新南威尔士州首府(悉尼),南澳大利亚州首府(阿德莱德)以及昆士兰州首府(布里斯班),这些地区的郊区也可以得到天然气分销服务。[48] 当时,澳大利亚拥有两个世界上最大的天然气分销公司——墨尔本的国有维多利亚天然气和燃料公司(GFCV)以及悉尼的私有澳大利亚天然气和电力公司(AGL)。另外还有一些小型的私营天然气分销公司,比如阿德莱德的南澳大利亚天然气公司(SAGASCO控股公司的子公司),以及布里斯班的阿格斯能源公司(Allgas Energy Ltd.)和昆士兰州天然气公司(Gas Corporation of Queensland Ltd.)。

墨尔本和悉尼的大型天然气公司已经有100多年的历史,与世界上很多其他主要的天然气分销商一样,在20世纪60—70年代之间完成了向天然气的转变。GFCV在20世纪60年代末转型成为天然气公司,当巴斯海峡发现了天然气的时候,建造了连接生产商的250千米管道,在墨尔本城也建设了处理设施。AGL在1976年完成向天然气的转型,建造了1300千米长,由联邦拥有的蒙巴(南澳大利亚州内陆地区的库珀盆地)到悉尼的管道。库珀盆地从1969年开始通过蒙巴—阿德莱德管道向阿德莱德供应天然气,随着布里斯班—罗马管道的建成,布里斯班也首次有了天然气。[49] 两条管道都由政府机构拥有并且运营,成为从气源地向澳大利亚东部4个首府城市供气管网的一部分。除了联邦拥有的蒙巴—悉尼管道之外,天然气运输不在州际间展开。这反映了不同州政府之间的内部利益,一个相对弱势的联邦政府,以及将资源在州际间运输的传统障碍。[50]

(1)国家对竞争性的要求。

澳大利亚政府对不同管道以及GFCV的所有权,与第二次世界大战后英联邦国家政府对基础设施的收购是一致的。但是,在类似新西兰的地方,OPEC石油禁运之后的结构性冲击导致经济20世纪70年代和80年代中增长缓慢,使得人们开始反思国家控制以及国家垄断。英联邦当局对垄断的干涉能力很弱,并且与1890年美国谢尔曼反托拉斯法案类似的澳大利亚1965年贸易行为法案中包括了很多豁免的情形。1991年，总理鲍勃·胡克（Bob Hawke）观察到不同州之间的不同贸易监管以及国有企业（包括管道）的行为伤害到了竞争和消费者。[51]

胡克开始发起"新联邦主义"运动，希望在英联邦、州政府以及当地政府之间开展更多从环境保护到财政政策的合作。1993年的希尔姆报告就是根据新联邦主义的思想对澳大利亚的竞争性政策展开了调查。[52]报告表明，澳大利亚基础设施行业的低生产率（包括天然气行业）是导致其人均增长率低于其他经济合作与发展组织（OECD）国家的原因之一。报告建议开展竞争性改革，包括对公共垄断进行结构改革，安排第三方进入能源运输体系，价格监管更加体现综合性，以及建立所有基础设施行业的竞争行为规则。

报告为澳大利亚各行业提高竞争性指出了一条综合性道路，该委员会特别针对不同的国有基础设施企业。[53]它意识到将国有企业简单的私有化并不能充分解决竞争性不足的问题。"在长期监管严格的环境下形成的非竞争性行为习惯可能在私有化的安排中继续存在下去。"[54]在这场"公共垄断"的讨论中，报告强调，由于禁止管道等资产市场进入的能力遭到滥用，对市场造成了潜在伤害，并赞成对资产的所有权进行全面的结构拆分。[55]

各州政府对报告表现出了很大热情，并且各州州长都签了字，包括总理保罗·基丁（Paul Keating）。[56]该报告推进对蒙巴—悉尼管道和GFCV的私有化进程，并且1997年开始施行天然气管道国家第三方开放规范。但是到了21世纪，天然气行业并没有达到报告中所希望的目标。这两场私有化并没有为管道行业带来潜在的竞争性，其结果完全相反。另外，现有的管道公司和监管者继续阻碍着管道的市场进入，新的管道监管条例对此毫无办法。特别是AGL及其附属企业阻碍东方天然气管道公司（EGP）从巴斯海峡的气源地进入到悉尼的市场，因为这将同AGL在澳大利亚内陆的蒙巴气田产生竞争，而蒙巴气田相对距离更远，规模更小。最终，管道行业集中在了3个主要的管道公司手中，并且在多数情况下成功规避了监管控制。

（2）两场私有化中的结构问题。

澳大利亚政府在希尔姆报告的影响下对两条管道进行了私有化：1995年，联邦所有的蒙巴—悉尼管道全长1300千米；1998年，从巴斯海峡经过朗福德处理设施并到达墨尔本的管道，全长250千米，为维多利亚州政府所有。[57]从希尔姆报告中提高竞争性的角度上说，两场私有化都是不成功的。

蒙巴—悉尼管道通过交易出售给了AGL，作为悉尼的分销商，出价5.34亿澳元。[58]希尔姆委员会预见到追求竞争性市场结构与公共所有者希望将受保护的垄断资产以最高价出售之间的矛盾。希尔姆委员会将第二种选择称为在公有企业私有化中"以现金换竞争性"。[59]但是联邦政府确实将赋有竞争性的供给管道出售给了天然气分销商 AGL 领导的集团。可以预见的是，规模更大、距离更近的巴斯海峡天然气集团遇到了 AGL 的强烈抵制，前者在 20 世纪 90 年代后期通过一条澳大利亚东海岸的管道向悉尼天然气市场输气。管道所有方为 EGP（东方天然气管道公司），由杜克能源开发，在获取 AGL 管道接入权的过程中遇到了很大的困难，而这一部分管道可以作为通往巴斯海峡管道的一部分。杜克能源需要与 AGL 就接入悉尼的南部管道进行运输权谈判，但是 AGL 故意拖延谈判的行为使得杜克能源非常不满，后者最后花费了 2800 万澳元建造了一个与 AGL 完全相同的管道系统，使得原有的系统处于部分闲置状态。[60] 这种行为可以用交易成本经济学（纵向一体化驱动）和更加传统的反托拉斯经济学理论（提高对手的成本），以及政治影响力导致的明显低效来解释。

EGP 最终在 2000 年 8 月开始供气。当 EGP 建设管道的时候，有意绕开了另一条现有的连接巴斯海峡和悉尼的管道。维多利亚州和新南威尔士州的天然气系统在两年前就已经被一条价值 5500 万澳元的管道连接起来。这条线路并没有有效地将巴斯海峡的天然气运向新南威尔士州，其中的原因有两点。首先，这条管道的控股方为 AGL（51% 股权），这意味着用巴斯海峡的天然气替代库珀盆地会导致 AGL 附属的蒙巴—悉尼的管道收入减少。[61] 第二，1998 年 GFCV 私有化时制定的运输协议机制有效地阻止了巴斯海峡的生产商使用现有的管道向新南威尔士州输送天然气。

维多利亚州的管道不是作为协议运输方被私有化，而是作为"名义上"的运输系统来支持由相同独立系统运营方进行的联营天然气现货交易，为州内的电力市场管理联营提供现货交易（VENCorp）。[62] 在没有合同或者其他保证天然气运输长期性的情况下，维多利亚州的私有化在墨尔本形成了天然气运输的垄断，并且与维多利亚州的 LNG 仓储一起由州政府管理，这实际上排除了管道竞争的可能性，并且收回了州内与通向新南威尔士州使用现有管道系统的运输合同。维多利亚州的新机制被称为"市场运输"，1997 年国家对第三方开放规范迅速做出了修改，允许这种联营管道系统存在。[63] 尽管天然气生产商和其他方面的反对，维多利亚州财政局仍然对 1 条管道、3 个天然气分销商以及 3 个独立的天然气贸易商进行了私有化。[64] 该州继续向 Esso/BHP 集团购买天然气，并且转卖给其下属的 3 个贸易商（销售给终端用户）。

如今，维多利亚州依然施行短期的强制性天然气联动机制。天然气价格偶尔会经历突然下降，但是通常又会回到由单一供应商和三大零售商通过长期的定期谈判形成的合约价格上。尽管系统的复杂性、成本（直接与间接）以及现货交易机构对维护定价权的意愿都很高，"市场运输"机制在提高维多利亚州天然气的竞争性方面毫无作用，对管道运输系统的有效使用和扩张也没有用处。[65]

（3）澳大利亚天然气生产商的持续集中。澳大利亚东部天然气市场生产商的集中是一个问题,在希尔姆报告时期,澳大利亚东部的 4 个城市由一个统一的天然气生产合资企业供气。桑托斯及其合资伙伴经营悉尼、布里斯班和阿德莱德等地的天然气供应,Esso/BHP 合资公司经营墨尔本的天然气供应。管道的建设将 Esso/BHP 集团连接到了悉尼、阿德莱德以及霍巴特(塔斯马尼亚州)。这两大合资企业控制了澳大利亚东部大部分的天然气供应。

1996 年,英联邦能源监管方,即澳大利亚竞争与消费者委员会(ACCC)试图取消 1986 年在库珀盆地生产商与 AGL 之间的联合合同,从而降低库珀盆地合资企业在天然气销售方面的垄断地位。ACCC 最主要的反对是 1986 年合同中的第 12 条,该条款使得合资企业对 AGL 的额外天然气产量拥有优先购买权。[66] ACCC 相信,到 1996 年,"这项授权协议带来的反竞争的害处将超过其公共收益",并且有足够的空间撤销先前的授权。[67] 澳大利亚竞争仲裁法庭(ACT)表示反对,他们坚持认为原先协议的"存在与实施对形成收益至关重要。"[68] ACT 相信,如果需要在最初的时候依靠垄断条例推进项目的话,那么就要保持这种条例。然而,由桑托斯领导的库珀盆地合资企业继续在市场上联合销售天然气,并且持有优先购买权,通过蒙巴—悉尼和蒙巴—阿德莱德管道有效地垄断了天然气销售。

澳大利亚天然气生产商的持续集中,以及运输方很难在州际间实行透明的运输(管道去监管的目的以及维多利亚州的"市场运输")使得澳大利亚无法形成独立的天然气市场,以便澳大利亚天然气摆脱以前的大规模价格谈判(在买卖双方间进行的大规模商谈)。在美国,天然气市场的竞争性一方面依靠天然气供给方之间的竞争,另一方面依靠灵活、完全透明以及基于合约的管道运输系统。在 21 世纪初期,澳大利亚正在开发新的气源地,这可能会开始削弱高度集中的天然气生产和销售方式。

4.4.2 阿根廷:首先重建,然后私有化

1945 年,阿根廷燃气公司在胡安·贝隆(Juan Peron)政府对阿根廷天然气行业进行国有化之后成立。在此之前,阿根廷的燃气需求主要依靠英国进口煤炭来满足(并且由英国的分销商分销)。1947 年,阿根廷政府计划发展自己的燃料来源,开始建造国内第一条天然气管道,从巴塔哥尼亚地区的里瓦达维亚海军准将城通往首都布宜诺斯艾利斯。[69] 该管道长 1700 千米,直径为 10 英寸,在 1949 年末投入运营。当时,从里瓦达维亚海军准将城到布宜诺斯艾利斯的管道是世界上最长的天然气管道之一。在建设完成后,阿根廷政府实施了快速扩展天然气服务的政策。到 1988 年,天然气占到阿根廷一次能源需求的 40%,并且占到最终能源消费的 36%。[70]

大力发展天然气管道事业对资本的需求很大,这成为战后贝隆主义政府的一个长期问题。国家的信贷匮乏导致其转向外国私有资本发展管道。1970 年,一个由

荷兰牵头的财团科贾斯科（Cogasco）开始筹集外部资金，建造并运营中西部管道（Centro-Oeste Pipeline），连接新发现的布宜诺斯艾利斯西南部气田，最终，管道所有权到了阿根廷燃气公司（Gas de Estado）名下。1981年，1125英里长的科贾斯科管道开始运营，使阿根廷政府在20世纪80年代恶性通货膨胀时期，可以用当地的比索收入换成硬通货。但是，到1982年阿根廷与英国爆发军事冲突时，硬通货极端匮乏，阿根廷政府宣布技术性违约，并且停止向科贾斯科支付比索，因此激发了关于换汇能力的讨论，公司最终在20世纪80年代晚期破产。[71] 外国资本在此之后停止了在阿根廷天然气领域的投资，表明政府无法兑现对管道企业的承诺。[72]

（1）私有化之前的市场。尽管阿根廷燃气公司在阿根廷能源供应方面历史悠久，地位重要，但是到20世纪80年代晚期，公司发现其无法满足冬季高峰的需求。阿根廷很多主要的工业和电力用户，特别是在布宜诺斯艾利斯，已经发展出双重燃料替换的能力用来应对冬季天然气供给的不稳定。因此，私有化之前的年负载曲线在一整年表现的相对稳定，同时，在周末表现出大部分气候温和国家常见的下降，并且在冬季的6月到9月高出平时水平的50%。这种不寻常的渐进高峰模式是因为电力及其他行业由于压力不足、合同不稳定及供给下降造成的消费下降部分抵消了取暖需求增加导致的冬季高峰。阿根廷的主要问题在于无法满足典型的天然气高峰负载模式（看上去应该像座山而不是平顶），无论是电力还是天然气的负载都无法满足重要的冬季需求。

在私有化之前的1992年，阿根廷的天然气行业由政府控制。政府通过阿根廷国有油田公司（TPF）生产或者从气田购买天然气，通过阿根廷燃气公司运输并且分销到天然气用户。由于这种对行业的绝对所有权，在系统私有化之前，天然气行业改革的选择有很多。通过私有化，行业体现出不同寻常的竞争潜力。不同于其他地区被新近私有化（或者将被私有化）的天然气市场，比如澳大利亚和新西兰，阿根廷政府在建立天然气供给竞争、管道运输公司间的竞争以及受监管的分销商方面没有受到结构性因素的阻碍。

（2）1991年的成功私有化。在私有化的时候，天然气供给和管道竞争性的结构性潜力很大。在当前国内消费水平下阿根廷拥有足够30年使用的天然气储量。天然气管道从这些气源地分3个方向连接到布宜诺斯艾利斯：西南方的内乌肯省（Neuquen）、北部的萨尔塔（Salta），以及南方的圣克鲁兹（Santa Cruz）和火地岛（Tierra del Fuego）。1989年，阿根廷天然气产量超过了8000亿立方英尺。其中，大约一半来自内乌肯气田，三分之一来自圣克鲁兹和火地岛，其余的来自萨尔塔。阿根廷还从玻利维亚进口了10%左右的天然气供给。到1991年，阿根廷拥有庞大的管道系统，总长度达到1.2万千米。[73]

阿根廷天然气供给体系结构为提高供给和运输的竞争性提供了不同寻常的机会。在阿根廷燃气公司的私有化中，政府面临的主要选择之一在于是否将一个运输方还是多个运输方私有化。一个世界银行资助的团队建议政府当时将多条管道私有化。该团队展示了很多美国的例子，美国许多地区都由两个或者更多的受监管运输公司运营，现有公司之间会为了获得建造管道设施以满足新需求的执照而相互竞争。[74]

在私有化之前，一些欧洲的天然气公司，包括英国天然气公司，劝说阿根廷政府让国际天然气公司购买阿根廷纵向分离的天然气运输和分销权并没有什么好处。但是阿根廷政府支持世界银行团队，反对欧洲公司的建议，因为阿根廷担心可能会重蹈之前欧洲形成纵向一体化行业结构的覆辙。于是，阿根廷重组并且出售了两个独立的管道运输公司以及8个独立的分销特许公司。[75] 政府分拆的目的在于鼓励运输领域的竞争，并且可以衡量独立分销商各自的表现。招标为政府带来了巨大的利益，总共超过38亿美元（包括现金、债务免除以及其他承担的债务）。[76] 成功的投标者包括北美和欧洲的主要天然气公司。[77]

阿根廷的私有化是一个典型的结构性成功，一举在创建管道竞争的工业结构方面完成了五项主要的结构和制度进步。首先，私有化防止管道公司拥有流向分销商的天然气，因此将基于合同的管道运输制度化。第二，阻止了天然气、运输和分销商之间的交叉持股，使各部门间保持一定的距离——防止了其他私有化过程中的关联利益问题，比如在英国和澳大利亚发生的问题。第三，明确运输费率体系，反映有效的定价变量，比如反映运输管道距离和运能的长期协议，以及分销商的高峰负载定价。第四，建立对私有公司的监管会计制度，反映了对当期资本存货的独立审核，并可以为将来的费率监管提供基础。第五，避免公共运送的问题，建立管道运输方的合同义务，将运输能力作为权利，这与美国的运输能力的定义方式有相近的地方。

阿根廷天然气行业的私有化是首个涵盖这5个方面的私有化进程（英国天然气公司的私有化连一个方面都没达成）。[78] 新的行业结构避免了出现纵向一体化的天然气垄断的可能性，这无疑减少了企业的利润，并且也减少了政府从私有化中得到的收益。这对运输行业来说的确如此。政府通过承诺出售两个独立管道运输公司，明确地用潜在的利润以及私有化出售的价值，交换长期竞争的预期，以应对不断增长的天然气需求并提高天然气用户的福利。[79]

4.5　管道监管的取消

管道价格的经济监管一直伴随着所有主要的私有管道系统，从结构的角度看，这些管道至少可以对其下的一些用户采取垄断手段。但是，总有一些试图取消这些促进竞争性的监管手段。一些比较有名的放松监管的尝试，或者进行"有节制监管"的例子发生在美国和澳大利亚。

4.5.1 美国石油管道的有节制监管

起初，美国联邦监管者与美国司法部（DOJ）在监管石油管道上遇到了制度上的困难。[80] 为了应对这些困难，司法部在1984年发表了石油管道行业的竞争性报告。[81] 经过行业内部评论之后，最终的报告在1986年出版。[82] 司法部在产地市场与目的地市场采用了标准的市场集中度指标进行分析，并没有发现任何的一条原油管道可以作为联邦长期监管的明确案例。[83] 对所有的原油管道，司法部建议取消监管。对于产品管道，司法部建议根据每一个案例进行调查，以确定原产地与目的地市场是否分别都已经达到充分竞争，并由此取消监管。很大程度上由于这份报告，原油的管道价格转变成了不同的"价格上限"机制，价格随着价格综合指数增长，外加一个针对性的调整。产品管道的逐一调查引起了很多放松监管的呼声。

（1）美国原油管道价格上限的提高。1992年，行业代表发现，FERC根据1978年ICC制定的模糊监管条例设定石油管道费率上遇到了很大困难，他们转向国会，要求其指导制定并理顺石油管道的定价方法。行业的这一举动很大程度上是由于FERC在管理行业内纵向一体化的合资企业中遇到了挑战，管道本身没有联邦证书（赫本修正案没有要求），也不需要符合会计一致性体系（后来在天然气管道监管过程中产生），并且许多原油管道的费率并没有经过监管层面的审查。

国会开始着手理顺石油管道费率，并且将ICC模糊的费率决定程序合理化。在1992年的国会能源政策行动上，国会改变州际商业法案，要求FERC在一年之内发布石油管道"简化的一般性费率制定方法"。国会同时指出，"所有从该法案开始施行之前365天执行的费率都可以被认为是公平以及合理的。"[84] 国会显然希望制定费率水平，并且简化石油管道行业的定价成本。

1993年10月，FERC发现在其他领域已经施行的价格上限监管的指数化方法符合国会的要求，便发布命令细化了这种替代性的费率制定政策。[85] FERC希望这种定价方法可以应用到不同的原油管道上去，其中很多管道的费率在几十年中都没有经过任何联邦机构的监管。FERC最终采用了来自石油管道学会（AOPL）的阿尔弗雷德·卡恩（Alfred Kahn）的建议。卡恩提议依照5年价格上限公式对现存的费率进行指数化，即从1996年7月1日到2001年6月30日的生产者价格指数（PPI）减去1%的针对性调整，称为"PPI-1"。[86] 从2001年到2006年，FERC尝试在方法上做了一个小修改使其适用"PPI-1"，但是美国上诉法院裁定其不得对定价方法做出修改。随后FERC修改了卡恩的方法（得到了其他证人的支持），对2001年到2006年采用修正的管道会计数据，即"PPI-0%"。对于2006年到2011年，FERC采用了相同的方法，使用进一步修正的管道会计数据，将价格上限定在"PPI+1.3%"。对于2011年到2016年，再次基于石油管道学会的数据，FERC将上限调整到"PPI+2.65%"。[87]

熟悉价格上限监管的人会发现，FERC最近采用了-2.65% X因子（意味着石油管道与其他经济部门相比，其产值会下降2.65%，需要累计复合5年真实价格增长比通胀率高14%来弥补）。从记录上看，与价格上限监管下其他公司的经验相比，管道公司在其第四观察期的监管似乎很宽松，这可能是由于管道运输方的反对并不十分有效。一般来说，仅仅使用报告的会计数据，而不是全要素生产率（TFP），很难有效衡量一段时期内的生产率。FERC允许监管价格上限大大超出通胀率，并且考虑到其一直采用技术成本，这可能是由于该机构一贯希望减少对于一般性竞争行为的监管（与司法部1986年的意见一致）。[88]这可能再一次反映出管道运输方集体行动的失败——由行业纵向一体化造成的复杂情景。

（2）美国石油产品管道的市场费率。在石油产品管道方面，基于市场集中度的研究，司法部建议继续保持5条线路的监管，并且对另外6条保留裁决权。同时支持对"目前受到联邦监管的其他石油管道放松监管"。[89]尽管司法部强烈支持依照竞争设定石油管道的费率，但其依然对运输方与货主之间普遍形成纵向一体化的合资企业表示担忧。它注意到州际商业法案并没有给予FERC石油管道的审批权（比如，对进出能力的监管），而在天然气管道方面FERC就享有这种权力。因此，"运输方与货主之间的纵向一体化可以逃避目前的管道监管，并且只要将管道的运能设定在垄断水平上，就可以获取垄断利润"。[90]最终，司法部承认对纵向一体化的合资企业监管非常复杂，因为"纵向一体化会使得对管道市场权力的监管变得没有必要，但是它同样可以妨碍监管。"[91]最终，FERC同意对十几条石油产品管道施行"市场化费率"，但是并不包括原油管道。

4.5.2 基于成本的美国天然气管道监管

从1938年天然气法案开始施行到20世纪90年代，州际天然气管道的监管导致生产商、管道方以及天然气分销商之间产生了大量的矛盾。但是，到20世纪80年代，FERC开始探索对传统管道监管的替代措施，用来提升天然气和管道运输行业的竞争水平。FERC的探索包括在1995年对天然气管道是否可以施行基于成本的定价机制的调查。[92]作为这种方法的回应，科赫门户管道（Koch Gateway Pipeline）提供了一个市场化定价的计划。这是一条经过美国东南部的州际管道，从得克萨斯州通往乔治亚州（原先的南部天然气公司）。这项计划成了一项实验，FERC可以据此判断是否取消科赫管道或者其他州际天然气管道的成本定价方式。

FERC使用司法部1986年报告中介绍的方法，对管道的市场集中度做了类似的评估——即在原产地和目标市场的管道集中度。科赫计划在5个州的地理区域内评估管道的集中度，而不使用司法部报告中原产地和目标市场的方法。法官对科赫的证据表示赞同，但是委员会表示反对并改变了法官的看法。FERC 坚持认为，只有当地管道有空余运输能力的情况下，才可能从实际上形成管道竞争的能力，并以此规范运输价格。当 FERC 完成对石油产品管道进行市场定价的案例后，其认定在科赫提价的情况下，一个合适的地区性市场只可以包括当地客户可以购买到的运输服务的那些管道。并由此认为，科赫并没有提供足够的证据，并且否定了公司市场化定价的要求。[93]

在科赫案例之后，没有其他的州际天然气管道提出对市场化定价的要求，因为 FERC 制定的标准无法使类似的要求获得成功。原油管道在 FERC 下可以完成的事情无法在天然气管道上复制，这主要有两个原因。首先，石油管道的原产地和目标市场地域比天然气管道广阔，公路运输可以在石油行业中作为竞争方式存在进行，而天然气不行。第二，石油管道的公共运输性质不是由合同内部规定的，而是因为公共运输禁止类似协议。而大部分的州际天然气管道是通过管道使用方的协议建造的。这种协议禁止管道使用方从邻近的管道获取运输服务。[94]

4.5.3 澳大利亚事实上的放松管制

随着 2000 年 EGP 完成从巴斯海峡北部延维多利亚州和新南威尔士州海岸到达悉尼的管道建成，澳大利亚东部市场又新建了 3 条大的管道：一条向南从巴斯海峡到塔斯马尼亚，一条从维多利亚州到澳大利亚南部的阿德莱德，以及昆士兰的管道。2009 年，分别由 3 个公司控制着这些管道。[95] 国家第三方开放规范基于希尔姆报告，裁定澳大利亚的管道需要接受准入和定价监管。2000 年，随着新南威尔士州工业、旅游和资源部对 EGP 施行监管，这种立场开始改变。国家竞争委员会在 2000 年建议 EGP 需要接受准入和定价监管，但是在 2001 年，澳大利亚竞争仲裁法庭改变了决定。[96] 法庭认为，监管 EGP 无法在天然气市场促进竞争，特别是考虑到 EGP 可自由分配的运能，并且有扩大管道运输量的动机。与此同时，澳大利亚竞争仲裁法庭觉得监管要求提供的公共信息对防止用户间的歧视不但没有作用，而且更可能协助不同管道方之间进行协同。

澳大利亚竞争仲裁法庭反对针对 EGP 的成本定价监管，使得其他一些新的管道公司也脱离监管，包括通往塔斯马尼亚，以及在维多利亚州和阿德莱德之间的管道。新南威尔士州工业、旅游和资源部部长伊恩·"链锯"·麦克法兰阁下（the Honorable Ian "Chainsaw" Macfarlane）在 2003 年决定放松蒙巴—悉尼管道占总长 27% 部分的监管，这与国家竞争委员会的建议并不一致。由此，澳大利亚受监管的天然气管道仅剩维多利亚州的运输系统，以及昆士兰州小型市场中的两条管道。

4.6 结构性分析的终结

总结一下主要管道及其管道间竞争潜力的一般新古典经济学结构性分析。结构性分析的焦点在于从本质上评估管道行业竞争潜力以及与其潜力相适应的监管风格。但是这种角度只能有限地分析作为内陆运输方式的管道。这种分析方法无法分析北美的管道融资和监管与其他地区之间巨大差别的根源。也无法处理管道运输权与管道所有权之间的差别，或者解释美国天然气管道中，自由的合法运输权价格与成本定价监管共存的原因——两者都支撑着一个高度竞争性的天然气商品市场。对以上各点的分析需要引入新制度经济学的因素。

注 释

1. 威斯康星州州长罗伯特·拉佛雷特要求约翰·R. 康芒斯大致描述该州的情况。纽约的情况大部分是由州长查理斯·伊凡斯·休斯完成的，他后来成了美国最高法院首席法官。Commons, Myself, 120-28; and Merlo J. Pusey, *Charles Evans Hughes* (New York:Macmillan, 1952), 201-9.

2. 1907年纽约全国公民联合会出版的《Municipal and Private Operation of Public Utilities》卷3。有两位经济学家在起草威斯康星和纽约的监管规则时起到了重要作用（来自威斯康星州的约翰·R. 康芒斯，以及来自纽约的米洛·R. 麦特比），他们都是国家公民联合研究会的重要成员，还有一位来自波士顿的路易斯·布兰迪斯，后来成为最高法院法官。关于麦特比在纽约建立监管规则的故事（包括康芒斯受麦特比的邀请在新公共服务委员会中的作用），参见1998年匹兹堡多兰斯出版公司出版的Howard J. Read《Defending the Public:Milo R. Maltbie and Utility Regulation in New York》。

3. 康芒斯根据其在国家公民联合研究会中的经验进行授课。Leonard O. Weiss, "The Field of Industrial Organization at Wisconsin," in *Economists at Wisconsin*, ed. Robert J. Lampman (Madison:Board of Regents of the University of Wisconsin System, 1993), 219.

4. Keeler, *Railroads, Freight and Public Policy*, 22-24.

5. Johnson, *Petroleum Pipelines and Public Policy*, 23-24.

6. 到1906年，拥有大规模石油管道活动的各州都颁布了管道的征用权。公共运送作为给予管道公司的补偿条件，否则就意味着其必须与路径上的所有土地拥有者进行双边谈判。Johnson, *Petroleum Pipelines and Public Policy*, 20-21.

7. Cong.Rec., 59th Cong., 1st Sess., S6365 (May 4,1906).

8. Johnson, *Petroleum Pipelines and Public Policy*, 21-22.

9.Melvin G. de Chazeau 与 Alfred·E. Kahn 描述了20世纪早期石油行业的纵向一体化。*Integration and Competition in the Petroleum Industry* (New Haven, CT:Yale University Press, 1959), 83-86 ("Integration as a Way of Business Life before 1911")。

10. 加菲尔德是被刺杀的总统詹姆斯·加菲尔德的儿子，并且是罗斯福总统的非正式组织"网球内阁"的成员，罗斯福总统很信任这些人也很享受他们的陪伴。

11.*Report of the Commissioner of Corporations*, xx.

12. 记者艾达·塔贝尔实际上重新整理了关于标准石油公司历史的调查报告，在成书出版之前曾经在1902到1904年期间在麦克鲁尔的杂志上进行了19期的连载。Ida Tarbell, *The History of the Standard Oil Company* (New York:McClure, Phillips, and Co 1904)。

13.34 U.S. Stat.584（1906）.

14.Tussing and Barlow, *Natural Gas Industry*, 29,34.

15. 根据美国宪法中的商业条款（第10章第8部分第3条），州际贸易受到联邦政府的唯一管辖。

16.West v. Kansas Natural Gas Co 221 U.S. 229 (1910).

17."运输、销售与分销组成了不可拆分的链条，基本上在州际间从头至尾，其连续性已经形成了成熟的行业。其重大的利益不是当地的而是全国性的——需要统一的监管。尽管其应该是政府统一的不作为，但是对于保护机会均等以及平等对待各方来说是非常必要的。"参见 Barrett v. Kansas National Gas Co., 265 U.S. 298 (P.U.R.1924 E78) (emphasis added)。托克赛尔在1936和1937年写的3篇关于天然气管道调查文章中，第二篇对这些情况给出了很好的讨论，见《II.Regulation of Interstate Movements of Natural Gas》, 21-22页。

18. 由于各州无力监管州际天然气管道，州际运输方与本地分销商的责任范围依然是个问题。最高法院在1931年提供了标准，即 East Ohio Gas Co. v. Tax Com. of Ohio, 283 U.S. 465 (1931), 该项决定规定了各州在什么范围内行使其对零售天然气价格的管辖权。

19.Western Distributing Co. v. Pub.Serv.Com. of Kansas, 52 S. Ct.(283 P.U.R.1932 B 236).

20.Troxel, "II.Regulation of Interstate Movements of Natural Gas," 25-26.

21.Castaneda,《Invisible Fuel》,106页。1928年的研究并不是国会唯一关于控股公司或者天然气管道行业建议的调查。来自得克萨斯大学的经济学家沃特·斯波罗恩(Walter Splawn) 向州际和国际贸易国会委员会提交了关于石油管道的报告，他首次建议任何关于公司的监管都必须"针对有控制力的公司或者母公司。"他当时（1933年）同时建议"州际天然气贸易的管道运输需要接受监管。" Walter M. W, Splawn, *Report on Pipe Lines* (in two parts), H.R.Rep.No. 2192, 72nd Congress, 2nd sess.(Washington, DC:US

Government Printing Office,1933), pp. i:lxxvii-lxxix (the "Splawn report").

22. 法案在1938年6月21日通过。Natural Gas Act of 1938,52 Stat" pp. 821-33.

23.《能源与交通图》参见 Paul Belkin 的《CRS Report for Congress:The European Union's Energy Security Challenges》，出自2008年美国国会研究服务部《Statistical Pocket Book（2007）》6页。

24.Franziska Holz, Christian von Hirschhausen, and Claudia Kemfert, "A Strategic Model of European Gas Supply" (discussion paper 551, KIW Berlin, Jan. 2006).

25. 到2010年底，美国纽约商品交易所远期天然气交易量（17.74万亿立方米）是欧洲经济合作与发展组织（OECD）国家天然气交易的865倍：包括荷兰TTF（177.41亿立方米）以及NCG和GASPOOL（27.73亿立方米）。考虑到2009年的消费量（美国6463.47亿立方米与除英国外的欧洲OECD国家4364.41亿立方米），差距是巨大的。更多的交易发生在英国，其通过国家平衡点（交易量达到3483.5亿立方米，消费量达到904.95亿立方米）剔除了运输因素并且方便了交易。消费数据由国际能源署（IEA）提供。期货交易量数据来自：CME Group (NYMEX), APX-ENDEX (Dutch TTF), the European Energy Exchange (NCG and GASPOOL), 以及 the Intercontinental Exchange (UK NBP)。

26. 有些欧洲天然气管道公司（特别是德国和荷兰）并非国有，但包含大量的市政公共股份。

27. 欧盟确实拥有单一市场条约，并且欧盟的法律支持其超越各成员国的法律。但是，欧盟没有独立的政治强制力，因此新的法律和规定都要依托个成员国之间的协定。欧盟可以劝告其成员国尽力进行有效监管以及合作，但是它没有权力制定成员国的监管标准或者推翻各成员国监管方的决定。

28. Mark Armstrong, Simon Cowan, and John Vickers, *Regulatory Reform, Economic Analysis and the British Experience* (Cambridge, MA:MIT Press, 1994), 245-78; John Vickers and George K. Yarrow, *Privatization:An Economic Analysis* (Cambridge, MA:MIT Press, 1988),245-54; and Peebles, *Evolution of the Gas Industry*.David M. Newbery, *Privatization, Restructuring and Regulation of Network Utilities*, The Walras-Pareto Lectures, 1995 (Cambridge, MA:MIT Press, 2000).

29. 当然，有很多重要的制度限制可以防止类似英国天然气公司这样的一体化公司轻易地瓦解。20世纪90年代，英国天然气公司的另一个董事会成员（克里斯多夫·布里雷，它在波兰和智利的世界银行项目中使得天然气管道的并购成功实施）告诉我，在私有化的时候，国有公司的主席丹尼斯·卢克爵士拒绝与政府的私有化行动进行合作，认为会瓦解"他"的天然气公司。他当时与能源部长彼得·沃克达成了协议，只要议会立法同意将天然气运输、分销与零售业务从公有垄断向单一私有垄断转变，他就配合私有化行动。

30. 英国天然气公司在购买加拿大、阿根廷、印度、巴西和其他地方的天然气行业中扮演了积极的角色。Armstrong, Cowan, and Vickers, *Regulatory Reform*, 255n8.

31. 在英国天然气公司私有化之前英国的重组失败造成了很多问题，经济学家对此没有太多争议。在私有化之前，当英国政府选择在20世纪90年代重组其国有电力行业的时候承认了这点。Armstrong, Cowan, and Vickers, *Regulatory Reform*, 255.

32. 1986年最初的天然气法案的确强调天然气供应办公室的总监应该"通过管道以任何情况下每年超过25000千卡的条件促使天然气供给的有效竞争"[Part 1, Section 4 (2) (d)]。但是，在没有明确技术/信息机制以及英国天然气公司提供合作公开的情况下，这方面并没有取得成功。

33. UK Competition Commission, Office of Fair Trade, "Gas and British Gas plc, Reports under the Gas and Fair Trading Act" (London: Monopolies and Mergers Commission, 1992).

34. 网络代码是一套复杂并且昂贵的软件系统，用来运行进口/出口系统。在天然气供应办公室与从业者进行了两年的谈判之后，其在1996年开始使用。20世纪90年代晚期英国的托运人毫无例外都在抱怨网络代码过于复杂和麻烦，并且妨碍了有效的交易。比如，联合天然气公司的经理将网络代码称为"在根本上存在缺陷"，并且认为其每天的平衡机制"完全没有必要"。*UK Gas Report* 115 (Nov. 1996).

35. 我代表英国天然气公司，与用户、托运人、交易商一起参与了会议。

36. 放弃1995年底英国天然气公司计划的另一个原因是发展实施单一NBP机制的计算机系统与管理体系不兼容，无法处理更为实际的管道费率机制。

37. 条约第12章写道："为了实现第7a条与第130a条中的目标，并且使得联盟中的公民、经济操作者以及地区或本地的社区在没有内部边界的区域内获利，共同体将致力建立并发展跨欧洲的交通、电信以及能源基础设施网络。"European Union, Tithe XII: Trans-European Networks, Article 129b, Official Journal C 191, July 29, 1992.

38. Directive 98/30/EC of the European Parliament and of the Council.

39. Directive 2003/55/EC of the European Parliament and of the Council, replacing the directive of 1998.

40. "本法案下所有公共运送都应该根据其各自的力量，为接受、发送以及传递……各种财产……承担所有合理、合适并且平等实施的费用，并且不得对其在费率和收费上进行歧视。"Interstate Commerce Act of 1887, Section 3.

41. *DG Competition Report on Energy Sector Inquiry*, Brussels, European Commission, Jan. 10, 2007.

42. Ibid., 7.

43. Ibid., initial paragraphs 50, 59.

44. Directive 2009/73/EC of the European Parliament and of the Council of July 13, 2009, concerning common rules for the internal market in natural gas and repealing Directive

2003/55/EC.

45.Proposal for a directive amending Directive 2003/55/EC (presented by the Commission), 2007, initial paragraph 11.

46.南非（拥有一个规模合理的国有油气管道系统）以及新西兰（与澳大利亚在同时发展了管道）拥有相对较小的管道系统。

47.我在1995年到2001年间接触了一系列澳大利亚的管道问题，从1993年的研究来看，直接或者间接地描述了维多利亚州政府、国家竞争委员会和BHP（巴斯海峡的天然气生产商），以及新南威尔士州其他的天然气用户在关于澳大利亚东部管道的一系列问题。

48.20世纪60年代，在澳大利亚西北部发现了大型的天然气储量，并且支撑了对太平洋的大型液化天然气出口。1990年，在北部从艾利斯斯普林斯到达尔文同样建成了一条管道。但是西北线并没有与澳大利亚东部的管道连接起来，也没有连接国内人口密集的主要区域。

49.布里斯班的小型天然气业务由附近昆士兰的供应商提供。

50.在没有天然气运输联邦监管者，以及如同美国宪法中强大的"商业条款"的情况下，澳大利亚各州在传统上都会保护其各自的自然资源。的确，因为政策不一致、制度重叠以及无效投资，在联邦层面无法保护并监管州际贸易。

51.根据胡克：贸易法案是我们主要的立法武器，确保消费者从竞争中获得最好的结果。但是澳大利亚当前的经济中有很多不适用于该法案：比如一些联邦企业、各州的公共事业部门，以及大部分的私营部门……该法案反映的是历史与宪法的因素，而不是经济效率；这是我们处理6个经济体而不是一个的重要例证……扩张贸易法案给消费者带来的好处是巨大的，如可能降低职业费用，降低公路和铁路费用，更便宜的电力等。[W. J. R. Hawke, "Building a Competitive Australia" (ministerial statement, Mar. 12, 1991)]

52.*Report by the Independent Committee of Inquiry, National Competition Policy* (Canberra:AGPS,1993), referred to as the "Hilmer report," after its chair' Frederick G. Hilmer, then dean and director of the Australian Graduate School of Management, University of New South Wales.

53."国有行业占到澳大利亚GDP的10%……比如在铁路、电力、自来水和天然气设施方面，行业委员会认为每年对GDP增长的贡献达到2%，或者80亿澳元。" Hilmer report, 129.

54.Ibid., 130.

55.Ibid., 218-19, 221-22.

56.联邦政府为合作改革的州发放大量"竞争报酬"的预期催生了热情。

57.服务于悉尼的管道同样服务于首都堪培拉，包括一条通向维多利亚州边界没有进入该州的管道。维多利亚州管道系统中服务于墨尔本和西部／北部边远地区的管道同样通向但是没有进入新南威尔士州。

58. 澳大利亚政府将蒙巴—悉尼天然气管道出售给澳大利亚天然气与照明公司（51%）、加拿大诺瓦公司以及马来西亚国家石油有限公司（49%），总共5.34亿澳元。

59. 不能认为，起草希尔姆报告的人并不知道1986年垄断性的英国天然气公司私有化或者1991年阿根廷私有化重组后的阿根廷燃气公司报告中产生的问题。Hilmer report,226-27.

60. Productivity Commission 2001, *Review of the National Access Regime*, report no. 17 (Canberra:Auslnfo,2001), 42.

61. 澳大利亚天然气和电力公司将管道重新命名为东澳大利亚管道（EAPL）。

62. "概念上"的意思是指，运输系统可以作为天然气的储存设施，所有的天然气供给都向中心集中，中心天然气的销售在实际向消费者运送之前就已经发生了。从这个角度讲，维多利亚州的系统反映了英国运输系统的概念，后者所有的天然气以"国家平衡点"为中心运动。

63. "市场运送"的标签是专制性的。这是一个天然气定价的强制出价机制，反映的是短期和高度不确定的系统操作环境。它不允许托运人签订关于管道运能的协议。维多利亚州能源网络公司后来成为澳大利亚能源市场运营商之一，其特殊的天然气"市场运送"依然保持完整。

64. 维多利亚联营天然气交易系统是该州主要外部咨询机构的创意，他们认为有机会在天然气系统中模仿维多利亚州能源网络公司在其独立电力运营系统中的作用。这项行动在当时受到BHP（维多利亚州唯一的天然气供应商）的强烈反对，它认为在油气管道成本上使用这种模仿电力市场的商业交易安排显得官僚化、低效并且毫无必要。我在当时代表BHP参加墨尔本的公共论坛，讨论了这种机制计划的欠缺。但是，BHP并没有在后来州有资产私有化进程中采取这种模仿电力市场的便利商业机制上进行有效的反对。

65. 维多利亚州能源网络公司的年度账单显示，其运营系统的直接成本达到1800到2000万澳元。州际管道运输安排中禁止管道运输合同形成障碍所产生的间接成本必然要高很多。

66. AGL Cooper Basin Natural Gas Supply Arrangements, ACompT 2 (Oct.14,1997),9.

67. Ibid., 15.

68. Ibid., 74.

69. 政府担心，如果项目从盆地开始建设，会受到外国公司的干预并且改变管道的目的地，于是政府开始从布宜诺斯艾利斯的终端开始建设，从终端开始，政府可以确保10英寸管道可以通向计划中的市场。

70. 1990年 International Energy Agency《World Energy Statisrics and Balances》210页

提到，到2007年，天然气构成阿根廷一次能源消费的51%。Luis A. Erize and Sergio M. Porteiro, "Argentina", Gas Regulation 2007 (London:Global Legal Group, 2007).

71. 荷兰政府最终承担了Cogasco公司10.17亿美元的债务。阿根廷政府随后向荷兰政府偿还了债务，并且控制了管道。

72. Ann Davison, Chris Hurst, and Robert Mabro, *Natural Gas:Governments and Oil Companies in the Third World, Oxford Institute of Energy Studies* (Oxford:Oxford University Press, 1988), 109-12.

73. Gas del Estado, *Boletin Estadisiico Anual*, 1989 (Buenos Aires:Ministerio de Economia, Centro de Documentacion, 1989), 16.

74. 我在1991年为世界银行和经济部工作，参与了阿根廷燃气公司的私有化，为独立运输和分销公司定义并构建费率机制。我在这个过程中再一次与詹姆斯·麦金农爵士一起工作（我们曾经在1990年一起为波兰天然气系统的构建提出意见，同样为世界银行服务），他是英国天然气公司私有化后的首个英国天然气行业监管者。麦金农告诉我他如何通过实验和失败，在公司阻碍监管的情况下发现相当强大的监管权力。NERA, *Final Report:Argentina Gas Tariff Study* (White Plains, NY:National Economic Research Associates,1991).

75. 英国天然气公司改变了当初的看法，并且加入到私有化的行列中来，买入了布宜诺斯艾利斯的主要分销商，并取名为MetroGAS。

76. Hafees Shaikh, Manuel A. Abdala, el al., "Argentina Privatization Program:A Review of Five Cases," Case Study 3:Gas del Estado (Washington,DC:World Bank, 1995), 144.

77. "Argentine Gas Sell-Off a Success," *Financial Times*, Dec. 4,1992,36.

78. 换言之，在阿根廷燃气公司私有化的过程中，阿根廷政府将天然气消费者的福利放在首位，私有公司（及其私有化后的直接收入）的规模和受保护的盈利能力放在第二位。阿根廷国有油田公司后来的私有化并没有分化结构反而促进竞争，公司是州属的天然气生产公司，在1993年作为唯一主要的天然气供应商被私有化（控制阿根廷分销商以及其他消费者销售量的70%）。

79. 但是，政府的确给予两条私有化管道——通向布宜诺斯艾利斯南部和北部——排他的特许权。在美国，监管者不会授予这种权力。这是对买家的妥协，它们不希望受到其他竞争者进入特定地区的威胁——在没有天然气或者资本市场竞争压力的情况下，政府修建的管道系统存在这种想法是可以理解的。

80. 这种制度上的困难会在第六章详细说明。

81. US Department of Justice, *Competition in the Oil Pipeline Industry:A Preliminary Report* (Washington, DC:Antitrust Division, Department of Justice, May 1984).

82. 1986年5月华盛顿特区，美国司法部《Oil Pipeline Deregulation》中提到，司法部在最终报告中引用了两项贡献：1983年，马萨诸塞州剑桥市麻省理工出版社出版的 John A. Hansen 的《U.S. Oil Pipeline Markets》和 1978 年纽约州怀特普莱恩斯市的国家经济研究协会出版的 Robert E. Anderson 和 Richard T. Rapp 的《competition in Oil Pipeline Markets:A Structural Analysis》。汉森的研究是他在耶鲁大学的博士论文。安德森和拉普的研究是为了"一群对取消原油管道费率监管的影响表示忧虑的独立炼油商"做的。

83.1986 年司法部报告深深影响了美国后来的管道市场报告。其采纳了熟悉的赫芬达尔—赫希曼指数（HHI），将市场占有率的平方加总，在"出发地市场"和"目的地市场"之间用 0 到 100 进行排列。根据石油公路运输超过 75 英里后无法达成经济性的原则，该研究使用标准美国地区性数据计算了所有主要美国石油管道出发地与目的地之间的 HHI。对 HHI 小于 2500 的管道来说（表示四条相同尺寸的管道，或者 625 的四倍），司法部不建议继续采用服务监管规则下的标准成本。当估值预期合并时，司法部继续使用与管道公司相关的原产地与目的地市场的竞争定义。DOJ (1986),xv.

84.Energy Policy Act of 1992, H.R.776, Title XIII, Sec.1801,1803.

85.Order No. 561-A, FERC Stats.& Regs (Regs Preambles, 1991-1996), at 30,985 (1993)。

86. 这 1% 不源自于行业的特别生产力研究。

87.18 CFR Part 342, FERC Order in Docket No. RM05-22-000 (Mar. 21, 2006), and Docket No. RM10-25-000 (Dec. 16.2010)。

88. 如果上升的石油管道真实监管价格上限持续发挥作用（意味着石油管道价格统一根据上限上涨），或者管道公司上报的营利性在最近的决定之后显得过高，FERC 可以在未来重新回顾这段历史是否与司法部 1986 结论相悖，即原油管道因为基于成本的监管持续进行而没有获得足够的市场权力，或者持续机械性的监管价格上限上涨要求对背后的方法进行再次检查。

89.DOJ (1986), xvi.

90.Comments of the US Department of Justice in Response to Notice of Technical Conference, Docket No. OR92-6-000, July 30,1992.

91.Ibid.

92.Docket No. RM-95-6-000,Order Reversing Initial Decision, 70 FERC 1 61,I39 (Feb. 8,1995).

93."科赫并没有满足政策声明的要求，也没有表明其缺乏市场权力。"Docket No. RM-95-6-000, Order Reversing Initial Decision, p. 23.

94. 这两个反对取消天然气管道监管的理由，即关于天然气管道的小型地理市场以及即使附近有管道也没有办法在实际中代替，也是德国管道监管者——BNetzA 做出决定的考虑因素之一，它在 2008 年 9 月和 10 月分别做出两个不同的决定，不允许所有德国境内运营的管道系统放弃基于成本的监管规则。监管者引用了古典的市场份额指数、长期运能主要预订份额,以及关联交易的显著性作为理由,拒绝管道公司放弃基于成本的监管要求。"Decision to Tighten Gas Grid Competition/,press release, Federal Network Agency, Bonn, Oct. 21,2008.

95.2011年,APO集团控制了维多利亚州和新南威尔士州的私有化管道,包括从维多利亚州到澳大利亚南部的管道和连接设施。Jemena拥有东方天然气管道公司。Epic能源公司拥有从库珀盆地到阿德莱德的旧管道与供应布里斯班的管道。

96.国家竞争委员会(NCC)在1995年11月由澳大利亚政府建立,作为一个政策咨询机构监督政府对希尔姆报告建议的执行情况。

97.在这个案例中,我目睹了国家竞争委员会将监管规则扩张到东方天然气管道公司上,如同那个决定中注明的那样。Duke Eastern Gas Pipeline Pty Ltd (2001) ACompT 2 (May 4,2001), paragraphs 114-15.

98.根据麦克法兰的官方传记,"链锯"的外号体现了"其在政治层面'突破'繁文缛节直接为澳大利亚工业完成目标"的直接方式。

第 5 章　新制度经济学的本质贡献

尽管管道监管政策的演变经历了一个多世纪，但是第 4 章中自然垄断的新古典概念，或者管道市场的结构性分析对于管道行业来说已经略显不足。管道并不仅仅用来将市场与产地、进口设施以及炼厂连接起来。它们的扩张和变化是为了适应市场的变化以及油气田产量的下降。[1] 在美国，大型管道公司的管道相互穿越，将能源输往远方的市场，但没有为过境地区的大城市提供服务（想象一下一条铁路线在通过大城市的时候直接开过是一件多么奇怪的事情）。[2] 美国天然气管道主要的连接方式似乎是成对的点对点连接，而不是整体的一条低成本线路。在澳大利亚，两个不同的管道公司在悉尼南部郊区经营的管道相互重叠，并且各自具有优先权。全球首条大口径天然气管道根本不是为了天然气行业建造的，而是在战后供给过剩的情况下，从石油管道转变而来。[3] 如果管道有很强的自然垄断性，并且成本随规模下降，那么为什么实际情况下的管道会显示出这种奇怪并且低效的情形呢？

本章对第 1 章中介绍的新制度经济学概念进行更深入的探讨。这涉及交易成本经济学、经济治理的机制演变、压力集团的作用（比如集体行动），以及产权安排，这将作为点对点管道运输权科斯谈判的基础。由此，本章将从管道技术的成本下降以及第 3 章、第 4 章中新古典经济学中的结构现状开始分析。

可以肯定的是，有大量的研究成果可以反映出经济治理研究的不同方法。这些相关研究都源自于新制度经济学内在特点所导致的理论边界拓展。最近出版了很多相关的研究成果。[4] 作为对行业持续性与变化的分析开端——无论是跨国家还是跨时间——在成本和资产专用性角度上仍然有必要作一个简短的回顾。

5.1　交易成本

奥利弗·威廉姆森让交易成本经济学变得家喻户晓，新一代经济学家也认识到了传统新古典生产成本的缺陷。但是关于这些缺陷最精切的描述可能来自于道格拉斯·诺斯在 1993 年的诺贝尔奖获奖演说："新古典经济学中有效市场的结论仅仅存在于交易没有成本的情况下。在有交易成本的情况下，体制就是重要的。而且交易都是有成本的。"[5] 诺斯指出，新古典主义经济学关心的是市场的运行，而不是市场的发展和演变。当时,他承认还没有明确的数学理论去处理体制问题,无法与一般均衡理论或者动态经济学的严格系统匹敌,只有一些"初步的理论框架可以提高我们(对市场发展)的认识"。[6] 在20世纪90年代,制度经济学中交易成本和产权部分已经有了理论性的支持。[7]

尽管只有初步的框架,新制度经济学对管道行业来说可以作为微观经济分析的额外工具。[8] 没有它,美国油气管道市场中关于组织、监管、定价和运营之间的差异将无法用理论经济学分析。[9] 美国的某个管道系统如何形成纵向一体化,并且由几大原油生产商组成的合资企业进行垄断,独立公司没有希望进入竞争,运输能力的科斯谈判也没有实质希望,但是另外的一个系统却在管道使用上体现出自由竞争性(包括远期和期货市场)并且在运能的计划和建设上存在实际竞争?答案中的第一点在于行业中的交易结构。

管道行业中的交易成本问题曾经需要纵向一体化来解决。在SEC公开提供高质量的商业和证券信息之前,商业信息稀少,并且很难形成和实施长期合同。[10] 在这种环境下,洽谈和确保合同,以及处理意料之外问题和机会主义行为的事后成本显然高于石油公司在追求利润中合并的成本。[11] 经济学家坚持认为事后成本——特别是在不确定情景下的机会主义(威廉姆森的"欺骗性的自我利益追寻")——是纵向关系中最麻烦的部分。为了理解交易成本经济学如何处理这种机会主义,出现了关于合同形成后机会主义行为的两种理论分析——可占用的专用性准租金和资产专用性(或者资产专门化)。[12]

5.1.1 可占用的专用性准租金

专用性交易资产只有在特定交易关系下才能实现其全部价值,如果被用作其他用途,其价值就会减少。一个管道之外常用的例子就是用来将煤炭从煤矿运到发电厂的铁路线。如果发电厂关闭,铁路线就没有其他用途,除了铁轨残值及其优先通行权之外毫无价值。投入管道的资本就具有高度的交易专用性,因为这些管道的唯一用途就是将石油或者天然气从产地运送到原油炼厂或者天然气用户。

这种类型的投资使得买方有机会干涉卖方的行为。在没有明确指定事先合同的情况下,一旦一项设施被指定专门用途,买方就有空间减少其支付。如果专用性资产在其他用途上价值变小的话,卖方就会毫无办法。在这种情况下,准租金就是被买方获取或者占用的价值。[13] 在任何专用性资产的交易中,特别对于管道来说,交易对手很容易趁机获取准租金。[14] 这对于双方来说都是如此。当双方相互间都作出了专用性投资之后就会产生相互的依赖。就像加州大学洛杉矶分校的本杰明·克莱因(Benjamin Klein),及其合著者罗伯特·G. 克劳福德(Robert·G. Crawford)和阿曼·A. 阿尔钦(Armen·A. Alchian)在一篇被广泛引用的论文中说的那样,这种类型的投资所形成的成本有两种办法消除,即纵向一体化或者长期合同。当资产变得越来越专门化的时候，就会产生更多可占用的准租金（增加了机会主义行为的可能收益），达成合同的成本一般会超过纵向一体化的成本，我们就会更多地观察到纵向一体化的情况。[15] 管道系统有其极端的资产专用性，要么形成成本高昂的合同交易，要么通过纵向一体化将其成本内化。[16]

5.1.2　资产专用性与管道投资的特性

准租金被利用的风险主要取决于3个方面：(1) 买卖双方在未来的交易频率（频率越高，事后的机会主义行为可能性越小）；(2) 未来市场情况的不确定性；(3) 特定交易条件下资产专用性的程度——也称为"投资特性"。[17] 特定的投资用来支持特定的商业关系；从定义上看，在这种商业关系之外投资会变得不经济。[18] 从本质上看，特定投资具有交易特殊性。交易频率越小、不确定性越高、专用性越强，都会增加准租金被占用的风险。另外，时间或者地域的敏感度越高，风险也越大。[19] 大部分经济学文献认为在3个主要的因素中，增加准租金被占用的最大因素是投资特性的水平。[20]

石油行业是这些关系的一个极好的例子，克莱因、克劳福德和阿尔钦都将其作为一个关键性的例子。一旦所有的资产到位（钻井、管道和炼油设施），石油生产设施和炼厂对管道来说就是专用性的。这些专用的生产和炼化设施就因此成了管道所有者的人质（就像约翰·D. 洛克菲勒在19世纪70年代发现的那样）。油田所有者可以通过部分拥有管道的方法减小准租金被利用的可能性。[21]

管道资产的长期性意味着如果用合约的方法替代纵向一体化，那么合约就必须全面而且明确地预见到未来行业内发生的多种不同情况。[22] 石油行业中长期合约的实际经验表明这很困难。在一定时期内，甚至对这种技术水平不高的行业来说其不确定性会变得很大。合同的"导航仪"功能可能变化甚至消失。换言之，随着市场发展，公开的价格标准不再存在，表面上确定的行业内关系会产生变化，并且政府的监管也会改变。所有这些因素都使得缔约双方的预见性受到检验，并且会导致长期合同缔结过程中的风险和将来可能的诉讼。有一种观点认为使得合同完备的方法就是使各方都可以收回最初的投资（满足任何的期望收益率）。但是在投资收回后的10年或20年内行业会发生很多意想不到的变化，接下来的任何寻租都会影响投资。而人们无法针对这些情景在合同中制定应急条例，使得生产商、炼化和管道公司对这种高收益的冒险事业望而却步。

考虑到管道的长期性和专用性，理论指出，行业中会明显地采取合并的方式，而不愿承担缔约和机会主义的成本。这种想法就导致了两种相互关联的问题。首先，主要管道的纵向一体化集中了原本竞争性的石油和天然气生产商，在市场经济中形成垄断，造成了社会和法律上的障碍。其次，与运输和垄断（比如公共运送）部分相关的长期经济治理机制理论并不喜欢这种特殊的观点，即纵向一体化的管道可能会形成相对独立的运输方。我们接下来讨论那些长期的治理机制。

5.2 公共运送/第三方进入和管道交易

经济分析中的一大问题就是定义模糊。可能术语中最模糊的，同时也掩盖了管道市场潜在高效的监管实践的就是公共运送（在美国应用）以及第三方进入（即TPA，在欧洲广泛使用，在全世界被熟知）。这两个术语在广义上相同。从字面上看两者都没什么问题——但这不是问题所在。真正的问题在于公共运送和TPA意味着更多的事情：禁止在管道服务中通过价格和限制进入等手段对用户进行歧视。这种禁令包括，在合同中规定对情况类似的用户收取不同的价格，或者为了其他用户将另一些用户排除在服务之外。这种禁令看上去是成立的——这就是为什么立法者和许多经济学家在形成这个概念的时候似乎没有任何犹豫。但是对于处理诸如管道这种专用性运输资产投资的人来说，公共运送和TPA是很有问题的，因为这将限制高效交易的形成。

公共运送是历史悠久的普通法概念。如同几十年前的铁路一样，它在处理专用性的管道问题上一直存在问题。专用性条件下独立运输商（非合并的）的经济治理和融资的关键方法取决于在特定合同中写明的某种价格和市场进入的优先权。这种特殊协议在经济学理论上效率高且成本合理，但从表面上看可能受到法规的制裁，因为其中包含了模糊或者标准的公共运送话语。这就是1887年美国州际商业法案的情形（损害了美国铁路和石油管道的竞争性发展）。同样，欧盟议会通过各种法律文件监管欧洲的天然气管道也属于这种情况。形成鲜明对比的是，从设计角度上讲，公共运送从来没有在美国天然气管道上实施过。那些管道属于"私有运送"，没有公共的义务。这种关键的区别就使得点对点的管道运输可以通过科斯谈判形成竞争性的市场。

如果要对全世界不同管道运输市场进行经济分析的话，那么就不能跳过公共运送和TPA。

5.2.1 公共运送运输监管的发展[23]

公共运送导致了现代管道监管的两大特征：颁发执照和费率监管。颁发执照发挥的功能有两个，即"为公众提供便捷和必要服务的证书"。通过特许权给予商业专营，这种做法从中世纪欧洲就开始了，另外它使用了政府的征用权，使得运输提供商（比如铁路和管道，在它们之前的运河、公路和公共马车）可以通过某些地区，而且不用与单独的私有业主们进行双边的协商。费率监管在最早的公共运送特许权中并不存在，因为人们相信垄断的特许权所带来的盈利能力足以补偿运输公司的运营风险。费率监管始于19世纪后期,因为铁路和管道公共运送的规模和复杂程度已经超过了一般普通法法庭可以有效管理的范围。这样就有必要形成专门的机构处理复杂的费率矛盾,特别是在铁路方面。

5.2.2 公共运送与服务义务

公共运送的主要特征在于其为客运和货运提供服务,无论乘客或者货物是否希望有这样的服务。公共运送会将设施使用到极限,为一般公众提供服务。而私有运送只运送其自有货物,或者小范围的货物。曾经,公共运送覆盖了大部分内陆水道、货运铁路线、城市间的客运铁路线、商业航线以及其他机动的货运或客运服务。当管道在19世纪后半期加入进来的时候,公共运送的企业在美国和英国的运输行业中占到了大多数。

公共运送的概念在英国以行会制度的方式得到了发展,通过这种方法,一些商业行为只能在特殊的授权之下进行,这样就排除了与其他人的竞争。[24] 后来,这种制度被企业之间的竞争取代了,特殊授权在大多数的行业中逐渐消失了。但是,在客货运输中这种特殊授权依然存在。[25] 在19世纪的大部分时间里,社会承认了客货运的公共运送性质所带来的好处。随着这种观点的发展,人们更加倾向对运输公司进行责任指定,作为排除竞争的公共运送的一部分。其中一部分责任针对运输模式的风险,以及乘客在运输过程中可能的损失。其他责任主要确保针对公众的费率是公平的。从公共运送对业务的投入程度看,公众期待其提供平等的服务、价格合理并且对货物和乘客的安全提供保障。

这些服务义务可能是公共运送责任中最基础的部分。斯图尔特·达盖特(Stuart Daggett)是20世纪前期加州大学伯克利分校的运输经济学家,针对这种法律义务提出了一个简单的问题:"为什么运输方会拒绝提供服务?"答案就在运输公司和托运方之间的关系里,或者正如达盖特隐晦地表达的那样,"从商业政策的某些立场上看。"[26] 在很多行业中,原料或者人员的初始地点与生产和分销的地点之间存在着紧密的利益,导致被全资持有或者部分控制的运输商倾向于某些特定的商品。运输方可以通过大批量出售服务,或者在一段时间向特定的托运人提供排他性服务的方式来确保稳定的收入流。或者其可能更希望规模更大的托运人。但是从普通法的观点上看,这种政策是不被公共运送所允许的。[27]

5.2.3 运输路线分配与特许权发放

现代授予运输特许权或者执照的行为可以追溯到19世纪工业革命时期英国普通法为促进内陆运输所做的努力。[28] 特许权的发放从3个方面促进了运输发展。首先使得提供服务的风险和收益得到了匹配。特许权给予运输公司某种排他性以及从业务中获利的权利,并且鼓励运输商在发展其业务的时候承担更大的风险。其次,特许权提供了市场本身可能无法提供的定期性服务。第三，特许权利用政府的征用权，给予了进入其他私有土地的权利。[29] 也就是说，承担行业内部风险的义务、保持定期性服务以及在运能过剩的情况下向所有人开放的义务与征用权紧密联系在一起，即政府有能力为发展运输而获得土地。换言之，只要运输企业接受这些义务并且提供服务，政府就为这些服务扫清障碍。

那么管道由谁建造呢？是由政治程序还是由实际的竞争性企业决定？现有企业是否有能力利用现有的用户来阻止新公司的进入，或者管道潜在的进入者与现有公司在平等的基础上争夺新管道的用户？美国在石油和天然气管道立法上的分歧从不同角度回答了这些问题，这取决于国会是否利用标准的公共运送方式，并且对两个行业的结构和表现造成了深远的影响。

5.2.4 公共运送与资产专用性之间的矛盾

公共运送的概念基础与管道的资产专用性产生了矛盾，因为用户间多种形式的价格或者市场进入歧视在传统的法律定义下都是不允许的。19世纪的美国铁路随着大量的资本沉淀到优先通行权和铁轨之中，在没有价格歧视的条件下，维持盈利能力遇到了困难。特别是，铁路在长途市场面临高度的需求弹性，而短途则没有弹性。铁路公司还发现，由于大部分从西向东的运输数量较大，而从东向西的运输量较小但货物价值高（这样就造成东部沿海地区空货车的累积），因此非常有必要施行价格歧视。[30] 由于铁路市场的需求存在很大不同，铁路公司需要促进由东向西的大宗运输，并且需要试图从托运人和用户手中获取从新线路中产生的经济租——作为回报投资者的一种手段——所以，铁路公司不仅尝试了价格歧视，还形成了各种形式的联营或者隐秘合约。这是一段动荡的岁月，有价格歧视，有托运人的抱怨，还有州政府（不同于联邦政府）对控制铁路行为的尝试。

在国会通过了1887年州际商业法案之后，局势开始慢慢平静下来，法案是为了禁止"不公正以及不合理的偏好"以及防止"在明显相似的情况和条件下"的价格歧视。[31] 尽管法案一开始受到铁路公司经理的激烈反对，但是后来他们转而支持法案，因为其中反对歧视的公共运送禁令可以有效促使费率计划的公开，还可以消除降价和竞争对手。正如大卫和诺斯说的那样："州际商业委员会成了铁路行业内由政府担保的卡特尔组织，尽管其成立的目的并不是这样的。"[32] 全面地禁止歧视使得现有铁路的日子更好过了。从那时以后，以及在20世纪的大部分时间里，铁路成了监管的最大受益人——直到20世纪70年代铁路在多式联营的竞争下崩溃为止。[33]

公共运送监管下的管道所遇到的问题与铁路所遇到的问题差不多。当大量的资本被固定到石油或天然气点对点运输并且没有替代用途的时候，公共运送就成了问题。在行业发展初期，合同的缺陷使得管道运输进行了纵向一体化。但是纵向一体化并不是不可避免的。在合同中采取保障措施可以减小合同的缺陷。确实,交易成本经济学涵盖了一系列可能的治理结构。随着复杂性增加或者透明性减小,交易从市场转移到一个更加复杂的合同安排中——最终形成纵向一体化。[34] 公共运送最终限制了生产商、托运人和管道方之间减小风险的能力——实际上使得纵向一体化成了处理资产专用性问题的唯一方式。

这个问题在天然气管道方面更为严重,因为管道使用方无法轻易或经济地规避管道运能不足的风险,也无法轻易地在终端市场建立仓储设施应对变化的需求。对美国石油管道施行公共运送的努力,与美国天然气管道拒绝施行公共运送是第6章与第7章的重点。那两章描述了为什么两大管道体系的发展如此不同,一个施行了公共运送体制,而另一个拒绝施行。

5.3 监管体制的发展

诺斯在经济学家之中被认可是由于他研究了寻求经济收益如何通过产权扩张以及减少交易成本,来刺激体制变化——在某些情况下,体制的变化相对新技术和新生产要素来说,会更好地促进经济发展。他和兰斯·戴维斯(Lence Davis)认为,伴随铁路发展的资本积累方式的变化,以及运河公共融资的失败,改变了公共资本与私有资本之间的相对价格,并有效阻止了美国政府继续参与内陆主要运输项目的融资。他们描述了在20世纪早期,"聪明"的铁路经理是如何绑架原本用心良苦的法律(1887年州际商业法案,1903年埃尔金斯法案,以及最后的1906年赫本修正案)以进一步巩固美国铁路的卡特尔化,以及防止歧视行为受到公开费率日程表的影响。[35] 本书将美国主要内陆运输项目体制随后的发展制成了表格。

在21世纪的前十年,经济学家关于治理机制演变作用的争议已经越来越小,而以前一些人则认为制度角度只是重新强调或者延伸了"法律和经济学"。[36] 这种现代的观点对管道行业特别有用,因为行业的技术简单而且稳定。这是研究制度演变的最好例证。但是,需要讨论3种不同的制度发展(出现在美国和其他地方)并且预先考察一些阻碍或者促进管道成为内陆运输竞争性来源的主要事件。

5.3.1 法 院

从管道发展的比较分析角度以及相关的经济治理机制来看,美国最高法院的作用十分重要。在约翰·R. 康芒斯(John·R. Commons)之后,没有人可以超过他在最高法院法律的起源和经济理论方面的研究深度,也没有人像他一样歌颂这套体制在促进资本主义发展中的中心作用,他将其称为"世界历史上第一个政治经济的权威组织。"[37]

或许最高法院在美国管道发展中最大的贡献在于，在长达半个世纪的时间里，不断努力明确监管性价值标准的含义，这种价值标准就是在美国宪法保护下，法庭可以使用的对私有财产的定价标准。法庭第一次明确标准的尝试是在1898年史密斯诉埃姆斯案中对监管内容的上诉。[38] 但是这次尝试并不成功，在接下来的40多年中，投资者、委员会和用户对监管费率下的财产定价方法进行了激烈的争论。法庭的失败导致了新的联邦机构（联邦电力委员会，即后来的联邦能源监管委员会）在监管天然气管道费率上的权威受到了法律上的挑战（由一家标准石油的附属公司提出），即霍普天然气案。法庭在深入调查之后做出了对美国监管事业影响深远的决定，将监管的重点从合理的财产价值转移到了合理的收入上。

法律体系定义和保护产权的能力对定义一系列合法权利来说非常重要，而管道运能的科斯谈判就必须以此为基础。在经济学文献中，产权一词有两种含义，第一种在广义上与传统的英美普通法相关，指的是一切与物质权属、专利、版权以及对管道至关重要的合同权等相关的有形与无形的权利。[39] 第二种根据罗马法定义，一些现代经济学家将其解释为限制在物质对象或有形的东西中。[40] 监管的制度分析中存在多种术语，也无法轻易地统一到普通法的定义之下。康芒斯在1943年就注意到了这个问题，美国和欧洲的经济学家在处理不同的法律体系时遇到了困难，同时，当政府的法律部门超越其管辖权时也会出现问题，这些问题直接对21世纪的情况产生了影响。[41]

对全球的经济学家来说，康芒斯在20世纪30年代提出的这种不同观点切中要害。美国天然气管道监管机制的演变从根本上受到了法庭判例的影响。在美国，国会通过的监管法律在最高法院对相关特定诉讼作出解释之前并不真正成为法律，这场诉讼就成为判例。关于美国管道监管机制的讨论非常强调最高法院作出的决定和判决的理由，最高法院的决定高于立法和政府执行部门的决定。[42]

构成美国竞争性市场合法权利基础的产权，是由美国普通法决定的。这种产权无法简单推广到欧洲民法管辖中去。[43] 合同执行是运能产权的一个重要特征。不同法律系统的制度特征（德国民法、法国民法、斯堪的纳维亚民法，以及英美普通法）显著反映出在美国作为科斯谈判基础的权利是否可以强制应用到欧洲的管道运输能力上。[44] 目前看来在这个问题上没有形成经济学上的统一认识。

5.3.2 立法机关

最高法院经常接到各方的上诉案件，其可以通过对美国宪法的解释直接反映当前的政治和舆论，而无须像国会一样进行妥协。国会在立法上的妥协表现在目前依然在施行的1906年和1938年石油和天然气管道法案上。尽管国会似乎很喜欢目前的管道立法——特别是当这项法律在最高法院的上诉案件中得到检验之后——但是它依然表示有能力为新的行业制定新的法律，并在条件允许的情况下从错误中吸取经验。国会1906年与1938年管道法律中完全不同的出发点就是例证。

其他地区立法机构所面临的压力看上去不尽相同，特别是欧洲。比如，欧洲议会在相当快的时间内为欧盟的天然气管道制定了"三套法律"。澳大利亚堪培拉联邦议会表现出为满足特定州的利益，有能力迅速改变监管法律。[45] 在上述两个例子中，新管道立法的基础似乎并没有完全考虑到法庭上诉的需要，并且对形成管道所有权或者合同方面也没有起到持续的作用。

5.3.3 新机制的发明者

聪明的个人或者组织会创造出解决问题的新治理机制，而现有的法律或财务惯例对这些问题往往无能为力。[46] 美国在1935年通过严格的法律之后（公共事业控股法案），这些新的方法增强了天然气管道的融资能力，并且有效地防止了天然气管道融资中的纵向一体化。在1950年左右天然气行业战后大发展时期，天然气管道的大部分债券由人寿保险公司以及其他"信托投资"持有，比如私有养老金等这些与人寿保险行业相似的行业。这些资金来源在1935年之前并不存在，因为未来的债权人觉得天然气管道在当时属于对"递耗资产"（天然气是从钻井中自喷而来的）进行的"非季节性"投资。人寿保险公司需要一个令人满意的10年期收入报告作为投资的前提。强大的新天然气法案促使主要保险公司不断进行投资方面的研究。[47] 保险公司通过仔细研究发现其贷款的价值存在于统一的会计和费率制定保障体系中，因此其非常愿意将新的法案作为向管道行业长期贷款的保障。

5.3.4 时间表问题

如果需要编制全世界管道监管基础的制度因素演变时间表的话，就会出现一个问题。石油管道的演变与天然气管道监管的演变完全不同，并且在北美（美国和加拿大）和欧洲或者世界其他地区的监管之间也不存在相同的演变模式。这个时间表可以显示的是在半个世纪之内，从1898年到20世纪40年代末期，重要的立法和法庭结论。然后便是由很多不同活动构成的空白期，一共40多年，一直延续到20世纪末。在世纪末的变化高潮之外，时间表中大部分是关于美国以及天然气管道。即使如此，这个时间表也并不清晰（比如美国石油管道的特别治理立法在1906年以后就冻结了）。在北美以外的地区，在英国天然气公司1986年私有化之前，关于私有管道的监管机制历史几乎是空白。时间表中最令人瞩目的一部分是其中间的空白期。从20世纪40年代中期到80年代中期，什么也没有发生。在这40年中——相当于两代经济学家——机制的演变停止了。对现代经济学家来说，有关监管机制的记忆很模糊。构成美国监管发展的重要立法和法庭辩论人物对理解美国现代管道市场非常重要，但是他们已经去世很久，而且他们的作品也不再版了。[48]

结果是，20世纪末大西洋（或太平洋）两岸的经济学家习惯性地自说自话，反映了行业监管方面完全不同的经济学传统。美国的经济学家认为他们继承的财产、管理和会计制度具有普遍性——或者至少这些制度应用所体现出来的智慧是显而易见的。其他地区的经济学家并不强调法律和管理的历史——并且不同于美国人，将最高法院的看法作为当时的唯一依据——没有看出这种普遍性。因此，从英国天然气公司的私有化开始，监管行为的发展开始朝新的方向演变——没有监管性的会计准则，没有统一的管理性流程，并且在没有某种公平程序的情况下，监管者拥有权力可以改变受监管私有财产的价值。[49] 从诺斯的角度看，经济治理机制的演变是有原因的，全球监管机制的两极发展具有特别的复杂性，这是本书研究的动力之一。但是，北美内部和外部的监管行为可以合并在一起。监管体系的演变速度非常慢，监管的经济分析基础需要从价格和成本方面（新古典主义的分析方式）转向其背后的机制本身。

5.4 集体行动理论

现代管道行业的新制度伴随着新的产权安排以及新的交易成本经济方式。但是这种变化发生得并不平稳。一些选民团体发挥了推进作用，通过吸引有影响力的立法者的注意（可以推进或者通过新的立法），或者通过与监管者面对面，或者在法庭上获得竞争的胜利。

关注经济治理机制的经济学家长期诟病市场可以无摩擦地达到均衡。他们观察市场是如何从一个状态调整到另一个状态的。康芒斯并不认为交易是和谐的。他认为秩序会在不同群体的冲突中产生，而这种冲突最终会传递到美国最高法院。[50] 这些矛盾划定了国会管道立法以及后来法律诉讼的范围。20 世纪早期康芒斯在对其他市场的研究中发现了相应的冲突解决机制。

曼瑟尔·奥尔森（Mancur Olson）同样研究拥有不同目标的团体之间的竞争。对奥尔森来说，市场中的买卖双方通过对公共政策的制定施加影响来获得相对对方的优势。这些团体的效率取决于其规模和组成——小规模并且组织紧凑的团体相对大而分散的团体更有效率。与传统经济学理论不同的是，康芒斯和奥尔森都不认为有共同利益的个体会自觉行动起来并深化他们的利益。康芒斯发现压力集团是市场中重要的组成部分，特别是当市场上有立法需求的时候。奥尔森研究了对公共政策制定施加对自己有利影响的压力集团特征。[51]

康芒斯在广义上使用了集体行动一词，用来描述组织如何共同行动来控制个体和团体的行为。康芒斯将经济制度定义为"对个体行为进行控制的集体行动。"[52] 集体行动被今天的制度经济学家用差不多相同的方式描述了出来。[53] 涉及管道——所有者、石油生产商、托运人——的压力集团塑造了管道市场的机制与行业组织，而这些无法通过新古典主义的生产成本理论来分析。康芒斯认为在每一个交易中，都存在冲突的可能性，通过集体行动可以形成各方相互间的依赖和对秩序的要求，这才可能解决问题。他在处理压力集团的问题时，将最高法院放在一个独一无二的位置。对他来说，法院最终需要的"不是真理而是有秩序的行为。必须保持这种关注。"[54] 追求个体公司在集体控制中的行为秩序是康芒斯研究的主题，威廉姆森在很久以后才发现了它。[55]

康芒斯尝试将他基于集体行动的观点发展成经济学理论，但是最终失败了。正如赫特福德大学的杰弗里·霍奇森（Geoffrey Hodgson）说的那样："在美国20世纪30年代，（康芒斯）制度主义的影响和意义本身就足以确保其显著的地位并且在至少20年内保持生命力。"[56] 但是，除了一些制度经济学家以及那些在威斯康星大学的人们，比如马丁·格兰瑟（Martin Glaeser）以及他们的学生，康芒斯创建集体行动理论的努力几乎被遗忘了。[57]

曼瑟尔·奥尔森在30年后出现了。他分析的基础在于大型市场中的小规模消费者团体会作出超出个人水平之外的努力，其结果会导致整个团体受益。也就是说，在这种情况下，团体中个体自身的努力就具有了"公共产品"的特性，而任何个体在理性约束下都不会花费精力去完成它。奥尔森用基本和公认的博弈论的数学方法证明了这个观点，并将这个结果作为经济学家们长期忽视的证据。[58] 另外，他在市场中生产者与消费者之间的关系上多次发现了他学术观点的实际应用。当消费者的利益与法律不一致或者监管法规给予生产商强大的定价权时，或者当消费者有机会形成团体抵制这种政策的时候，奥尔森发现主要国家中的大多数消费者都没有成为团体的成员来争取他们的共同利益。奥尔森回顾了20世纪早期以前的压力集团的研究，发现集体行动的研究可以追溯到经济学刚开始的时候，但"在接下来的岁月中被奇怪地忽略掉了。"[59] 他将其归咎于近代经济学家对竞争性市场逻辑的热情，而在现实中，当监管者与立法者干涉市场的时候，压力集团会在市场失败的逻辑中扮演一定的作用。自从有了奥尔森初步的结论之后，研究公共政策中集体行动影响的政治选择模型大量出现在教科书和论文之中。[60]

在归纳集体行动的逻辑时——团体中个体的数量越多，其对团体共同利益的追求能力就越小——奥尔森命题及其诸多含义对于解释团体如何塑造管道监管和市场非常重要。这些由管道方或者燃料生产商组成的团体都是社会中很小的一部分，奥尔森认为对他们来说不存在社会成本上的实际约束，他们可以很方便地要求社会将更大份额的社会产出分配给他们——奥尔森称为"寻租"。[61] 当人们看到由管道方与生产商组成的一方，与代表用户的天然气分销商组成的另一方在20世纪50年代到90年代中采取的不同行为时，奥尔森关于集体行动的逻辑就似乎得到了充分的证明。

5.5 产权与科斯谈判

交易成本经济学在解释管道发展时非常重要，即便是在1960年以前（译者注，1960年科斯发表《社会成本问题》）。但是，科斯开启了基于边界明确的合法权利的市场，而不是仅仅包含有形商品或服务的市场，为市场的发展提供了另外一种可能性——将点对点的管道运输能力从管道所有者手中解放出来，大大降低监管方的负担（而不是强调产权、完全信息和无摩擦的市场）。这种转变，即从监管管道方转变为监管合法的运输权利，是一种可以用交易成本经济学解释的现象。它超越了传统的新古典主义经济学的框架，并且不仅仅关注生产成本的结构。

点对点管道运输能力的产权理念是理解现代管道市场的关键。美国的托运人有权在交易所里以自由的价格买卖这些权利，托运人自己或者其雇佣的经纪商（从2008年开始）都可以这么做。另外，这些权利的成本依托于一个受监管的费率制定程序，将受监管的管道费率与支撑运输权利的特定设施联系在一起。创造美国管道运能的产权是一项充满争议的任务，涉及很多监管立法。第7章的讨论显示了天然气分销商团体不断的胜利——在立法过程中首先针对生产商，其次针对管道公司——导致了一系列情况的变化，使得这种产权的界定、保护以及交易变得成为可能。

注　释

1. 当然，从液化天然气（LNG）枢纽运输天然气或者从石油进口终端运送天然气的管道基本不会过时，但是它们仍然面临动态变化的市场情况。

2. 潘汉德（Panhandle）东部管道公司建造了一条1200英里的管道，在1931年从美国堪萨斯州/俄克拉荷马州区域通向芝加哥、底特律、印第安那不勒斯以及更远的东部地区市场。管道进入堪萨斯城主城区35英里的范围之内，但是没有与城市连接。因为当地天然气公司的所有者亨利·道尔蒂（Henry Dougherty）希望通过其自己的附属公司——城市服务公司——保护其在堪萨斯城天然气供应的垄断地位。见Castaneda和Smith的《天然气管道》15-49页。堪萨斯管道公司的丹尼斯·兰利（Dennis Langley）大胆并且聪明地发展了管道，他曾经是美国参议院司法委员会的顾问，后来成为堪萨斯州民主党主席，他解决了城市服务公司（后来的威廉姆斯公司）对堪萨斯城的锁定，并且在威廉姆斯公司积极阻碍开放的策略下，在20世纪90年代将城市接入了潘汉德管道系统。我见证了堪萨斯管道公司在一系列民事和行政法庭上的表现，最终使堪萨斯城成功接入系统。

3. 早在1942年，U型潜艇每个月在美国东海岸击沉12艘油轮。这是严重的国家紧急事件，因为石油无法到达华盛顿、纽约和波士顿以满足迅速增长的战争需求。两条新的石油管道在1941年运输的石油份额很小，但是它们到战争结束的时候成了东海岸石油运输最大的石油来源。它们是世界上首批大直径长距离的石油管道。一条称为"大英寸"，另一条称为"'小'大英寸"，它们推动了管道的法律和技术上的发展。但是到战争结束的时候，石油行业的总裁们由于长期的相互不信任，无法迅速从这种合作项目中抽身。因此，这两条在战争中贡献显著的管道形成了战后剩余。当时并没有如何处理它们的统一意见。《时代》杂志在1946年8月12日写道："一个人开玩笑说管道可以把葡萄汁从得克萨斯运往纽约。另一个觉得德州的大长耳兔可以在东部市场获得很好的利润因为'只要运得足够远任何东西都可以变得高档。'甚至苦恼的WAA（战争资产管理局）官员也开起了玩笑。他们的建议是：在德州的管道中加入苏打水，在肯塔基州加入威士忌，让加了水的威士忌通过'阿巴拉契亚的冰窖'，最终送到曼哈顿的酒吧里。"最终，新成立的德州东部天然气管道公司通过招标获得了管道并且将其转变成天然气管道。

4. C. Menard and M. M. Shirley, eds., *Handbook of New Institutional Economics* (Dordrecht, Netherlands:Springer, 2005); and Furubotn and Richter, *Institutions and Economic Theory*.

5. Douglass C. North, "Economic Performance through Time," *American Economic Review* 84, no. 3 (June 1994):360.

6. Ibid., 359.

7. 关于交易成本的一般性理论，参阅 Steven Tadelis 的《Complexity, Flexibility, and the Make-or-Buy Decision》，发表于2002年5月《American Economic Review》92卷2期；Patrick Bajari 和 Steven Tadelis 的《Incentives versus Transaction Costs:A Theory of Procurement Contracts》，出自2001年秋《Journal of Economics》32卷3期；以及 George Baker, Robert Gibbons, 和 Kevin J. Murphy 的《Relational Contracts and the Theory of the Firm》，发表于2002年2月《Quarterly Journal of Economics》117卷1期。关于产权的更加正式的理论由 Oliver Hart, John Moore, 以及 Sanford Grossman 发展而来。见 Hart 和 Moore 的《Property Rights and the Nature of the Firm》，发表于1990年《Journal of Political Economy》98卷6期；Grossman 和 Hart 的《The Costs and Benefits of Ownership:A Theory of Vertical and Lateral Integration》，发表于1986年《Journal of Political Economy》94卷4期；以及 Hart 的《Corporate Governance:Some Theory and Implications》，发表于1995年5月的《Economic Journal》105卷430期。

8. 这场持续辩论的一方认为新制度经济学的范围"更多的是焦点的改变而不是新理论或者方法上的"，另一方认为其与"法律与经济学"的范围相当，法官理查德·波斯纳（Richard Posner）是这么认为的。参见《The New Institutional Economics Meets Law

and Economics》，发表于1993年《Journal of Institutional and Theoretical Economics》149卷1期73-87页。科斯在给波斯纳的回复中说新制度经济学寻求规避"（宏观经济学中的）那种抽象方式，因为它对我们理解经济体系的运作方式没有帮助。"参见《Coase on Posner on Coase》，摘自《Journal of Institutional and Theoretical Economics》149卷1期96-98页。从目前产业研究的角度看，科斯——而不是波斯纳——的意见更清晰并且更有洞察力。

9. 斯科特·马斯登（Scott Masten）与斯蒂凡·索希尔（Stephane Saussier）强调了分析"交易成本经济学的具体现象"的好处与代理理论的"数学理论"之间的区别。"代理理论强调公理性的推理，还没有将某些限制，比如认知能力的局限纳入其模型，这将使得其模型很难构建。相反，交易成本经济学家在罗纳德·科斯和奥利弗·威廉姆森的传统上，寻求从具体现象或问题中提炼并发展其理论，而不是从数学模型的理论感受性中提炼。"正如本书中所表明的那样，只有通过对紧密相关的石油与天然气行业的制度基础进行详细的分析才可以构建其明显不同的因果关系。"Econometrics of Contracts:An Assessment of Developments in the Empirical Literature of Contracting," in *Economics of Contracts:Theories and Applications*, ed. Eric Brousseau and Jean-Michel Glachant (Cambridge:Cambridge University Press, 2002), 288-89.

10. SEC在行业信息改革中的贡献。Thomas K. McCraw, "Landis and the Statecraft at the SEC," chap.5 in Prophets of Regulation (Cambridge, MA:Harvard University Press, 1984), 153-209.

11. 在交易成本经济学中，不完全信息的环境会在制定完整合约的时候扩大有限理性的问题——导致更强烈的寻求纵向一体化动机。

12. 需要回顾导致类似管道公司的行业进行纵向一体化的因素的文献，参阅Paul Joskow 2005年的调查文章《Vertical Integration》。

13. 本杰明·克莱因，罗伯特·G.克劳福德以及阿曼·A.阿尔钦以印刷行业与出版商签订合同进行资本投资的例子说明了准租金及其潜在的专用性。在没有潜在出版商的情况下，已安装机器的准租金等于印刷业摊销的固定成本减去残值。"Vertical Integration, Appropriable Rents, and the Competitive Contracting Process," *Journal of Law and Economics* 21, no. 2 (1978):298-99.

14. Williamson, *Mechanisms of Governance*, 377-78.

15. Klein, Crawford, and Alchian, "Vertical Integration," 298.

16. 在现代燃料市场中，人们会问制定协议的成本是否还像管道行业发展之初那样成本较高。管道资产长达几十年的使用期以及燃料市场的波动——还有威廉姆森定义的各方机会主义——几乎肯定了事前制定协议的成本会很高。

17. Oliver E. Williamson. "Transaction-Cost Economics:The Governance of Contractual Relations," *Journal of Law and Economics* 22, no. 2 (1979):247.

18. 根据威廉姆森的研究，这种专用性一般有三种类型：(1) 地点专用性，交易各方"肩并肩"地处于一个特点地点；(2) 有形的资产专用性，与特点交易关联的设备与机器投资在其他用途上的价值很低或者完全无价值；(3) 长期资产，投资方的决定基于在一段时期内向特定客户销售大量商品的预期。Oliver E. Williamson, "Credible Commitments:Using Hostages to Support Exchange," *American Economic Review* 83, no. 4 (Sept. 1983):526.

19. 再一次考虑克莱恩的印刷行业与出版商之间的例子。出版商可能会受到印刷商的控制，于是希望自己拥有而不是与印刷厂签订协议，这完全取决于印刷的产品是否对时间敏感，或者在特定的地点。比如，报纸出版商一般拥有自己的印刷厂，而书籍出版商一般没有。报纸出版商需要根据当地严格的日程表运送报纸，如果无法保证当地印刷会使得印刷商获取专门的准租金。但是书籍出版商在日程和地点上具有更大的灵活性。他们不会被特定的区域或出版商锁定，因此不会让对方获取专门的准租金。

20. J. Harold Mulherin, "Complexity in Long-Term Contracts:An Analysis of Natural Gas Contractual Provisions," Journal of Law, Economics, and Organization 2, no. 1 (Spring 1986):105-17.

21. 为什么石油钻井和炼厂的所有者会更多受到管道方机会主义行为的威胁，而反过来则不会呢？克莱恩和他同事的例子，假定竞争性生产与炼油部门由单一的管道连接，如果打破假设并且存在多条运输路线（另外一条管道或者一条可以行使运油驳船的河流）以及生产炼油部门都相对集中，那么管道方，而不是生产方式/炼油方，会遭受到专有准租金的威胁。Klein, Crawford, and Alchian, "Vertical Integration," 310-11.

22. 正如斯蒂凡·索希尔描述的那样，"当经济代理方决定合作，他们经常创造一个'合同接口'来引导交易，这是合作的主题。为了使收益最大化，接口的设计必须正确。""Transaction Costs and Contractual Incompleteness:The Case of Electricite de France," *Journal of Economic Behavior* 42 (2000):190.

23. 本部分关于公共运送起源的讨论采用 Dagget, Principles of Inland Transportation.284-335页，以及 Keeler《Railroads, Freight and Public Policy》19-42页的相关内容。

24. 这种凭证的重要因素是当地政府或者其他政府权威部门的资助。现代执照或者特许证的办法伴随着不同的税费、转移支付等，与中世纪的做法有很多相似的地方。公共事业以及其他受监管的企业继续创造可靠但是不透明的间接机制来提高政府的资助而不是通过更加直接或者透明的税。

25. Dudley F. Pegrum, "Restructuring the Transport System," in *The Future of American Transportation*, ed. Ernest W. Williams Jr. (Englewood Cliffs, NJ: Prentice-Hall, 1971), 63.

26. Daggett, *Principles of Inland Transportation*, 301.

27. 当然，在一般情况下，普通法对行为的禁止仅仅需要原告提出诉讼就可以矫正不公平。问题是这种诉讼是否足够控制类似标准石油公司那样强烈而且复杂的混乱行为，西奥多·罗斯福总统很在意这一点，1906年，他建议国会采用适当的立法手段强制施行联邦管道行业监管。

28. Pegrum, "Restructuring the Transport System," 63.

29. 早期石油管道运输有很多故事，在证书制度之前，很多新管道的开发者抢在与之竞争的铁路之前确保优先权。管道开发者通过第三方确保其权利，用密码沟通，并且采用迂回的路线，因为铁路和其他竞争者想要破坏他们向市场运输石油的计划。Johnson, Development of American Petroleum Pipelines, chaps.2 and 3.

30. Davis and North, *Institutional Change and American Economic Growth*, chap.7 (135-66). Davis and North drew for their analysis on Paul MacAvoy, *The Economic Effects of Regulation* (Cambridge, M A:MIT Press, 1965).

31. 当铁路推动国会通过1903年厄尔金斯法案对价格削减造成极大妨碍的时候，1887年法案的进一步强化促进了卡特尔行为并且阻止了降价。助理司法部长瑟曼·阿诺德用厄尔金斯法案在1941年打击纵向一体化的石油管道公司，在第6章中会有继续描述。Interstate Commerce Act of 1887, 24 Stat., p. 380.

32. Davis and North, *Institutional Change and American Economic Growth*, 51.

33. 崩溃的结果是斯塔格斯法案的产生，由吉米·卡特总统在1980年签署，将一个世纪来州际商业法案中的公共运送限制去除。Keeler, Railroads, Freight and Public Policy, 97-114.

34. 不同"混合"治理模式参见Oliver E. Williamson的《Comparative Economic Organization: The Analysis of Discrete Structural Alternatives》，出自《Administration Science Quarterly》36卷2期269-96页。克劳德·梅娜德（Claude Menard）发现这种混合模式可用不同的形式适应不同的目标。参见《The Economics of Hybrid Organizations》，发表于2004年《Journal of Institutional and Theoretical Economics》160卷3期160页。

35. Davis and North, *Institutional Change and American Economic Growth*, chap.7 (135-66).

36. 正如阿维纳什·迪克西特指出的那样，治理这个名词在20世纪70年代仅仅出现了5次，但是到2005年末已经出现了超过3万次。在这种转变中，迪克西特列举的主题包括：(1) 产权的保障；(2) 合同的强制执行；(3) 作为经济活动基础的集体行动。"Governance Institutions and Economic Activity," 5.

37. 本书更多受到法律学者而不是经济学家的关注，明显的证据是其作为康芒斯5本书中唯一在版的一本——出版商将其作为法律参考文献。John R. Commons, Legal Foundations of Capitalism (New York:Macmillan, 1924), 7.

38. 我将具体法律问题放到后面两章中，详细讨论了这些法庭上的案例。

39. 康芒斯针对这种情况进行了经济分析，1890年，美国最高法院首次承认了"无形"资产的存在，与"有形"资产形成对比。Commons, Institutional Economics, 649-56.

40. 普通法和公民法在产权问题上差异的深入讨论参见 Furubotn 和 Richter, 《Institutions and Economic Theory》76-85页。

41. 在美国, 我们认为根据普通法的方法考虑个别案例和判例, 这与我们的司法权力是一致的; 而欧洲通过抽象的推理条款进行思考, 从查士丁尼、拿破仑、亚当·斯密以及里卡多一直延续至今。如果我们只是概括……我们只讨论一般原理, 不讨论其在个别案例调查上的应用。这就是美国普通法方法发展的方式。欧洲经济学家和法学家在理解美国体系的习惯、前提以及假设上存在困难, 他们一直采用基于完善的罗马法模型的系统, 并且只有立法机关可以进行改变。甚至是英国人在理解上也有困难, 他们的立法机关高于司法机关。(Commons, Institutional Economics, 713) This was later restated by Kenneth Parsons in Commons, Economics of Collective Action, app.3, 341.

42. 当然, 最高法院的"最高性"依然受到美国宪法的制约和监督。法官由总统任命并由参议院确认。宪法本身可以由50个州的四分之三的立法机构进行修改。最高法院本身可以在特定案件中采用新的观点, 并且可以修改其看法。尽管存在监督、制约和限制, 最高法院依然是在任何时候都是判定行为是否符合宪法的美国最高权威机构。

43. 罗马法下的所有权可以被认为是个盒子, 上面写着"所有权", 谁拥有这个盒子, 谁就是"所有者"。在自由完整的所有权下, 盒子包含了某些权利, 包括使用、占有, 比如水果或者收入, 以及转让的权力。但是所有者可以打开盒子, 将其中一项或者几项权利转移给他人。但是只要他保留了盒子, 他依然拥有所有权, 即使盒子是空的。这与英美法下财产有明显的差异。英美法下不存在盒子。只有几种不同的法律利益。[John H. Merryman, "Ownership and Estate (Variations on a Theme by Lawson)", Tulane Law Review 48 (June 1974): 927].

44. Gillian K. Hadfield 的《The Many Legal Institutions That Support Contractual Commitments》, 摘自2005年斯普林格出版社出版的由 C.Menard 和 M.M.shirley 主编的《Handbook of New Institutional Economics》175-203页。以及 Rafiel La Porta, Florencio Lopez-de-Silanes, Andrei Shleifer, 和 Robert W. Visny 的《Law and Finance》, 发表于1998年11月《Journal of Political Economy》106卷6期3-55页。在21世纪初期, 欧洲依然没有解决长期能源合同的问题。其中的问题包括国有公司对特殊用户给予特别的低费率, 以及以低于市场的价格从生产商手中购买能源。在这种情况下, 合同持有者在未经测试的情况下要求国家补偿。Platts EU Energy, "Long-Term Contracts: A Legal Quagmire," no. 174 (Jan. 11, 200S), McGraw Hill, 8-9.

45. 当维多利亚州在1998年希望为其私有管道系统建立特殊的天然气联营机制时, 其在没有遭受反对的情况下, 要求并且得到了澳大利亚国家第三方开放规范对国家天然气管道的特别豁免, 以便维多利亚州施行"市场运送"。(section 3.7, "Capacity Management Policy").

46. 一个明显的例子是约翰·R.康芒斯发明了职工补偿保险。他在1911年起草了新的法律，使得雇主在贝格上（与其私营保险者）对工人的安全负责。当时，在普通法下工人受伤只能起诉领班，政府所提供的唯一援助就是派出可恶的"安全警察"。职工补偿取消了"安全警察"（其中最好是沃索共同保险公司雇佣的风险专家，其工资反映了他们的能力为沃索公司获得的利润），事故率大幅下降，并且法律规定职工补偿保险费由雇主强制缴纳，在大规模生产中远大于支付的补偿金。Commons, Economics of Collective Action, 279-84.

47. 保险者包括纽约人寿保险公司、教师保险与年金公司，以及凤凰人寿共同保险公司。Richard W. Hooley, Financing the Natural Gas Industry (New York:AMS Press, 1968), 13,45,50.

48. 其中有：沃尔特韦恩大学的教授Emory Troxel, 美国得克萨斯大学的Walter Splawn, 哥伦比亚大学的James Bonbright, 耶鲁大学的法学教授Eugene Rostow（他在1952年首次研究了管道合同运输的原理），威斯康星州大学的Marlin Glaeser, 马里兰大学的Eli Clemens, 还有John R. Commons, 他开创了公共事业价格监管经济学的学术研究。

49. 一个例子发生在1995年，当时英国天然气公司的监管方天然气供应办公室公布了一系列5年价格控制的计划草案，有效废弃了英国垄断和兼并委员会在1993年作出的关于合理收入计算的决定。这项决定有效地将30亿英镑从公司资产中转移了出去。由此，英国天然气公司的股价在2天内下跌了24%，其债券被标准普尔公司下调了3个等级。

50. Jack Stark, "The Wisconsin Idea:The University's Service to the State" (Madison:Legislative Reference Bureau, 1995), 17.Reprinted in *Wisconsin Blue Book*, 1995—1996 (Madison:State Printing Office, 1995).

51. 奥尔森后来评价康芒斯："康芒斯思想的基础在于认为市场机制本身并不能为经济中不同团体带来公平，并且坚信这种不公平是由于不同团体间议价权力之间的差异造成的。"参见Olson《Logic of Collective Action》115页。康芒斯有时将这个观点推向极端，比如他认为每个压力集团直接选举的代表可以形成有效的国家立法机关。

52. Commons, *Economics of Collective Action*, 2.

53. "从特征上说，制度条例的建立与实施都需要某种私有或者公共的集体行动。这就是新制度经济学分析的，正是这种对集体行动需求的承认形成了新制度经济学与传统新古典主义理论的差异。"Furubotn and Richter, *Institutions and Economic Theory*, 20.

54. Commons, *Institutional Economics*, 712.

55. "经济组织的目的是通过建立特殊的治理结构促进关系的持续性，而不是使其在孤立的市场合同制定中受到动摇，康芒斯可能也会接受这种观点。"参见Williamson,《Economic Institutions of Capitalism》3页。康芒斯的遗产会引起某些争议。威廉姆森继续说道："不是所有站在合同立场上的人都会同意。比如科斯认为'美国的制度主义，'

在康芒斯眼中是个重要的部分，但其实只是个'沉闷的话题……它只是对标准经济学理论的反对。实际上并没有什么建树。'……我认为康芒斯走在了他所在的时代前列。他在20世纪20年代已经有了合同概念下的经济学。"参见 Williamson《Transaction Cost Economics》43页。

56.Geoffrey Hodgson, "John R. Commons and the Foundations of Institutional Economics," *Journal of Economic Issues* 37 (Sept. 2003):570.

57.马丁·格雷瑟教授是康芒斯1906年第一个监管经济学的学生，罗斯科·庞德指导他在哈佛大学完成了研究工作，他后来回到威斯康星大学任教，从1919年直到1959年退休，在1927年完成了首部公共事业教材。参见 Glaeser《Outlines of Public Utility Economics》。他训练了美国整整一代的监管经济学家。Harry M. Trebing, "Martin G. Glaeser," in Pioneers of Industrial Organization, ed. Henry W. de Jong and William G. Shepherd (Cheltenham, UK:Edward Elgar, 2007), 190-93.

58.Olson, *Logic of Collective Action*, 23-27.

59.Olson, "Collective Action," p. 3 of 5.

60. 参见2000年马萨诸塞州剑桥市麻省理工学院出版社出版的 Torsten Persson 和 Guido Tabellini 的《Political Economics: Explaining Economic Policy》。该文献的立法行为模型参见 David P. Baron 和 John A. Ferejohn 的《Bargaining in Legislatures》，发表于1989年《American Political Science Review》83卷4期1181-1205页。该文献最新的调查引自 Spiller 和 Liao 的《Buy, Lobby or Sue》。

61.Mancur Olson, *The Rise and Decline of Nations: Economic Growth, Stagflation, and Social Rigidities* (New Haven, CT: Yale University Press, 1982), 44.

第 6 章　公共运送下的交易：1906 年的石油管道监管

1906 年，国会对石油管道行业实行了公共运送监管（1887 年铁路行业也施行了同样的监管）并且让州际商业委员会（ICC）负责。国会的行为受到了广泛的支持，首先是西奥多·罗斯福总统个人的支持，当时标准石油公司利用其铁路和管道巩固了在全国石油行业的地位。1906 年的立法应该受到高度关注：将权力授予一个联邦实体，使其可以针对州际管道公司不公正和不合理的行为作出修正，而仅仅受到美国宪法中关于私有产权以及公正程序的一般性限制。

但是从管道监管的安排和效率角度来说，1906 年的立法是失败的。首先，立法反映的是 19 世纪监管运输行业的传统机制，其禁止管道方和托运人之间达成协议，阻碍了管道行业的独立发展。在无法通过合同限制使用权的情况下，如果生产商或者炼厂（刺激管道的建设）无法通过纵向一体化或者采取其他歧视性手段将独立托运人排除在外，那么它们就会面临巨大的投资风险。第二，ICC 在 1906 年既没有关于价格和使用权的有效监管工具——这种监管工具还没有被发明出来——也没有必须监管的义务。因此，从 1906 年到 1978 年 ICC 在石油管道监管的秩序和效率方面毫无建树，直到该机构被国会解散为止。[1] 1978 年以后，联邦能源监管委员会（FERC）成为行业监管者，它对监管工具比较熟悉，在石油管道费率制定方面形成了一定的秩序。但是，行业依然受到古老的公共运送立法限制，并且管道依旧被纵向一体化的合资企业垄断。

管道立法最初的问题表明国会选择的公共运送工具——无论其对铁路或者公路多么有效——在一个生产商、运输商和炼厂投入巨大资本的资产专用性行业是无法成功的。国会中的辩论体现了参议员或者行业代表对于现有监管工具的沮丧。这些辩论发生在一个多世纪前，表明一些国会成员对情况有深入的洞察和高明的判断。当初参与辩论的人们没有获得现代经济学家的指导，但是很明显，决定管道交易方式的经济学原理指导了他们。

6.1 对标准石油公司管道施行公共运送

到 20 世纪早期,美国几乎所有的主要石油管道都被标准石油公司收购了。当时制定合同无疑是困难的,因为很难获得可靠的公司、运输和成本数据。但是将标准石油公司管道合并的动因归结为沟通的原因是不正确的。标准石油公司对管道和铁路的合并是希望巩固其对石油市场的垄断并且阻止竞争者的进入。[2] 加菲尔德报告可以证明这一点,并且促使国会将石油管道监管提升到联邦级别。[3]

1906 年 5 月 4 日,美国参议院开始讨论将授权 ICC 进行管道监管的问题。罗斯福总统向国会递交了一封不同寻常的信件,开启了国会的辩论。罗斯福总统在信中列举了标准石油公司铁路运输的掠夺性行为,并且强调了需要进行立法解决,"由于缺乏足够和全面的政府控制,使得大型托运人和铁路可以随意压迫个体的独立意愿和行为,这种体系使得邪恶丛生。"[4] 考虑到不满的托运人已经有获得法律(而不是监管)补偿的能力,罗斯福认为"法律手段"并不足以解决问题。他希望成立一个委员会,"拥有足够的权力,可以立即实施其决定,其行为只受法庭和宪法约束。"[5]

罗斯福的信和公众的愤怒都特别指向铁路;在他的信中并没有提到管道。事实上,众议院在参议院辩论前 3 个月就通过了赫本法案,其中也没有提到管道。[6] 在罗斯福的信在国会公开宣读之后,马萨诸塞州共和党参议员亨利·卡波特·洛奇(Henry Cabot Lodge)提议对法案进行仔细的修改,并用来进行管道监管。洛奇提议的修正案将管道放在了 ICC 的管辖之下。在将赫本修正案扩大到石油管道的过程中,洛奇修正案指出将天然气管道排除在外,这很可能是因为洛奇希望将国会潜在的反对之声控制在一定可控范围之内。接下来的参议院辩论——关于是否将天然气管道排除在现有立法之外——将天然气管道监管从石油管道监管中分离出去,并持续了一个多世纪。对此最赞同的是与罗斯福总统同一党派的参议员约瑟芬·P. 弗拉克(Joseph P Forker,俄亥俄州共和党)(图 6-1)。他强烈反对将天然气管道包含在赫本修正案之中,使得天然气管道监管在未来走上了一条不同的道路。

6.2 天然气管道摆脱公共运送

没有参议员怀疑将石油管道放在 ICC 的管辖之下有什么问题。天然气管道的情况不同,因为它是个新行业,规模小,对标准石油公司的运营来说并不重要。参议员本·提尔曼(Ben Tillman)(南卡罗莱纳州民主党)主张对州际商业本身进行必

图6-1 俄亥俄州参议员约瑟芬·P.弗拉克的画像，现代竞争性管道运输市场的缔造者。弗拉克是唯一一个最终投票反对赫本修正案完全通过的共和党人

要的调查：如果管道在州际运送商品，无论是石油或者天然气，都应该在ICC的监管之下。弗拉克认为天然气管道从本质上来说不适合公共运送，将天然气管道与公共运送义务绑定在一起会使得这种高利润的私有行业的融资能力受到损害。7

参议员波特·麦克库伯（Poter McCumber，北达科他州共和党）总体上支持弗拉克将石油和天然气管道分开，因为天然气管道与天然气本身密不可分。他关注了天然气管道运输的私有本质，说道："如果（天然气管道）只是在运送他们自己的商品而不运送公众的商品，那么公众如何对他们利用自己的管道将自己的商品从一个州运向另一个州感兴趣的？"8 提尔曼回应，他担心管道公司可以从一个生产商那里购买天然气，但同时会对其他没有连接管道的生产商形成压力。9 弗拉克回应提尔曼，认为关键的问题在于投资的资本，公共运送保证了任何生产商在无须对管道建设投入资本的情况下，就可以获得管道的使用权。10 弗拉克认为，如果将管道仅仅当成是运输天然气的载体，而不把它作为保障其他州民用天然气供给的手段的话，天然气管道的融资计划可能会失败。11 提尔曼再一次试图提出，不将天然气管道作为公共运送以便天然气生产商获得管道使用权的做法是不公平的，他说："天然气的首个所有者将形成垄断，并且会压榨同一片土地上其他的天然气生产商或是钻井拥有者。"12 但弗拉克坚持认为："那片土地上除了这一家公司之外，不会有其他公司想要自己建造管道。我们的目标不是要干涉公共运送的业务，我认为在我们不适合公共运送的情况下就没有必要施行公共运送。"13

情况就是这样。弗拉克战胜了提尔曼，并且一劳永逸地结束了是否将美国天然气管道定义为公共运送的辩论，这对于美国天然气行业来说是一个关键的十字路口。参议院明白弗拉克所指的天然气管道是只对辛辛那提州天然气公司开放的管道。同时，参议院认为，同一片气田中第一口井对其他土地所有者造成的压力应该是各州层面解决的问题，而不是联邦政府的问题。最重要的是，参议院明显认为那些为管道建设提供资金的人有必要知道管道是供他们使用的。在长达 14 页的辩论报告形成之后，参议院一致同意将天然气管道排除在赫本法案之外。辩论直接处理了管道交易的本质以及资产专用性的问题，而当时已知的监管手段只有公共运送一类的方法。可能对一些人来说，将公共运送应用到石油管道上相比天然气管道来说更加令人不理解。但是 1906 年，艾达·塔贝尔对约翰·D. 洛克菲勒进行了大量曝光之后，没有参议员愿意为控制了大多数石油管道的标准石油说话。当时就是这种情况注定了石油管道在今后一个世纪内的发展。历史确实是很重要的。

当国会在 1938 年最终将注意力转移到天然气管道的联邦监管的时候，其手中拥有了更多完善的监管工具。其赋予联邦监管者发放执照的权利，并且在会计、费率制定和管理方法上向当时的各州监管者学到了很多，这些方法在各州通过了法庭的检验并且被广泛接受。弗拉克参议员可以被称为现代竞争性天然气管道运输市场之父。他或许会觉得很高兴。[14]

6.3 "商品条款"与纵向一体化

关于管道监管演变的第二个重要议题在参议院结束洛奇修正案辩论之后的第三天提了出来，即"商品条款"：禁止运输公司拥有其负责运输的商品。国会试图通过这项条款打击铁路公司在阿巴拉契亚煤矿的权力。参议员史蒂芬·厄尔金斯（Stephen Elkins）是西弗吉尼亚州煤炭产区的共和党议员，他将商品条款带到参议院中，说道："我希望对合并后的铁路公司进行货物与人员运输的限制。"[15]

参议员克努特·尼尔森（Knute Nelson，明尼苏达州共和党）希望将商品条款应用到管道上，他的预见性会使很多 21 世纪的经济学家感到震撼。他预测到当管道方对运输的燃料具有所有权的时候，管道监管的努力都将无效。[16] 尼尔森的观点对天然气和石油管道今后如何监管起到了重要作用。如果商品条款没有应用到石油管道上，那么管道公司会立即并入生产以及炼油环节（就像当时的情况那样）。管道运输费率就会成为最终运到目的地市场的石油产品价格中的一部分——也就是成为公司内部的"虚拟"交易。但是参议员切斯特·朗（Chester Long，堪萨斯州共和党）发现标准石油公司在炼油和销售领域的垄断会产生现实的问题。他认为标准石油公司可以通过让附属企业持有石油，并通过另一家附属企业运输的方式轻易地绕过商品条款。因此，尽管朗在理论上支持商品条款适用于管道，他同意尼尔森提出的理由，但他强烈地阻止其在实际中应用。他警告他的同事们，在这种环境下适用商品条款会对独立的石油企业造成巨大的损害，他最终说服了他的同事们不要施行这些条款。[17]

从 1906 年开始，石油管道——即专用性投资——被作为公共运送受到监管，其有义务为所有用户提供运输服务。在现实中，这意味着大多数的石油管道企业会形成纵向一体化的公司，并在后来加入主要的石油公司形成合资企业。朗参议员是对的，石油管道并不能适用传统意义上的公共运送。管道的资产专用性会造成风险，只有通过与生产商和炼厂联合才能转移这种风险。不过尼尔森参议员也是正确的，在没有商品条款的条件下进行管道价格监管是行不通的，它无法控制石油市场中令人生厌的行为。

6.4 在没有商品条款的条件下美国石油行业开始施行公共运送[18]

1906年通过的赫本修正案，以及1911年标准石油公司的拆分之后，市场上迅速诞生了一些独立的石油管道公司。但这种独立性并没有持续很久。到20世纪30年代后期，大部分的州际管道公司或者失败，或者重新成了纵向一体化的石油公司的一部分。这种倒退到纵向一体化的演变使得司法部（DOJ）启动了一项主要的反托拉斯案件，但在1941年12月草草结束，因为美国加入了第二次世界大战。这个判决结果一直持续到1978年，国会解散了ICC。

6.4.1 ICC与标准石油公司争夺管辖权（1906—1914）

在1906年赫本修正案通过后不久，ICC将大部分精力投入到与铁路有关的工作中，管道方面的工作几乎没有进展。ICC在1908年制定的第一个统一的会计监管制度也只是应用在了铁路领域。直到1911年，ICC将会计报告要求应用到了石油管道上。在这一点上，控制了大部分石油管道的标准石油公司并不清楚如何应对ICC这一新的要求。在不反对的情况下接受并遵守赫本修正案是不可想象的。对标准石油公司来说，修正案违反了长久以来私有财产不可侵犯的信条。因此，公司采取了一分为二的策略：试图规避ICC的管辖（通过重组其管道运营，在技术上避免州际商业法）并且在法庭上攻击赫本修正案的合法性。

赫本修正案并没有明确ICC是否可以开展调查，以证明现有的管道定价不公正、不合理或者存在歧视。国会的另一个法案要求给予ICC特别授权，使其可以开始定价程序。[19] 在1912年ICC要求管道上报费率之后，标准石油公司的律师向美国商业法庭提出上诉，不同意ICC的决定。[20] 主审法官马丁·奈普（Martin Knapp）（前ICC官员）发表意见称："在我们看来很明确，不能将私有管道纳入公共事业立法，并且（赫本）修正案不能在不作出赔偿的情况下，剥夺这些管道所有者的财产权。"[21] ICC迅速向最高法院上诉，法官奥利佛·温德尔·霍尔姆斯（Oliver Wendell Holmes）在1914年推翻了奈普的决定，并且明确了ICC对于石油管道的监管权力。[22]

从国会通过赫本修正案到最高法院确认 ICC 拥有对石油管道费率监管权，已经过去了 8 年。对 ICC 来说，获得监管权是一方面，但使用监管权却是另一方面。标准石油公司随后被反托拉斯行动拆分，石油管道行业的结构发生了变化（随后又变了回去），最终管道所有者和美国政府在费率方面达成了一致。但 ICC 在这些进程中并没有发挥主动作用。

6.4.2 新独立的管道最终再次合并（1911—1931）

在 20 年中，石油管道行业从石油生产中分离了出来——出于公司控制以及政府过多干涉商业事务的担心——但最终又再次合并，这是公共运送法规下的应对资产专用性的唯一方法。在 1911—1914 年间，石油管道行业迅速进行了一系列的分拆活动，形成了相互独立的公司。1911 年 5 月 15 日，美国最高法院根据谢尔曼反托拉斯法案作出决定，命令将标准石油公司进行拆分，这就开启了全行业打破合并的序幕。最高法院的拆分决定涉及 10 条公共运送的管道，以及 3 家拥有管道的部分或全部一体化的石油公司。1914 年之后，最高法院确认了 ICC 的管辖权，而标准石油公司在 1911 年以后仍然控制着几条拆分完毕的管道，最高法院下令再次将这些原油管道拆分成新的公司。标准石油公司的行动是出于担心 1914 年的法令可能预示着政府将进一步干涉其生产和炼油业务。

公共运送管道的迅速剥离最初并没有影响新管道公司与其连接的生产商和炼厂之间的关系。但是，在 1914—1931 年间，新成立的独立石油管道公司数量呈明显下降趋势，它们再一次与生产商进行了合并。即使是当时美国最大的管道公司普雷利管道公司也无法作为独立管道公司生存下去。能生存下来的只有一条主要的石油管道，即巴克艾管道公司经营的管道。

普雷利石油和天然气公司曾经是标准石油公司的附属公司，负责从中部俄克拉何马州和堪萨斯州的油田购买、生产和运输石油。在 1911 年标准石油分拆的时候，普雷利石油和天然气公司是中部地区最大的原油买家，并且运输到堪萨斯城和芝加哥的炼厂。1914 年，公司拥有超过 5000 千米长的管道和其他设施，是国内当时最大的管道系统，当年运输的原油达到了 3900 万桶。普雷利管道公司在第一次世界大战后进行了大规模的扩张。在此期间，普雷利管道公司作为唯一一条连接中部油田与北部和东部市场的管道，其享有巨大的优势。[23]

在 20 世纪 20 年代期间，普雷利管道公司试图继续其中部原油的运输业务，尽管很多客户离它而去——一些客户转向了从墨西哥湾到东海岸的油轮运输。普雷利管道公司失去了一些大客户，比如标准石油公司（新泽西），这对其管道运输业务造成了一定损失。当炼厂客户开始寻求其他来源的原油时，普雷利管道公司及其附属的普雷利石油和天然气公司被辛克莱尔集团收购，并采用了新的公司名称：联合石油公司，这是一个一体化的石油公司。总之，最根本的问题在于，在公共运送条件下，普雷利管道公司没有形成合同的能力，无法阻止纵向一体化的形成，因为它需要与同一地区的其他管道和其他运输方式之间竞争，并确保其管道资产的使用率。

巴克艾管道公司的命运完全不同。巴克艾公司拥有标准石油公司的一系列管道，称为北部集团，管道从芝加哥通往纽约州。1911年根据拆分法令，巴克艾公司从标准石油公司中分离出来。它随即拥有了两方面的地理和市场优势：它可以作为中部原油向东海岸运输的中转站，处理俄亥俄州的原油生产，并将原油运输到俄亥俄州的炼厂。这两者都可以保证巴克艾公司的经营，尽管东海岸炼厂的油罐运输依然对其构成竞争。一体化的石油公司在20世纪20年代期间增加了俄亥俄州内的炼油业务，虽然他们在其他地区放弃了普雷利管道公司的管道，但他们依然使用巴克艾公司的服务。

但巴克艾公司仅仅是合并浪潮中的一个例外。它是在20世纪30—40年代中，唯一一个以独立公司形态存在的主要管道公司，其业务经营至今。为了生存，在公共运送禁止建立合同关系的情况下，巴克艾公司必须发挥大型石油公司无法发挥的作用。即便如此，也不能认为巴克艾公司可以不考虑一体化石油公司用户而随意制定费率。对于其他独立的石油管道公司来说，纵向一体化是继续经营的唯一方法。

6.4.3 公众压力引起的"仲裁"（1931—1941）

到了1931年，行业再一次出现了纵向一体化，独立的石油生产商和炼厂向国会抱怨无法获得由一体化石油公司控制的管道的使用权。他们在每一个国会会期中都要求将管道"分离"出去。[24] 但是无论是实际的问题还是其不懈的游说都没有推动国会进行新的立法，而一体化的石油公司对此则表示坚决反对。毕竟，纵向一体化的管道运营有着明显的经济性，而管道监管公共运送的本质也使得管道成本的回收产生了风险，而大型的一体化运营似乎可以缓解这种风险。

随着大萧条时代的到来，石油行业发现其面临着出乎意料的供给剩余。于是，许多管道采取了新的最小运输量的标准，并配合替他的排他性行动，拒绝向小型的生产商提供服务。与此同时，一体化管道公司的名义盈利能力得到了极大的提高，一些管道公司向其石油母公司提供的股利超过了20世纪20年代管道大发展时期母公司对其的投资。[25]

得克萨斯州众议员山姆·雷本（Sam Rayburn）是州际和外国商务委员会的主席，后来成了众议院议长，他注意到了独立生产商的困境。他要求经济学家，得克萨斯奥斯汀大学的沃尔特·斯普洛（Walter Splawn）对石油管道的结构和行为进行详细的研究。斯普洛在1933年完成了长达1000页的报告，涉及美国石油管道的公司所有制、运营、费率和盈利能力。[26] 斯普洛考察了管道公司的盈利，发现1921—1931年的平均投资收益达到14.49%，1923—1931年净投资收益达到25.43%，斯普洛认为利润非常大。

斯普洛报告显示在石油管道上的作用实际上等同于赫本修正案之前加菲尔德报告的作用。两份报告都指出了独立生产商在获得纵向一体化公共运送管线使用权方面存在的困难。只有拥有管道使用权的一体化炼厂才有能力将炼油设施放在靠近市场的地方，而独立炼厂只能将炼厂放在边远的产地。

最终，斯普洛的报告使得司法部对一体化的石油公司采取了谢尔曼法案。1940年9月30日，司法部起诉21家主要的石油公司及行业贸易团体，美国石油协会（API），控告其阴谋控制石油运输的价格。[27] 司法部要求解散API，并且禁止石油公司使用控制价格的方法，包括最低运量、压迫性的费率以及其他妨碍独立托运人使用纵向一体化管道的方法。除了主要的反垄断行动之外，司法部另外起诉了59家石油管道公司，控告其违反1903年厄尔金斯法案，向关联公司提供回扣（标准石油公司秘密的铁路回扣会对市场造成3倍的损害）。这些案件是在司法部长助理瑟曼·阿诺德（Thurman Arnold）指导下开始的，他是前耶鲁大学法律教授，也是20世纪30年代反垄断的拥护者。[28]

1940年年末到1941年年初，阿诺德和石油公司针对这两起诉讼开始协商解决办法。厄尔金斯案例得到了解决，双方规定石油管道向关联母公司提供的股利不能超过ICC对其管道估价的7%。但是到1941年8月，司法部和行业都明确认识到，欧洲的战事以及国防准备使得主体诉讼的解决变得不太可能。珍珠港受到的袭击彻底改变了协商的本质。尽管多方表示12月5日达成的协议并不令人满意，但这些意见很快平息了下去，并且回到了大部分被告都已经签署的9月16日的草案。在没有进一步讨论的情况下，阿诺德计划接受这个草案，并且行业方面也表示一致同意。一致同意的规则明确，公共运送的石油管道直接或者间接支付给管道所有者的股利不得超过ICC估价的7%。[29]

6.4.4 战后的管道运输合同

第二次世界大战结束后，要求管道运输与石油生产和炼油分离的呼声又再一次响起。另一位耶鲁大学的法律教授尤金·罗斯托（Eugene Rostow）在1948年的书中再一次为公众介绍了石油行业纵向一体化的争论。罗斯托写道："大公司维护其在原油市场中地位的主要武器就是拥有管道。"[30] 他认为，费率监管对独立公司的发展来说并不够。他认为，管道并不因为公共运送，而是通过为其建造者运输石油而盈利，无论ICC把费率制定在什么水平上，他们会优先考虑运输他们自己的原油非独立生产商的原油。罗斯托强调，在没有商品条款的条件下，ICC的监管是无效的，他写道："国会从来没有把赫本法案中商品条款的原则应用到铁路之外的领域，以至于行业内的独立公司必须面对大公司控制的石油管道，而手中的工具也只有州际商业法案下的一些不明确的解决方法。"[31]

罗斯托认为只有将商品条款应用到石油管道上才能使石油行业成为竞争性的行业。他希望使用合同，而不是合并的方法，将生产商、管道方和炼厂联系在一起。他提议对管道的交易合约进行研究——这是第一个要求这么做的学者。罗斯托考虑到州际商业法案判定歧视托运人是违法行为，他（后来与合著者亚瑟·萨赫斯）设计了 ICC 和法院在今后必须面对的议题，即独立的原油管道公司需要通过合同的方式促进有秩序的交易。[32]

3 年之后，华盛顿和李大学的一位年轻法律教授乔治·S. 沃尔伯特（George S. Wolbert）出版了一本反驳罗斯托的著作，他曾经在飞利浦石油公司工作。[33] 在美国的管道中，沃尔伯特认为石油管道不是用来控制原油市场的方法，而是解决管道融资中所遇到的问题的常见商业手段，特别是在面对投入资本无法摊销或者面对独立管道和炼厂竞争的时候。[34] 不久之后，赖斯大学的莱斯利·库肯博（Leslie Cookenboo）出版了名为《原油管道与石油行业竞争》的著作。[35] 库肯博和沃尔伯特都没有发现要求施行管道方与运输方分离的商品条款会产生实际的价值。但是，库肯博的观点是基于规模经济的角度——如果有必要可以通过强制的合资性企业来完成。两人并没有提出是否存在某种形式的合同优先权来避免公共运送中内生的交易风险。

除了罗斯托之外，那个时期的作者都认为传统的公共运送禁令阻止了运输设施使用权的分配，管道公司无法通过合同有效地规划管道使用权。在无法形成合同的情况下，沃尔伯特和库肯博等作者将纵向一体化与合资企业作为应对管道资产交易专用性风险的唯一手段。在州际商业法案下如何建立运输的合同结构方面，罗斯托走在了时代的前列。同时期的其他作者，包括约翰森、沃尔伯特和库肯博都认为罗斯托的想法只有理论上的可能。[36] 罗斯托想象中的运输合同讨论得显然并不明确，于是就淹没在了两大法律理论的文献之中。在 20 世纪 50 年代，没有哪个组织有足够的资金和实力为了独立石油管道托运人的利益而推动 ICC 探索合同运输模式概念。直到 30 年后，当天然气分销商组成的压力集团有足够的实力和资金为了天然气管道再度审视罗斯托富有远见的观点时，合同运输在监管方面的应用才再一次被放到 FERC 的面前。

6.4.5 一致性法规下石油管道行业的演变

一致性法规将管道公司支付给母公司的股利限制在 ICC 估价 7% 的水平。库肯博关于石油管道收益的图表明确显示了一致性法规施行后的短期影响，见图 6-2。到 20 世纪 40 年代后期，管道的税后收益逼近了 ICC 估价的 7%，平均的管道费率下降。随着收益的降低，一体化的石油公司需要更长的时间收回新建管道的投资，增加了战后新建管道无法收回投资的风险。

费率的降低以及回收期的延长使得管道方想出了两个方法。首先，忽略股利上限，提高管道的盈利能力。提高盈利能的方式相对来说较为直接，因为7%的上限是基于ICC的估价而不是实际投入的股本。为了规避上限，管道公司只需要将公司的债务比率提高——高于任何长期设施所能达到的水平。为了达到这个杠杆水平，一体化的石油公司开始为附属的管道提供债务担保。37

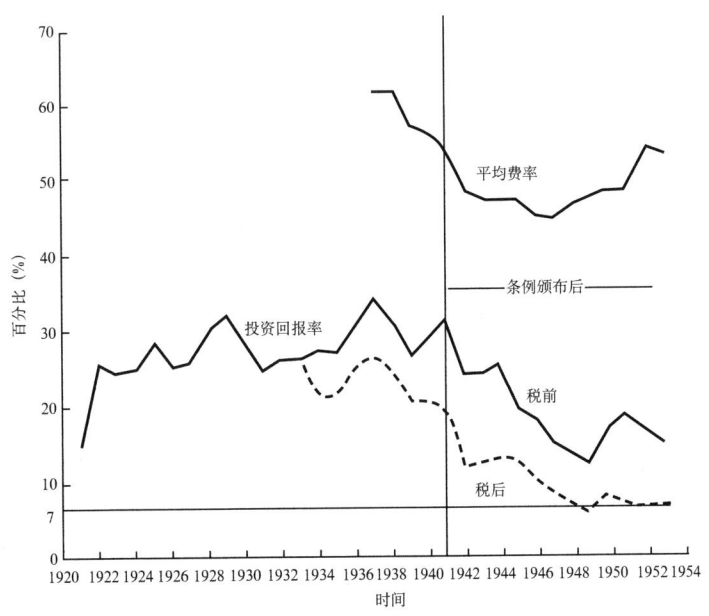

图6-2　1941年一致性法令前后的收益和费率（1921–1953）（重印于库肯博，原油管道，99）

除了作为债务的最后收款人之外，这些关联担保还有另外两个目的。确保担保人对借款人施行监督职责，在某些情况下，其可以保证不受担保人的干涉。38 不干涉原则对合资企业中的石油管道公司很重要，它可以保证在其他情况下可能相互竞争的合伙石油公司在发现更好目的地时不会干涉管道公司的运作。在这些担保下，管道公司可以大幅贷款，使得管道企业支付给母公司的报酬大大超过7%的上限。39

其次，为了解决投资回收期变长以及费率下降的问题，管道公司需要向托运人保证，尽管在公共运送公平使用的条件下，托运人依然可以持续使用石油某些特殊的管道。其中的一个办法是引进"运输量合约"，每一个托运人向管道承诺运输相应的石油，使得管道可以有足够的现金收入支付管道债务的利息和本金。这种义务与债务的偿还联系在一起，并且一直持续到债务还清。40 在这种合约下，管道公司可以获得担保性的收入偿还贷款，但是对作出承诺的公司它们不能保留运输能力。

石油管道所有者还可以通过给予运输规律的托运人优先权的方式拉拢用户。在这些规则下，托运人形成的"记录"，决定了当托运人的需求超过管道运能，并且出现运能紧张的时候它们可以获得多大的运能。41 将托运人与管道绑定的最后一种方法是在原油和石油产品管道的建设中形成合资企业。1946—1958年之间建成的超过 500 英里的管道项目都是几个大型一体化石油公司合资完成的。[42] 合资企业继续成为一体化石油管道之间形成可预计运输量的一种流行的方式。[43]

6.4.6 FERC 的监管措施（1985 年至今）

FERC 在 1978 年接替了 ICC，但是到 20 世纪 80 年代中期，它并没有解决石油管道的费率制定问题。石油管道行业并不存在费率基础来满足 FERC 一直以来的定价要求。[44] 另外，全国超过四分之三的管道运能被 18 家大型的一体化石油公司控制。石油管道与石油产品管道之间的所有权重叠也很严重。大约 60% 左右的管道运输是通过大型托运人组成的石油公司集团完成的（基本上都是大型的一体化石油公司），这意味着对那些管道来说，FERC 无法听到有组织的反对意见来促进石油管道费率的合理制定。[45] 司法部关注到了这种托运人之间相互控制的现象，"一般来说受监管的公司与其客户之间会产生紧张的关系，这对完成有效的监管是很有必要的，但这种情况似乎被它们之间的合作取代了，于是反对力量的缺失就使得监管方无法采取有效和坚定的行动。"[46]

由于这些因素，FERC 在监管时面临了很大的困难。如果它希望有效监管，那么就必须解决费率基准问题。[47] 同时，FERC 必须考虑原油或者其产品管道是否需要持续监管，是否有其他非常规的监管手段来帮助管理目前的状况。在国会的催促下，FERC 在 20 世纪 80—90 年代展开了调查。[48]

6.5 美国石油管道和"反对真空"

在赫本修正案通过后的一个世纪中，石油管道行业中几乎不存在有效的托运人压力集团。石油管道领域监管和法律上的冲突主要发生在一体化的石油公司以及美国司法部门之间，后者在保护市场免受垄断损害的方面发挥着作用。除了 1914 年之后很短的一段时间内，石油管道行业与生产和炼油行业一直保持着一体化。在公共运送安排下，独立的石油生产商是分散的价格接受者。在 1941 年一致性法规施行前后，一体化的管道方以及它们的贸易集团 API 组成了管道方和生产方的压力集团，而独立的托运人则没有形成相应有效的团体。而 ICC 实际上也对监管漠不关心。其管理效率低下，基本上对管道不感兴趣（与铁路明显相反），而且更倾向于向 API 咨询如何估计管道的价值并设定费率。

在司法部门发起诉讼并形成 1941 年一致性法规之前，托运人仅有一次对管道公司提出了申诉。"邦德雷德决定"是 ICC 处理的一件正式案件，涉及最小运输规模。邦德雷德（两兄弟）是宾夕法尼亚州的石油经纪商，希望使用普雷利管道公司的管道。他们认为普雷利管道最小 10 万桶的运输规模对小型托运人构成歧视，并在1920年向ICC提出正式申诉。普雷利管道公司私下表示10万桶的最小限额并没有什么实际或者运营上的基础。但是，普雷利管道公司担心如果ICC强制改变了其定价规则，那么会有更多敏感的领域发生变化，因此它带来了很多证人支持10万桶的最低限额。尽管如此，ICC还是要求普雷利管道公司将最小限额减少至1万桶。虽然这个裁决对不公平的运输限额来说并不是一纸空文，但是对整个石油管道行业来说影响甚微。普雷利管道公司的行为使得独立托运人意识到，托运人向ICC发起的正式申诉会面临管道方更大规模的强硬回应。在一致性法令通过之前，再也没有托运人针对一体化管道公司提出实际的申诉。

在一致性法令之后，石油管道行业继续向高度一体化和合资企业的方向发展。当ICC被解散并且由FERC接替石油管道监管时，司法部悲哀地发现托运人之间形成了相互控制的石油管道体系，并且没有强大的反对团体对管道费率、监管法规或者扩张计划提出有效的反对意见——司法部观察到的就是"反对真空"。

2006年与2007年，FERC收到了石油管道费率的特殊案件，涉及了阿拉斯加石油管道（TAPS），管道从阿萨斯加北部海湾向800英里外的南部瓦尔迪兹港口运送原油。这起案例是针对纵向一体化的合资管道公司的集体行动特例。[49] 在这个案例中，阿拉斯加北部海湾的两个独立生产商，阿纳达科石油公司以及特索罗公司，加入了阿拉斯加州的阵营，反对TAPS所有者设定的管道费率。[50] 这两个生产商以及阿拉斯加州通过FERC的程序战胜了TAPS的所有者（代表北部海湾地区主要一体化石油生产商的合资公司）并成功将TAPS的费率减少了一半。判决使得两个独立的公司获得了更低的费率，而阿拉斯加州获得了更高的北部海湾使用费。[51] 如果两个独立公司成了管道的一分子，他们就不可能在公开的行政申诉中对费率进行挑战，阿拉斯加州是否会赢得申诉就会成为一个问题。

注　释

1. 大部分经济学家都同意ICC并没有在铁路方面做得更好，铁路从一开始就占用了机构的大量精力。ICC并没有在美国建立有效的铁路运营系统，到20世纪70年代该机构被认为阻碍了行业发展。

2. 标准石油公司通过铁路防止竞争者进入的意图基本没有争议。但仍然存在不同意见。卡恩在2007年说："只有经济上的宣传才会否认价格歧视可以同样被作为保护消费者的手段，而不管通常的观点如何表明，约翰·D. 洛克菲勒的手段是怎样破坏现有平民主义者的。" Alfred E. Kahn, "Telecommunications:The Transition from Regulation to Antitrust," Journal of Telecommunications and High technology Law 5. No. 1 (2007):171. John S. McGee, "Predatory Price Cutting:The Standard Oil (N.J.)Case," Journal of Law and Economics 289 (1958):137-69；John S. McGee, "Predatory Price Cutting Revisited," Journal

of Law and Economics 289 (1980):289-330；and James A. Dalton and Louis Esposito, "Predatory Price Cutting and Standard Oil:A Re-examination of the Trial Record," *Research in Law and Economics* 22 (2007):155-205.

  3. 标准（石油公司）声称其炼厂的地点以及对管道的使用是其根据能源的规律以及经理们的远见而取得的自然优势。从一方面讲这是正确的，但是同样不能忘记这些优势的取得是因为在长期的行业竞争中采取了不公平的竞争手段……标准石油公司管道系统的发展是其与铁路公司签订的特殊协议的结果。另外，那些所谓的自然优势被运输费率的歧视扩大了，无论是公开的还是保密的，州际还是州内，都使得标准公司在国内大部分地区获得了垄断性控制，并且限制了竞争，导致了任何其他独立的厂商都无法发展到威胁标准公司领先地位的规模。（来自石油运输联合会理事的报告，xx）联合会的理事是联邦贸易委员会的前身。

  4.Cong.Rec., 59th Cong., 1st Sess., S6358 (May 4, 1906).

  5.Ibid.

  6. 法案以威廉·P.赫本的名字命名（爱荷华州共和党）。

  7. 弗拉克的观点并不仅仅基于法律或者立法的原则。与此同时他参与了参议院辩论，辛辛那提（弗拉克的政治基地）的天然气公司希望保证西弗吉尼亚的天然气供给以替代煤气，满足城市照明以及辛辛那提工业发展的需求。300英里天然气管道项目据说需要花费500万美元，辛辛那提天然气公司希望在参议院辩论赫本法案的时候保证完成融资。

  8.Cong. Rec., 59th Cong., 1st Sess., S6362 (May 4, 1906).

  9. 我这样回答北达科他州的参议员（麦肯博）："我认为，俄亥俄州参议员（弗拉克）提到西弗吉尼亚天然气的例子。当然天然气不会在没有压力的情况下运输300或者400英里，因此其应该来自有管道连接的周围地区，并且已经拥有钻井的天然气公司可能会剥夺当地地主所拥有的天然气，因为运输和销售天然气需要大量资本和设施，而当地地主没有实力将其运往市场，也无法将天然气从已有的管道运输出去，因为国会并不支持他们。" (ibid.)

  10. "根据参议员（提尔曼）的建议，我们应该对天然气管道施行公共运送，强制拥有管道的公司，比如从辛辛那提到西弗吉尼亚气田，购买所有西弗吉尼亚的天然气并负责销售，使得那些人可以在无须花费500万美元建造管道的情况下获得管道的收益"。

  11. 他的主要观点如下：不会有人对这个企业感兴趣，除非是那些希望将天然气运往辛辛那提的管道建造者（并且用其替代煤气），他们提供公共服务以及创建公司都困难重重。他们现在就处于困境之中，试图得到资金。他们还没有能力全部完成融资。如果在他们完成融资并且建造管道之后，所有人都可以为自己的目的使用管道运输天然气，或者州际商业委员会规定其运输的费率，那么公司就不存在了。[Cong.Rec., 59th Cong., 1st Sess., S6371（May 4, 1906）].

12.Ibid.

13.Ibid.

14. 参议员弗拉克在竞争性天然气管道市场中的显著作用其实很有讽刺性。他在1896年进入参议院，他确实是唯一一个反对赫本法案完整通过的共和党参议员（罗斯福的政党），他的决定可能是由于他受到标准石油公司在其第一个任期内为其提供法律咨询费的影响。当这个消息在1908年公开之后，出于利益冲突的考虑，弗拉克被迫从国会退休。他的辛辛那提天然气管道建造了3年多，185英里的20英寸管道于1909年竣工，由辛辛那提天然气运输公司、天然气与电力联合公司以及哥伦比亚天然气与电力公司合资完成，其最终控制了管道并且将分销商吸收进来成为控股公司的一部分。Waller C. Beckjord, *"The Queen City of the West"— Dining no Years!A Century and 10 Years of Service by the Cincinnati Gas & Electric Company, 1841-1951* (New York:Newcomen Society in North America, 1951), 19.

15.Cong.Rec., 591th Cong., 1st Sess., S6456 (May 7, 1906)。商品条款最初是这样向参议院汇报的："公共运送方运输的物品或商品为自有或者拥有其中的利益，这都是不符合法律的，不包括其自身运营所需要的物品并且不能用于销售。"(ibid., S6461) .

16."标准石油公司或者其拥有的管道是否属于公共运送，除非将生产与运输进行分离，不然（赫本）修正案就没有实际价值。他们可以规避规则，因为他们在运输自己的物品，如果不用规避，那么试图制定其运输自己物品费率的作用又是什么呢？怎么解决真正的问题呢？" Cong.Rec., 59th Cong., 1st Sess., S9108 (June 25, 1906).

17.Cong.Rec..59th Cong., 1st Sess., S9252 (June 26, 1906)。奥斯卡·吉莱斯皮（Oscar Gillespie，得克萨斯州民主党）用简短的发言总结了参众两院在石油管道和商品条款问题上的意见，他的发言或许最可以代表国会在石油管道立法问题上的进程："议长先生，我想记录下我的反对意见，我反对将石油管道排除在将运输途中的产品所有权从生产者手中拆分出去的提议之外。我认为我们不应该做出这种例外的决定。但是议长先生，我认为这份报告是不同各方达成的最好的妥协方案，因此我会投赞成票。(掌声)" Cong. Rec., 59th Cong., 1st Sess., H9584 (June 28.1906)。由此，众议院同意了参议院的意见，通过了将石油管道从商品条款中排除出去的妥协法案。

18. 其后所发生的事情与1906年以后的行业历史不同——亚瑟·约翰森（Arthur Johnson）的《石油管道和公共政策》已经描述了那段历史。但这部分讨论的是交易成本经济学视角下，赫本修正案之后的美国石油管道行业——特别是行业内的交易如何处理公共运送与特定联系下的管道的矛盾。这部分历史资料，除非有另外的注释，都是引用约翰森著作的69-77页、97-98页、145-50页、199-206页、217页、269页、286-87页、367-68页。

19.1910年的曼－埃尔金斯法案（Mann-Elkins Act）将ICC的管辖权扩大到了其他一些领域。管道行业需要指派一名驻华盛顿代表接收各种通知。曼－埃尔金斯法案同时授权 ICC 根据自己的意愿进行费率调查，毫无疑问州际商业法案第 13 部分允许其这么做。Frank H. Dixon, "The Mann-Elkins Act.Amending the Act to Regulate Commerce." *Quarterly Journal of Economics* 24. no. 4 (Aug. 1910):593-633.

20. 曼－埃尔金斯法案创立了美国商业法庭处理法律程序的简化问题，商业法庭接受 ICC 提出的上诉，减轻了由于 ICC 方面而引起的联邦地区法庭的负担。

21. Johnson, *Petroleum Pipelines and Public Policy*, 77.

22. 标准石油公司由于其运输垄断拒绝通过其下属公司运输任何石油，除非通过其自定的条款将石油出售给公司及其下属企业。由此，公司成了石油的控制者，而不需要拥有它们，并且使得来自不同所有者的石油跨越半个大陆进行国际贸易，但是标准石油公司必须自己进行运输。(234 U.S. 548 [1914], 559).

23. Splawn, *Report on Pipe Lines*, 1:62.

24. 从实际的目的上讲，商品条款中的拆分要求独立管道公司不能附属于托运人或者拥有其运输的石油。

25. Wolbert, *U.S. Oil Pipe Lines*, 15.

26. 斯波罗恩同样在其总结中建议进行联邦天然气管道监管。*Splawn. Report on Pipe Lines*, I :lxxviii-lxxix.

27. 美国石油协会（API）是一个石油管道贸易协议组织，ICC 的估值办公室请求其在 1934 年的管道费率制定估值调查中提供帮助。ICC 的估值办公室没有专门的统一会计体系，花费十几年选择了"专用管道系统"用来开发库存表格、管道公司调查以及再生产和成本数据替代计算。从某种意义上说，即使得到了 API 的帮助，ICC 的石油管道会计依然很模糊。

28. 正如约翰森指出的那样，流行的观点认为阿诺德利用埃尔金斯案作为反托拉斯的大问题的一部分，并不是只是为了在法庭上起诉。见《Petroleum Pipelines and Public Policy》291 页。阿诺德是个很重要的人物，他在富兰克林·罗斯福总统新政期间再一次恢复了美国反托拉斯行动。我后来的同事阿尔弗雷德·卡恩告诉我，他作为一个司法部门的年轻助理，是如何有机会在 1940 年见到伟大的瑟曼·阿诺德——当时其与石油公司的斗争正处于高潮——并且得到了在国会委员会前作证的批准。阿诺德问卡恩作为一个年轻人（卡恩当时 23 岁）他是否愿意并且准备好在国会面前作证。当卡恩作出肯定回答的时候，他清楚地记得当时阿诺德当时在会面过程中没穿鞋子，连裤子也没穿（明显是送去烫了）。

29. 完整的一致性法令在沃尔伯特出现了。参见 American Pipe Lines, app., 165-69 页。法令的签字方包括 20 家主要的石油公司，22 家管道公司，7 家主要管道公司的附属或者下属公司。不久以后的 1943 年，司法部长助理阿诺德作为司法部反对石油管道公司的主要骨干，被罗斯福当局任命到联邦法院的职位上。随着阿诺德的离开，司法部针对石油管道公司的热情也消失了。一致性法令直到目前依然被认为是一个草率的事件。

30. 他继续说道，管道是"石油钻井与炼厂之间不可缺少的连接（除了陆上和离岸的钻井）。……对运输设施的控制使得主要公司可以将其炼油厂建在市场区域，并且将大部分独立炼油厂挤到油田的边缘或不令人满意的位置。"Rostow, National Policy for the Oil Industry, 57-58.

31. Ibid., 58.

32. "（ICC 和）法庭都需要考虑到现货和合同运输不提供'相似和及时的服务'，并且无法'在非常类似的情况和环境下'形成，这在事实和法律上是否可以成为费率系统合理的基础。"Rostow and Sachs, "Entry into the Oil Refining Business," 909.

33. 沃尔伯特在20世纪70年代结束了他的职业生涯，他是壳牌石油公司的副总裁与总顾问。

34. Wolbert, American Pipe Lines, 10-12.

35. Cookenboo,《Crude Oil Pipe Lines》。他的书中包含了他在麻省理工学院发表的博士论文，回顾了以前的几本书并且自己做了总结。他认为独立炼油厂应该"在不依靠一体化公司运输设施的情况下"获得原油，并且"最好需要一个强制的合资企业系统，包括所有的大小公司，只要其愿意支付起初的费用"（167-68页）。库肯博在麻省理工学院研究了莫里斯·阿德尔曼，后者在后来成为康奈尔大学的阿尔弗雷德·卡恩的主要对手，当时石油公司与天然气分销公司在井口天然气价格取消监管的问题上争论激烈。

36. 的确，扎祖和卡恩都认为罗斯托的建议与公共运送的限制不一致，并且他们提出了自己的问题："管道和炼厂建设和运营的经济学要求管道与石油公司的炼油和分销计划有效融合起来。"参见 De Chazeau 和 Kahn 的《Integration and Competition in the Petroleum Industry》345页。在附带的注释中，他们看到"独立管道运营商和炼厂或者原油供应商之间基于长期协议而形成的合同性一体化（比如由罗斯托和沙赫鼓励的）是绝对弱势的。"的确，公共运送根据自己可能的偏好与一个用户签订特殊条约而忽略其他应该受到公平对待的潜在未来托运人，这种情况并不是确定的。

37. 从30年后看，司法部在一致性法令有效的情况下对取消价格上限压力的削减作出了评论，其在 FERC，即管道的新监管者面前作证时说："不幸的是，无论管道的股权债权资本结构如何，股息都被限制在了总价值的7%。为了应对这种情况，行业的债务融资从1941年快速提高……（到1978年），债务融资过重而权益收入很小的情况非常普遍，债务权益比达到90∶10甚至更高。这种方式大大提高了总资本的回报。"Statement of the Department of Justice, presented by Donald A. Kaplan, chief. Energy Section, Antitrust Division.FERC Docket No. RM-78-2.Valuation of Common Carrier Pipelines (Oct. 23, 1978), 16-17.Hereafter, "Kaplan (1978)."

38. Blaise Ganguin.Fundamentals of Corporate Credit Analysis (New York:McGraw Hill, 2005), 178.

39. 石油管道公司债务的担保方如今还是美国石油管道的用户，尽管 FERC 公布了更加透明的业务成本费率公式,但这种行为已经不是出于逃避一致性法令限制的动机。

40.Wolbert 的《U.S. Oil Pipe Lines》243 页。沃尔伯特讨论了合约中的"绝对责任条款"。在这种条款下,"无论在任何情况下,即使管道无法运作,或者在一般商业条款中适用不可抗力免责条款的情况下,如果管道公司没有足够现金支付债务的本息以及其他的负债费用,那么托运方必须支付现金'差额支付'以弥补差额。"(ibid., 243-44)

41. 比如,一条管道会在费率上形成一个高峰期。为了保证在高峰期拥有足够的运能份额,托运人必须在非高峰期保持一定的运量,以便获得 12 个月的平均运量作为计算高峰期运能份额的依据。这种政策的类型并不一定对关联托运人有利,但对长期托运人有利。

42.Johnson, *Petroleum Pipelines and Public Policy*, app.A.

43. 在 21 世纪早期,很多美国石油公司从传统的合资企业,转型成公开有限合伙制(MLPs)、有限合伙制(LPs),以及有限责任公司(LLCs),其在美国法律中都拥有税收优势。参见 Christopher J. Barr 的《Growing Pains:FERC's Reponses to Challenges to the Development of OilPipeline Infrastructure》,引自 2007 年《Energy Law Journal》28 卷 1 期 61-64 页。

44. 尽管 ICC 从来没有管道会计方面的监管权,但是 ICC 创建的估值方法成了费率一致性法令的焦点。ICC 在 20 世纪 40 年代中期创造的估值方法对行业和石油管道用户隐藏了 30 多年。直到 1978 年,ICC 会计办公室的估值工程师杰西·欧克在 FERC 的调查程序中揭示了 ICC 如何进行这种估值。司法部此后强烈批评了这种"欧克方法",认为其主观、循环论证,并且有内部矛盾。见 Kaplan (1978)。

45.Anderson and Rapp, Competition in Oil Pipeline Markets.2.

46.Kaplan (1978), 9.

47. 在大量的诉讼之后,FERC 在费率制定基准上放弃了 ICC 复杂的"欧克方法",在 1985 年采用"原始趋势成本"(基于委员会的天然气管道费率基准方法)。参见 31 FERC 61,377 at 61,832 (1985)。

48. 当时,有很多人认为应该简单地取消监管,因为监管在石油管道行业中明显没有效率,并且认为应该取消 227000 英里的州际石油管道的监管。参见 Leonard L. Coburn 的《The Case for Petroleum Pipeline Deregulation》,引自《Energy Law Journal》3 卷 1 期 225-72 页。第 5 章描述了非传统方法,包括 FERC 最后采用的基于市场的监管费率。

49.TAPS 由五家一体化石油公司拥有:BP、康菲、埃克森美孚、科赫,以及优尼科。

50.FERC Opinion No. 502 (123 FERC 61,287), June 20, 2008。理查德·拉普(Richard Rapp)和我为阿拉斯加州在 2006 年末举行的听证会上作证。这个案例关于 1985 年协议的费率,其中我们后来的同事赫曼·罗斯曼(Herman Roseman)和布鲁斯·奈特切特（Bruce Netschert）为美国司法部作证。Trans Alaska Pipeline System, 33 FERC 61,064. reh'g denied, 33 FERC, 61,392（1985）。总之，问题就是大约在4美元/桶的"协议"费率是否应该继续，或者是否应该用大约2美元/桶的基于新成本服务研究的新费率取而代之。FERC赞同独立托运人以及阿拉斯加州，并且降低了费率——这个结果经受住了管道公司发起的长期的诉讼，2010年，美国哥伦比亚地区巡回上诉法院作出了最终的决定（No.08-1270, 决定于2010年12月3日）。

51. 使用费根据石油市场价格减去从北坡（North Slope）到瓦尔迪兹海运终端的运费计算。

第7章 私有运送下的交易：1938年的天然气管道监管

在21世纪的第一个10年，无论人们如何谈起竞争性的天然气定价，大家讨论的焦点都聚集到路易斯安那州伊拉斯城亨利中心的现货价格。亨利中心的设施属于萨宾管道有限公司，与其连接的有9条州际管道和4条州内管道。其价格是纽约商品交易所（NYMEX）天然气期货交易的基准价格。公海上的液化天然气（LNG）价格，欧洲和澳大利亚的复杂套利定价机制，以及俄罗斯对东西伯利亚天然气——尚未开发，将来供应北京和上海——价值的研究最终都会以亨利中心的价格作为参考，尽管其相隔半个地球或者在几百英里之外的海上。为什么呢？因为亨利中心是活跃的北美洲天然气市场的中心——全世界唯一一个以竞争性现货和期货价格交易的天然气商品市场。[1]

只有当美国天然气管道体系发展并支撑起天然气运输权市场的时候，亨利中心才能够形成——管道体系的发展在2000年达到了高峰。点对点的运输权形成了活跃的网状交易（权利定义明确，所有者可以自由买卖）。在新建管道方面也存在着激烈的竞争（包括创造点对点运输权）。管道体系中管道的使用和扩张存在竞争，而且成本和运能都非常透明。另外，管道所有者制定的价格受到监管。管道用户按照成本费率支付，新管道的建设必须获得联邦执照，并通过传统"经济需求"的监管检验，监管者竭尽全力保证天然气运输市场的买卖双方可以获得足够的信息。

而在65年之前的1935年，已经较为发达的美国天然气系统纵向一体化程度很高，由几大州际公共事业控股公司控制。这些公司不对外界公开信息，不受联邦政府监管，并且由于其反竞争以及利用高风险的金融工程手段进行并购，被广泛认为是公众丑闻。但是与石油管道行业一贯的纵向一体化不同，在65年的天然气管道运输行业发展过程中，出现了运输权的科斯谈判，并形成了全世界唯一的竞争激烈并且公开透明的天然气市场和同样活跃的期货市场。

7.1 不受监管的交易：天然气管道的纵向一体化导致了1935年的控股公司法案

1936年，艾默瑞·特罗克赛尔（Emery Troxel）研究了长距离天然气管道的成本和组织方式。他注意到，除了缺乏任何价格和服务的联邦监管，也没有联邦或州立的机构收集天然气管道建设的数据。并且，在天然气运输、本地分销或者产地运输之间没有明确的分界点。尽管如此，他使用了行业报告和投资咨询服务中公开的数据，发现超过60%的天然气主干管道由全国5个最大的公共事业控股公司控制。[2] 其他行业分析发现，到1935年，美国大约80%的天然气管道属于9家主要的控股公司体系中的一部分，在天然气生产和分销中存在广泛的纵向一体化。[3]

当时的投资分析将纵向一体化看成是行业的优势，几乎不讨论其他形式的组织方式。[4] 天然气管道和生产商之间相互的依赖在一定程度上造成了控股公司的结构，并且在运输设施行业信息流通不畅的情况下，就需要形成复杂的行业内关系，这进一步加强了控股公司的结构。州际天然气管道表现得尤其明显，在监管真空的情况下，没有机构负责收集和出版数据。

20世纪20年代和30年代美国电力和天然气行业广泛采用的公共事业控股公司结构造成了一些混乱，包括提高子公司财产账面价值，以及通过附属公司收取高昂的服务费。[5] 这些混乱形成了公共和政治事件，特别是萨缪尔·伊索尔（Samuel Insull）的公共事业控股公司帝国在1931年年末和1932年年初垮台之后——与70年后安然公司突然垮台后造成的争议差不多。[6] 控股公司滥用权力涉及特许权的顶层控制：他们允许顶层获取超额收益，而底层存在巨大的金融风险，只要特许权监管稍微不到位就会发生崩溃。20世纪30年代之前，电力和天然气公司不接受联邦监管，而州委员会也没办法有效监管控股公司的组织方式。许多州委员会对财产和股权的收购、合并和整合没有法律上的控制权。有些委员会在监管控股公司这些活动的时候拥有间接的监管权力，但是委员会并没有行使这些权力。特罗克赛尔说道："（州委员会）并不缺乏监管权力，而是缺乏感知力和对公众的强烈责任感及活力。"[7]

1928年2月，参议院要求联邦贸易委员会（FTC）展开对公共事业控股公司的调查。FTC在1934年和1935年出版了全面的大报告，一共有96卷。报告显示，美国超过半数的天然气产量以及超过四分之三的州际管道由11家控股公司控制。其中4家最大的公司控制了58%的天然气管道。控股公司还扩张到了天然气、电力、石油和煤炭领域。FTC报告强调控股公司进行了很多破坏市场的行为，包括对天然气产区进行垄断控制,对城市门站的天然气价格(批发价)施行不合理的歧视,在天然气企业中展开金字塔式的投资计划,关联公司交易产生巨大的利润,资产膨胀,炒作股票,以及对其财务状况进行欺骗。[8]

国会在 1935 年通过公共事业法案应对控股公司滥用市场权力的行为。[9] 法案第一章(即公共事业控股法案,PUHCA)将公共事业公司的股权归到证券与交易委员会(SEC)的管辖之下,作为管辖权的一部分,SEC 也拥有了简化控股公司结构的权力。SEC 开始邀请控股公司自愿递交其改组计划;如果各公司在 1940 年之前无法说明其继续存在的合理性,SEC 就会启动正式的拆分程序。[10] SEC 的目标是希望在单个地区建立一体化的分销系统,并保证控股公司的力量不会强大到可以损害地区公司的管理运营,或是监管。[11] 最终,天然气管道和地区分销商之间的界线被明确划分出来,而在一些控股公司内部这些界线很模糊。

特罗克赛尔极力描绘了控股公司法案非同一般的本质("这是最严格、最正确的立法,完全针对美国的行业,对症下药")。[12] 他认为 SEC 紧接着的强制性作用就是针对纵向一体化的控股公司的办法。[13] 国会通过了控股公司法案,逐渐制止了天然气管道和分销商之间的纵向一体化。因此,控股公司控制的州际天然气管道从 1935 年的 80% 下降到 1952 年的 18%。[14] 用目前欧洲流行的术语来说,这是管道历史上最全面和最有利的公司拆分。在此之后,进行专用性投资的公司之间的关系几乎都变成了合同关系。1935 年并没有天然气管道/分销商之间的标准合同。但是,当 SEC 在 20 世纪 40 年代开始施行法案的时候,国会提供了一套标准合约(以管道监管的条件和条款的形式),并将其作为 1938 年天然气法案的一部分,天然气法案由 1935 年公共事业法案第三章发展而来。

同之前的赫本修正案一样,控股公司法案是一项严格的法律,国会通过这项法案使其不再逃避处理美国公司之间内部复杂结构的问题。赫本修正案当时在国会很流行,公众对标准石油公司掠夺性行为的反应推动了法案的通过,西奥多·罗斯福政府谨慎地策划了这个行动,确保 ICC 的监管范围可以扩大到石油行业。但是公共事业控股法案的干涉程度更强,因为其要求对美国公共事业进行前所未有的结构调整。国会在听取了 FTC 详细的报告之后,允许 SEC 对主要的基础设施行业进行内部结构的重组。这是国会最后一次忽略行业内部广泛的反对意见,并对州际管道的组织结构采取大规模的行动。

7.2 1938 年天然气法案

1938 年的天然气法案是一项不同寻常的法律。与 1906 年赫本修正案明显不同,它特别在监管中放弃了受铁路启发的公共运送监管模式。国会授权联邦电力委员会（FPC，FERC 的前身）将州际天然气管道作为公共事业进行监管：特殊的监管处理，对新管道发放执照，并且为占大多数的地区分销商获得服务提供方便。联邦政府改变监管方法受到了各州监管各自设施的经验的影响。[15] 但是，同 20 世纪 40 年代末管道新发展同等重要的是，形成了不同的会计、管理和组织机制，它们构成了美国公共事业监管未来的基础，这些都是在大萧条与二战期间天然气管道暂停修建期间演变而来的。

7.2.1 法案的立法过程

控股公司法案的第一个草案由众议员萨姆·雷本（Sam Rayburn）（得克萨斯州民主党）起草的，他的委员会要求对控股公司进行调查。[16] 草案在 1935 年初成型，包括了 3 个部分：第一部分关于控股公司（后来发展成为控股公司法案）；第二部分关于州际电力运输的联邦监管[17]；第三部分建议对天然气州际运输施行公共运送。第三部分并没有包含在最后通过的法案之中。在参议院辩论的记录中，并没有明确记录为什么第三部分被省略的原因，但是可以明确的是其缺乏强大的选民支持。[18]

第三部分激起了天然气管道公司强烈的反对，主要因 4 方面：(1) 公共运送的状态及其附带的义务；(2) 为全部地区的新管道发放执照的法规；(3) 基于成本的管道监管费率；(4) 天然气管道公司向工业用户出售天然气需要受到监管。在公共运送下，管道公司并不知道，如果他们有义务向所有用户开放的话，他们如何才能为地区分销商提供稳定的服务。的确，FTC 在给国会的报告中承认，天然气行业与其他公共运送行业存在结构上的差异。在 FTC 报告的帮助下，天然气管道行业强烈反对公共运送，因为这与其运营以及对天然气用户的承诺产生矛盾——特别是那些有着大量住宅和商业用户的天然气分销商。

关于第三部分对全部地区发放执照的要求，天然气管道公司表示反对，历史上发放执照的目的在于限制竞争，以便支持高效的运输服务。根据这种思路，只有当新管道需要进入已经拥有管道服务的地区时才应该发放执照。他们还反对 FTC 的历史成本定价法。石油管道当时正依据"价值"标准受到 ICC 的监管，这个标准并没有严格限制石油管道的定价，而有些行业的成本标准更严格。[19] 最终，天然气管道公司发现工业天然气销售市场的竞争性很强。他们认为没有必要对天然气在工业市场上的销售进行价格监管。1935 年议案的第三部分显然包含了争议性的内容，引起了合法行业的担心。参议院将第三部分剔除并不令人意外，其争议性会妨碍针对控股公司的第一部分和第二部分的紧急立法活动。

1936 年 5 月，加利福尼亚州共和党，商业委员会主席克莱伦斯·F. 李（Clarence F.Lea）提出了与原先控股公司议案第三部分相似的议案。李的议案概括了 FTC 对高压州际天然气管道的监管。议案再一次要求授权 FTC 制定公正合理的费率，以便消除州际商业中高压天然气管道不合理的费率差异。在此议案中，FTC可以根据高压天然气管道"实际合法成本"调查来决定天然气管道的服务成本，包括天然气管道服务中使用的所有资产的原始成本。[20]议案认为，可以要求天然气管道公司将服务延伸到可以"立即"获得管道连接的社区，但是不能将设施以损害现有用户利益的方式进行扩张。[21]

考虑到各州监管者的担心，李的议案包括了一项特殊法令，将低压管道天然气的销售监管排除在FTC的权力之外。因此，该议案受到了各州监管者的支持，而他们曾经反对1935年议案的第三部分。但是，李的议案依然没有涉及管道利益的执照问题、天然气管道的建造权问题，以及托运人以及各州监管者关心的特殊财务控制问题。在这些问题得到解决之前，国会在1936年休会。

当国会在1937年重开的时候，众议院出现了两份类似的议案，都希望再一次对天然气管道施行公共运送监管。他们认为，如果管道为第三方运输天然气，并且在管道公司购买天然气再出售给分销商和其他人的时候，如果没有在气田设定不公平的价格歧视的话，那么管道就可以被认为符合公共运送。议案同时要求管道公司有义务为希望将其管道接入干线管道的组织提供服务，这进一步加强了公共运送的要求。议案得到了城市联盟的强烈支持，联盟由100个中西部城市和城镇政府组成。该联盟在20世纪30年代中期为天然气管道监管进行了有组织的游说，但遭到了管道公司的激烈反对。议案要求管道公司履行连接新用户的公共运送义务，这会损害现有管道用户的利益；另外，议案没有包含限制管道竞争的法规。[22]

为了应对公共运送和执照问题的争议，众议员李在1937年提交了一份经过大幅修改的议案。[23]新的议案将监管的权力给予FPC而不是联邦贸易委员会（FTC）。第一，新的议案承认，负责监管竞争性市场以及强制执行反托拉斯的机构并不适合监管垄断特许权的任务。第二，议案将终端工业销售（与向天然气分销商转手出售区分开来）排除在联邦监管者的管辖权之外，这样就消除了管道公司主要的担心。第三，议案包括了关于会计监管与成本决定的修改，管道公司对此没有表示特别的反对。第四，或许是最重要的，议案出现了一个新的部分，第七部分（c）说明如果市场中已经存在管道服务，而且新管道要进入同一个市场时，FPC才需要发放执照，这项规定显然保护了州际管道免受管道相互之间的竞争。

尽管议案考虑到了管道公司的需要以及城市联盟的需求，但是它在两个团体之间却造成了问题。管道行业喜欢修改后的版本，特别是第七部分（c）关于新管道进入已有管道服务地区需要获得执照的部分，他们对议案表示支持。行业发言人，纽约律师W·A·多尔蒂（W.A.Dougherty）说道："我们认为，总体上来说是个不错的监管方案。"[24]但是，城市联盟希望对输往城市的天然气制定价格上限，并且促进管道间的竞争，以便获得更低的价格和更好的服务。李不同意这个看法，他认为天然气生产商和用户不能两者兼顾。他坚持认为FPC对天然气分销市场进行监管比没有监管要更好,他说道:"这就是监管,对公共利益的垄断控制。"[25] 他的观点得到了认同,并且参议院和众议院在没有显著争议和修改的情况下,在1938年6月1日通过了天然气法案。

7.2.2 法案的主要特点

天然气法案的23项条款大部分关于程序、法律、惩罚以及其他事项,并没有涉及管道如何与生产商和托运人进行交易。但是法案中有很多部分确实与其他任何内陆运输的联邦监管法案不同。有些部分照顾了大部分选民,比如各州或者管道行业。其他部分反映了从国会通过1906年赫本修正案对管道施行立法监管30年来,在公共事业监管方面取得的进步。

为满足州利益而限制联邦权限。第一部分(a)将天然气管道作为公共利益——换言之,其认为该行业需要受到某种形式的监管。[26] 国会在第一部分(b)中明确了法案的适用范围,"天然气地区分销商,或者为这种分销提供服务的公共事业公司,以及为生产和集中天然气的管道不受法案约束。"[27]

为满足现有天然气管道用户而拒绝施行公共运送公共运送继续成为令人非常感兴趣的主题。如同铁路和石油管道一样,国会也辩论了是否对天然气管道施行公共运送监管。这次,法案对天然气管道明确拒绝施行公共运送义务,而采用了私有运送。[28] 第七部分(a)认为委员会"不应该获得授权,迫使运输设施为此类目的进行扩张的权利,或者强迫天然气公司在可能使得现有客户受损的情况下建立管道连接或者出售天然气。"[29] 从本质上看,委员会不会给予现存的和新的管道用户同样的优先权。天然气管道公司对现有用户的承诺必须首先得到保障。这种要求与传统的公共运送对立,也与不受歧视的第三方准入(TPA)对立,两者对所有托运人的服务和收费都保持一致。

这条法案对美国未来内陆天然气运输市场的竞争性发展起到了里程碑式的作用。这正是参议员约瑟芬·弗拉克在早期国会中赞同的那种法规。弗拉克在1906年就指出管道实际上并不是公共运送,但是在1906年赫本法案的情景下,这样的观点会被认为是对标准石油的妥协,当时标准石油尚未拆分,垄断了美国的石油行业。但是在控股公司法案之后,这种确认州际管道私有运送的法规仅仅在实际上反映了天然气分销商和其他方面对天然气供给稳定的需求,天然气管道上百万的用户会促使资本进一步流入。

为满足现有的管道而限制市场进入议案的下一个关键的经济学特征是关于潜在进入者和竞争的情况。第七部分(c)与众议员李的哲学相同,认为监管是"对公共利益的垄断性控制",该条款规定,在已经存在管道服务的市场上,FPC有权判断任何州际天然气管道进入该市场的经济性需求。[30] 该规定似乎更倾向于市场上现有的管道,并假定它们的服务成本可以并且继续比新管道更低。

(1) 制定公正且合理的费率标准。天然气法案争论中的最后一点是关于定价，国会采用了普通法中历史悠久的"公正合理"标准。[31] 尽管标准的公平合理对于外行或者应用罗马法/民法的国家来说比较模糊，但是在普通法下，它是一个被长期接受的合法解释。法规授予FPC全权调查并判定州际天然气管道公司制定的费率是否合理。

(2) 会计监管。国会在1906年赫本修正案制定之后积累了30多年的经验，并且从ICC依靠自己力量处理石油管道的会计事务失败的例子中吸取了足够的经验，它首次在联邦层面开始制定会计监管准则。天然气法案的第八部分（a）使得FPC有能力为制定费率而对会计进行控制。[32] ICC监管石油管道的历史总体上被公共运送费率在会计上的模糊性所阻碍。[33] 国会刚刚处理完控股公司，其财务上的混乱使得国会给予SEC前所未有的权力用来纠正这个问题。国会认为，疲软的会计监管使得被监管公司有机可乘。[34] FPC只用了2年时间就制定了监管会计标准，用来制定公平合理的费率，这后来就成为美国各州监管会计的主要依据。[35]

(3) 其他法规。天然气法案还包括其他法规，比如管道的废弃[第七部分(b)]，折旧的监管[第九部分（a）]，关于行政管理程序的法规[第十五部分（a）]，复审以及对委员会决议进行上诉的程序[第十九部分（a）]，以及关于FPC强制执行的权力[第二十部分（a）]。总之，法案为州际天然气管道的价格监管和准入提供了有效的框架。它解决了各州委员会、各天然气公司以及管道用户之间的利益问题，更重要的是，它依靠FPC准司法性的权力来解决问题，这是管道公司、用户和公共利益相互碰撞而形成的。

7.2.3　美国立法政治与公共运送的避免

天然气法案是在各州和天然气消费城市联盟的压力下形成的，FTC的96卷报告也起到了促进作用。他们主要担心各州监管委员会没有能力处理天然气分销商价格中可能存在的市场垄断问题。然而值得注意的是，法案同时被国会用来解决管道公司的担忧，他们认为公共运送对天然气管道来说是不可行的交易结构，市场中已经在提供服务的管道需要受到保护避免竞争。国会处理这些担忧最简单的方法就是建立监管规则，承认行业当前的结构。本质上，国会保留了行业内部的基本结构（1935年控股公司法案之后），但授权FPC进行调查，推行会计标准，判定公平合理的费率，以及对新加入者发放执照。这是当时实施监管的标准模式。作为法案的发起人，李众议员认为这是"被承认并且较为标准的监管。法案没有什么新颖的地方。"[36] 他知道他在说什么——他在进入国会之前，曾经是加州公共事业委员会的成员。[37]

一些现代的学者认为国会错过了将上述公共事业监管模式应用到天然气管道上的机会。这些学者认为应该利用公共运送的模式[38]，但是考虑到当时国会遇到的行业状况以及国会通过立法的方法,我们很难同意这一点。除了在非常特殊的情况下,比如 1935 年控股公司法案,国会一般会尽量避免对现有行业的结构作出大幅调整。在 20 世纪 30 年代,国会并不愿意依据铁路的模式,建立一个新的管道行业结构,特别是管道行业在大萧条中非常惨淡之后。进一步说,国会或者富兰克林·罗斯福政府(包括杜鲁门·阿诺德)并不认为天然气管道会像石油管道一样形成纵向一体化。

7.3 法院对于天然气法案的确认:霍普的天然气案例以及受监管财产的估值

与世界上其他地区的监管不同,特别是在普通法国家之外的地方,美国主要的监管法令在受到法庭检验之前,并没有成为政府控制私营行业的惯用方法。从这个角度上说,美国最高法院是最终的监管者。法庭主要的检验围绕着财产,即新的监管方法是否在没有宪法保护下的正当程序(以及正当赔偿)的情况下剥夺了投资者所拥有的财产的价值。天然气法案在法庭上受到的检验解决了受监管公共事业财产价值问题,并最终解决了美国经济学家在研究上一直存在的问题。

最后一部分描述了最高法院是如何用了 8 年时间克服了石油管道行业的反对(主要受到了标准石油公司的资助),并确立了 ICC 费率制定权威的合法性。在一个相似的故事中,标准石油公司又一次进行了赞助(通过俄亥俄州的下属天然气管道公司),最高法院这次仅用了 6 年时间,再一次确认了 FPC 对管道费率的管辖权与美国宪法精神一致。在第二个案例中,法庭处理的方式非常一般化并且很合理,特别是关于如何对受监管财产估值的问题,它为美国所有受监管的企业提供了判例,并且一致沿用到 21 世纪。

在关于为制定费率而确定的财产价值从何而来的问题上,最高法院在半个世纪的进程中有过犹豫。在 1898 年的判例中(史密斯诉埃姆斯案),法院判定制定费率所依据的设施财产股价应该按照"公平价值"来计算。[39] 这个判例被沿用了大约 50 年,但是对监管者造成了很大的困难,因为公平价值没有客观的定义。在现实中,史密斯案的判例使得费率的制定需要依靠原始成本与"再生产成本"之间的协调来实现。特罗克赛尔对这种规定提出了批评,认为公平价值"仅仅是一种安慰性的表达,掩盖了财产合理估值的困难,并且是为了逃避未来的责任。"[40]

1940 年,欧柏林学院的本·W. 路易斯(Ben W.Lewis)生动地总结了费率制定的"公平价值"时代,并把它称为公共的丑闻。[41] 当最高法院 1944 年对霍普天然气公司诉联邦电力委员会的案件作出判决之后,丑闻才得以结束。霍普天然气公司是标准石油公司下属的天然气管道公司，对 FPC 在 1938 年天然气法案下的首个决定提出了诉讼。随着霍普案的结案，最高法院为私有公共事业"公平合理"的投资回报设定了一个新的标准。"权益所有者的回报应该等同于相同风险下其他行业投资的回报率。另外，这些收益应该足以维持企业的财务信用，以便其获得贷款和吸引新的资本。"[42]

　　在设定收入范围方面，公共事业公司的利润（基于由会计簿记反映的投资资本）需要使用类似风险下其他企业的投资者潜在收益来衡量。霍普案确保了如果监管者将费率设定在投资者投资其他受监管行业的机会成本水平上，公共事业公司的投资不会被没收（在没有正当程序的情况下"夺取"私有财产）。判决消除了 10 多年来受监管行业资本价值的不确定性，并且为托运人的交易权利制定了可以预计的成本基础，这为后来形成天然气运输科斯市场提供了条件。

　　霍普案产生了被称为"最终结果"的理论，从源头上改变了"公平合理"要求的内容：对投资者进行价格控制的最终结果是保证财产的公平合理，获得结果的方法并不重要。最高法院法官威廉姆斯·O. 道格拉斯（William O. Douglas）撰写了主要的意见，他写道："有控制力的是最终的结果，而不是形成结果的方法：重要的不是理论，而是费率所造成的结果。如果费率监管最终的结果不能说是不公平不合理的，那么根据法案进行的司法调查就应该停止。"[43] 霍普案也就不会成为推动立法系统前进的重要案例。这在美国普通法体系中属于标志性事件，最高法院调查了一个由个人或者公司对州或联邦机构提出的诉讼案件，理由是其与宪法对财产的保护形成了冲突。

　　霍普案在公共事业监管的经济学历史中是一个标志性的事件。天然气法案结构完善，并且拥有合法的强制性会计统一体系，这意味着管道的联邦费率监管变得高度稳定并且可以预见。那些经历过这些事件的经济学家争相记录其重要性。在霍普案过去没多久，许多经济学家就开始对其在费率监管上的深远影响大唱赞歌。特罗克赛尔的贡献在于强调了监管价值研究的无目的性，而不在于补偿收益。[44] 马里兰大学的伊莱·克莱门斯（Eli Clemens）在对霍普案的赞美中又进了一步，把它称为受监管价值法律理论的根本性进步。[45] 哥伦比亚大学的詹姆斯·本布赖特（James Bonbright）是一个被学者认同的财产估值的理论和实践专家，他把此案称为"美国法律历史中最重要的经济学宣言之一。"[46]

　　本布赖特的看法并不夸张。在 20 世纪 20 年代到 30 年代期间，经济学家与法律学者对受监管公共事业如何估值的问题头痛不已——甚至有观点提出公有制可能是解决受监管公共事业"公平价值"经济学定义空白的唯一方法。[47] 本布赖特与许多著名的经济学家、法学家、会计学以及金融学家一起研究了这个问题，并获得了哥伦比亚大学社会科学研究评议会的资助。他的所有努力，以及他在 1937 年出版的两卷本《财产估值》，说明本布赖特成为 FPC 在霍普案诉讼中当然的见证者。根据这个案例，美国的受监管公共事业财产估值的基础理论基本定型。到1960年，本布赖特可以认为，"所有专家"都基本同意，财产估值中，受监管收入的部分与不受监管领域的估值方法不同，并且最高法院为什么用了半个世纪解决问题的原因只是因为"历史原因。"[48]

从最后一点来看，本布莱特是不正确的。只有北美的经济学家这么认为——而且也只有经历过从合理估值向合理资本收入转变，并成为费率监管一部分的那些人。[49]当管道开始在20世纪末进行私有化的时候，霍普案的研究被很大程度上遗忘了。在英国和澳大利亚，公共事业的基本监管再一次将财产估值作为费率的基础，而不是投入资本的合理收益率。阿根廷半途而废，虽然将账面资本作为最为合理收入的依据，但是政府在2002年初对财产进行了征收，彻底废弃了之前的努力。

7.4 管道交易公共事业模型的问题

天然气法案放弃了公共运送，并且将管道作为可交易的设施——作为地区天然气分销公司为"城市门站"（与州际管道连接）的全部服务提供商。州际天然气管道公司负责建造并运营管道，运营仓储设施，并且向气田购买天然气，然后根据成本转卖给天然气分销商或其他公司。这种类型的公共事业监管对能源分销垄断来说效果很好。但是，州际管道公司为了满足战后天然气不断增长的需求，在获取FPC新管道执照的过程中产生了竞争。管道公司需要保证天然气区块用来满足那些未来拟建的管道，正是这些执照的竞争，使得天然气分销商以及消费天然气的各州对管道公司产生了不满，认为他们对迅速上升的天然气价格并不敏感。天然气消费者的代表认为，管道公司作为天然气的买方，只能获得运输的投资收益，相对于不受监管的市场来说，这很大程度上削减了其价格敏感性。

消费天然气的各州（以及他们的天然气分销商）在生产商反对的情况下，使最高法院和FPC相信，允许管道公司直接与生产商谈判并且向远方的天然气用户出售天然气会产生令人无法接受的后果。于是，最高法院在1954年要求FPC监管井口的天然气价格，FPC在1965年更进一步在分销商的建议下选择了复杂的双层方法。这段时间内诉讼不断，大量经济学家要求国会通过新的法案放弃对天然气价格的监管，或者要求FPC将产地的价格提高。

管道公司为了获得新管道的执照，在自由市场购买天然气的问题是法庭和FPC无法回避的。但是简单的价格监管也不是长久之计，这样只会使得天然气生产商和分销商（以及他们各自的经济学家）陷入长期的行政管理诉讼之中，对保持这种复杂且不确定的燃料市场的发展没有好处。最终——或许不可避免地——管道公司集体陷入了财政困境，使得FERC在20世纪90年代通过行业救助获取"自愿"的管道使用权。

那些花费大量时间在FPC、法庭以及最后的FERC面前提出申诉的公司在这些年提出者的重要申诉伴随着一系列复杂发展中的事件。这种复杂性对外人来说很神秘，并且解释起来非常使人厌烦。但是问题的基本原理非常简单：半竞争性的受监管管道公司，只能通过其受监管的运输投资获益，显然不会为了分销商的利益为天然气的购买负责，特别是在有长期合同垄断的流动性较差的市场中。问题是显而易见的（短缺、过剩、重大的诉讼、财务失败，等等）直到那些分销商可以自己从气田购买天然气，并且与管道公司签订内陆运输服务的合同。

在天然气法案中加入对行业有害的交易监管方案，这并不能全部归咎于众议员李。到20世纪30年代，公共运送已经很明显地不适合于独立的管道行业，并且公共事业模型是唯一已知的替代品。对于建立透明且有竞争性的管道运输业务所必需的交易来说，当时没有相关的经验——这种类型的市场还没有被科斯用十分准确的经济学语言描述出来。那种经验只可能通过生产商、管道公司、分销商在20世纪50年代中期到世纪末的这段时期中不断地激烈碰撞才可能获得。

如果将那些年发生的时间编成一幕幕戏剧的话，从1938年的私有运送监管到2000年的竞争性合同管道运输的转变过程，可以分成4个里程碑。第一个是最高法院拒绝将天然气法案解释为管道公司可以在没有监管的情况下，随意与天然气供应商签订协议以锁定客户。第二个是生产商与分销商之间长期的争端，是否对管道方购买的天然气放开监管——最终分销商获得了胜利。第三个是在20世纪70—80年代管道公司遇到的困难，他们作为天然气购买方面对着不断变化的天然气市场，而国会则犹豫不决地试图放松价格控制。第四个是管道公司获得的部分市场援助，使得他们"自愿地"用通过使用权公开的运输合同将天然气销售的义务转让给了天然气分销商。

7.4.1 最高法院要求FPC监管天然气井口价

从公共选择的经济学角度上说，天然气法案解决了一系列紧急的政治问题，并且在其通过后的10年中这些问题大部分都成为了历史。法案为州际天然气管道监管建立了高效的基于成本的监管方法，迄今为止依然有效。但是，法案并没有解决几个天然气管道公司为获得新管道的执照而购买天然气以锁定分销设施的问题。这项行业监管的基本立法在美国很有生命力——的确，天然气法案在21世纪也基本保持了完整。法院解决了法案在市场中低效的问题，并且为对立的利益集团搭设了斗争的平台，在后来的几十年中引发了竞争性的科斯天然气运输发展。

考虑到国会在20世纪30年代采取措施阻止公共事业控股公司进行压迫性定价，最高法院也会如人所料地用天然气法案扩张FPC的权力，来监管与州际管道公司有关的公司购买天然气的行为。但是，最高法院在接下来主要的天然气案例中所作所为显得更加激进。在著名的菲利普石油公司诉威斯康星州的案件中，法院指定 FPC 对所有天然气价格施行监管，甚至对那些管道公司和生产商相距很近的天然气同样如此。菲利普石油公司在最高法院面前试图主张，只有管道监管才受天然气法案约束。但法庭并不同意，法庭认为如果这是国会的意图，那么就不会在第一部分（b）中分别提出"州际商业的运输"与"在州际贸易中出售天然气并再度转手。"[50] 这个案件被发回 FPC，并要求对所有出售给州际管道公司的天然气价格施行监管，因此造成了后来 40 年中争议不断。

菲利普案后来遭到了大多数经济学家和法律学者的强烈批评，很显然，联邦价格监管的施行无法跟上供给和需求在相对波动和不确定的天然气市场中的变化。理查德·皮尔斯（Richard Pierce）将其评论为"臭名昭著"。[51] 其他人的观点相对没有那么激进。史蒂芬·布莱耶（Stephen Breyer）和保罗·麦克沃尔（Paul MacAvoy）将最高法院的逻辑形容为"不是完全不合理"。[52] 菲利普案的很多批评意见都是短视的，因为它们没有考虑到在长期合同的条件下放松天然气销售的监管会使得天然气公司控制天然气分销商，从而产生问题。当前任加州监管者，众议员李发起基于公共事业监管原则的天然气法案的时候，并没有足够的理由不给予国会考察运输和天然气价格的权力，因为那些管道公司也出售天然气。除非国会希望将天然气运输与天然气市场完全分开，这是 50 多年后才形成的动作，它在当时不可能不授权 FPC 调查所有管道公司的采购行为——无论是购买物料、人力或者天然气供给。对物料和人力，FPC 和其他机构可以根据运行良好的市场判断管道公司是否支付了合理的价格。但对于用长期协议购买的天然气，情况就不同了。从这个角度看，最高法院对于菲利普案的判决是合理的，并且可能是不可避免的。

在受到监管的体系下，天然气分销商可以更好地从州际管道公司购买天然气——一旦管道连接上之后就会被长途运输管道的本质限制住——必须有人对管道公司支付的成本进行合理性的判断。的确，天然气分销商与生产商后来的争端表明了这些交易是多么令人怀疑，特别是当管道公司相互竞争购买天然气源以便在 FPC 面前获得新管道执照的时候。

7.4.2 执照的竞争，扭曲的天然气市场以及压力集团

对地区性的天然气分销商来说，对新设施发放执照不会引起争议——因为那些分销商是各自城镇唯一的天然气供应商。对长距离管道来说情况就不同了，随着天然气市场的扩大以及天然气田的枯竭，从产地到市场的运输路径在不停地变化。当管道建设在 20 世纪 40 年代末再度开始的时候，一些现有的主要管道公司加入了长途天然气运输管道的建设。FPC 需要为这些建造新管道的公司发放执照。管道公司只有在需要进入已经存在现有管道的市场的情况下才需要申请执照。但在 1942 年，国会修改了天然气法案，要求所有天然气管道的建设、扩张以及收购都需要执

照。[53] 为获得执照而展开的竞争开始变得激烈起来。

到20世纪50年代末,一些经济学家明确意识到获取执照的压力已经影响到了天然气供给批发的议价动力。罗德岛大学的乔尔·德兰姆(Joel Dirlam)在1958年认为,对天然气源的需求必定没有弹性,因为管道公司需要累积储备天然气量以获得执照,分销商将作出供应承诺,以及天然气作为烹饪和取暖燃料的不可替代性。[54] 阿尔弗雷德·卡恩在1959年在为一个由于FPC天然气价格监管造成的案件作证时,明确表示执照发放对天然气管道公司进入新市场存在影响。[55] 需要执照建造新管道的天然气管道公司需要证明其拥有足够的天然气来源。卡恩认为,问题在于气田"上游"的价格压力是为获得证明(比如执照)而必须找到可靠气田的压力所造成的。[56] 对卡恩来说,管道公司必须找到新的气源以获取执照的压力使得生产商在合同谈判中处于优势地位,而在其他情况下这种优势并不存在。FPC最终相信发放联邦管道执照会扭曲天然气田的长期协议价格和行为。[57] FPC在1965年采纳了天然气分销商的建议(首次出现在卡恩1959年的证词中),对天然气价格施行"新价格"和"旧价格"。这种区分试图刺激对新天然气足量供给的勘探,同时限制现有天然气的价格(即超过成本的"经济租")。[58]

但是,天然气生产商对FPC的办法非常不满,虽然他们曾经在国会和FPC面前都极力推动放松井口天然气价格的监管。保罗·麦克沃尔将市场中生产商的看法表达了出来,麦克沃尔来自耶鲁大学,是MIT莫里斯·阿德尔曼(Morris Adelman)的学生,他见证了卡恩与生产商在FPC定价过程中主要的分歧。麦克沃尔构建了1966—1977年这10年间模型,证明期间消费者剩余的损失达到了200亿美元,他认为:"监管直接的好处是在更低的价格水平上创造了收益。"[59] 但是生产商的看法忽略了最高法院与FPC进行监管的根源——管道公司在购买天然气并转手的时候会产生扭曲市场的动机并控制天然气分销商。

生产商在高价时隐藏利润(以及有更优势的数量价格调整和数量条款,比如最惠国,或者照付不议条款,都会将价格和成交量保持在高位,即使实际的"取货量"下降),天然气市场必定会受到扭曲,而管道公司则简单地将成本和义务都传导至分销商。分销商代表了上百万的消费者,并受到各州监管者的支持,绝对不会同意管道公司独自进行谈判,必须严格约束他们的行为,并且对结果进行监管审查。那些代表天然气消费者的团体不会愿意管道公司与天然气生产商单独谈判,好像分销商不存在一样。新古典主义经济学模型可以显示出在没有价格控制的条件下,在那期间均衡的天然气市场会发生什么,但这很不现实。

然而,公平地讲,用FPC的方法对气田进行价格监管同样也不现实。FPC冗长的行政管理程序只能应用在州际天然气销售监管上,对复杂的资本密集且不停波动的能源市场来说,无法满足生产商对敏感性的要求。另外,双层的价格监管假定FPC有能力对现有天然气供给的经济租进行监管,德兰姆在现有天然气供给中正确地将这种行为认定为"租监管"——"盖蒂先生是否应该购买游艇(或者杰克逊·波洛克的画)或者往来新泽西和纽约之间成千上万的人是否应该每年一次在曼哈顿享受一个额外的'城市夜晚'。"[60] 他和其他人认为将对天然气进行监管的政策完全取决于监管是否会伤害到生产积极性。他相信供给的弹性很大,声称"气价在产地的实际价格变化是否会在长途运输中形成可预计的相应变化,这一点很可疑。"[61]

如果试图对现有天然气中的经济租进行监管,那就必须面对没有弹性的供给,以及生产商本身面对的机会成本,大部分生产商也同时生产石油。FPC 从来就没有办法弄清生产的真正成本,公众质疑其对抗性的举证程序无法实际实施。另外,FPC 也没有能力阻止生产商减少供给,以等待市场、FPC 或者国会允许以更高的价格进行州际天然气运输。最后,FPC 缺乏决定天然气明确成本的工具,也没有工具有效监管天然气产量。换言之,它没有能力根据新泽西天然气用户的利益处置盖蒂先生的波洛克画作。[62]

7.4.3 管道公司的过分扩张

在监管天然气井口价格的争议方面,卡恩在 1960 年说道:"在几年的大量辩论之后,我可以很有信心地得出结论,单独就经济学角度的观点而言,反对的力量已经陷入了困境。"[63] 从 21 世纪的角度看,20 世纪 60 年代的辩论是在部分正确但是不切实际的新古典主义的两种立场间展开的。生产商希望放开对天然气价格的监管,而舆论不允许(最终也没有)这么做,因为管道监管的体制约束会造成天然气市场明显的扭曲。分销商希望对天然气价格制定上限,为了监管天然气田的经济租,但是 FPC 没有这么做的实际能力。无论采用哪种方法都会对天然气市场产生负面影响。价格控制会形成短缺,而放开价格监管则会形成超额购买并且成本高昂的过剩。短缺会首先出现,接着便会出现过剩。

到 20 世纪 70 年代早期,天然气批发价格监管已经减少了州际运输(但州内运输没有减少)并且导致天然气消费州出现了天然气短缺。因此,许多大型的天然气用户和工业用户无法保证稳定的天然气供给,许多学者估计消费者的福利损失可能高达几十亿美元。[64] 有些人希望通过迅速放松监管来解决问题,包括美国前财政部长威廉·西蒙。(William Simon)[65] 从相反的角度看,纽约公共服务委员会主席卡恩在国会听证时说:"放松天然气监管一定会造成天然气价格大幅上升;这种横财所造成的损失会大于放松监管所带来的好处。我觉得在这种情况下简单放松监管是完全不可想象的,而且我不能相信国会愿意施行这种想法。"[66]

国会在 1978 年用立法作出了回应。[67] 国会认为天然气井口价格的严格监管,以及 1973 年 OPEC 石油禁运后的石油价格上涨造成的 70 年代早期石油储备的下降,造成了短缺不断发展。国会放松监管的程序即复杂又缓慢:一半的天然气供给计划分 3 个阶段放松监管,而另外一半不在放松监管的计划之内。[68]

从 21 世纪波动的能源市场的角度看，很容易发现国会的这种复杂立法不是解决问题的长久之计。其潜在的体制困境——天然气公司购买天然气控制其分销商——依然存在。所以，当 OPEC 石油禁运的影响在 20 世纪 70 年代晚期减小，并且天然气产地的价格随着新法案施行而上涨的时候，管道公司只能通过运输业务盈利，他们如人所料地大量买入天然气，然后按成本出售给分销商。管道公司买入天然气的价格不仅高，而且附带严格的照付不议的义务（成为"照付不议"协议）。为了应对州际管道价格的上升，许多州际管道用户（特别是工业用户）试图避免从管道公司购买高价的天然气。这些用户寻求单独的"运输"证书，以获得比管道公司更便宜的天然气。[69] 这导致了管道公司不用经常扮演天然气中间商的角色，而仅仅提供第三方供给的运输服务，这进一步削弱了管道公司控制天然气市场的能力，增加了他们的困难。到 1986 年，管道公司积压的天然气供给达到了 117 亿美元左右，威胁到了管道公司的财务信誉。[70]

7.4.4 以使用权协议交换援助计划

1985 年 10 月，FERC 建立了自愿使用权协议运输项目以缓解管道公司的危机。[71] FERC 为管道公司提供了两个选择。[72] 管道公司可以接受"公开使用权"的条件，以先到先得，并且无歧视的方式为他方拥有的天然气提供运输服务，服务需要事先获得标准的执照，并且有运输合同。或者，公司可以拒绝公开使用权的条件，并且拒绝运输他方拥有的天然气（不提供可选择的运输服务，并且承担客户寻求更便宜的替代能源或者天然气源而产生的风险）。管道公司接受公开使用权的合同运输，并且失去以前服务的天然气用户会使得他们面临积压天然气所产生的成本，FERC 最终允许天然气管道公司将一半的积压成本附加到所有的托运人身上。[73] 考虑到过去 10 年在波动的能源市场中的损失，第二个选择使管道公司作为中间商来说承担了巨大的风险。美国所有主要的州际管道公司迅速自愿地接受了公开使用权合同模式。

7.5 运输业开放竞争的整合

历史发展到这个阶段之前，不是静悄悄就是很缓慢。但是 1986 年之后，很多方面都发生了迅速的变化。到 2000 年，天然气管道行业已经转变成了一个竞争性的行业，无论是日常的运营还是管道的建设方面。当时，天然气管道公司从美国天然气垄断性的买方和卖方转变成了在州际贸易对其运输的天然气拥有所有权。究竟发生了什么？

天然气运输市场转变成了一个高度的流动性市场，从本质上形成了点对点天然气运输的永久性法律权利。74 在市场中，天然气管道公司拥有并运营受监管的设施，为天然气的运输权利提供支持，但是他们并不拥有或者控制这些权利本身，他们也不拥有运营或者财务信息，这些信息会向运输权的买卖双方公开。运输权本身对实际运输规定得非常明确，为买卖双方提供一个高度可预测的价格基准，不因为实际目的而过期，并且每天在标准化的互联网交易所进行无摩擦的交易。换言之，这种规定得非常详细的管道运输权利是一种可竞争性交易的商品。当然，这就是科斯定理在现实中的例子——或许这是最好的例子，一个由明确定义的合法权利构成的高效市场，取代了依靠管道公司作为中间商的无效天然气市场。

值得注意的是，科斯发现了产权的划分可以为一种资源赋予制度稀缺性，并形成交易的基础，而且可以消除对使用这种稀缺资源的政府干涉。这种制度稀缺性以及相应市场的建立在美国天然气运输市场中分为3个步骤。首先是传统观念的转变，受监管的公开使用权合同转变为对实际运输权的精确详细描述，并且可以不受管道公司运营的影响而交易。其次是为这些权利建立可预测的成本基准，买卖双方可以方便地依赖这些标准，使短期和长期的交易更好地进行。第三是现代电子交易和信息系统的建立，交易双方可以获得充足的信息，交易没有成本、延迟或者不确定性。在这种市场下，现有权利的价格可以很容易地与扩张制度性稀缺资源的成本相比较，大大简化了监管者批准新运能的负担——因为"经济需求"在托运人愿意为新运能付出的价格中已经体现得很明显了。

7.5.1 建立高度明确的天然气实际运输权

1985年以后，州际天然气管道公司将业务从向用户提供天然气转变为提供公开的管道使用权，当时运输权并没有明确规定出来。这就好像管道公司接受了这个原理，但是并不知道怎样去实践。公开使用权只是一个理论，并没有经过试验。

用管道运输第三方的天然气很快就产生了问题。管道公司十几年来都为其主要的用户——天然气分销商服务，管道费率的制定都是依照为分销商所在城市门站提供全面服务而设定的。管道公司没有依照公开使用权而制定费率的方法，他们一开始制定的规则对管道自有的天然气和第三方天然气进行了区别对待。这种不公平性在商品市场中显示出两种症状。首先，FERC发现，尽管1990—1991年间，管道公司天然气销售总量只占到上一年度的18.8%，但是冬季的销售量占比（11月到3月）猛增到65.8%。75 很显然，管道公司的用户在全年其他时候购买第三方天然气，而在冬季高峰的时候又集中大量购买管道公司的天然气。第二，FERC观察到，管道公司拥有的天然气相比第三方天然气拥有持续的溢价。76 在1985年改成使用权公开后的众多案例中，管道公司试图对其持有的待售天然气收取不同的费用——这些费用在管道用户看来是管道公司试图为自己保留运输业务最大利润的表现。77

1992年，FERC用简单有效的方法解决了这个问题。它命令管道公司对不同托运人的服务分别进行收费。换言之，FERC 要求"无通知"服务必须进行分别定价，即管道公司在不提前通知托运人的情况下，必须为托运人提供合同约定最大数量的服务。[78] 同时，FERC 命令管道公司的附属销售公司将天然气销售的功能"联营点"向上游发展。在这些"联营点"的下游，所有的天然气都归托运人所有。[79] 随着天然气供应商在联营点的功能变化，FERC 在没有要求管道公司重组，或者强制要求管道公司和其附属的天然气销售商之间建立信息隔离机制的情况下，消除了管道公司在天然气销售领域的优势。从目的上说，它是 1906 年国会在赫本修正案辩论中争论的"商品条款"的高度创新和有效的应用。与业务挂钩的定价方式使得管道的灵活性大大加强，并且在联营点的共同作用下，管道公司不可能保持其附属天然气销售的优势，管道公司拥有的天然气与第三方天然气之间的价格差异就消失了。[80]

　　FERC 在 1985 年和 1992 年的行动预见到，并且向建立新市场迈进了一大步，托运人可以使用其管道运输权在点对点运输市场中提供服务，并与管道公司不稳定的运能以及其独立公司竞争。但是在管道运输市场中准确划分协议持有者对实际运输权、天然气余额以及可供灵活调整的数量上依然存在阻碍。FERC 在 2000 年再次采取行动，举行了大规模的听证会，将 1992 年的规定在实施上做了细化。[81] FERC 要求管道公司修改其制定日程的程序，消除与受公司控制的运能相关的"已售运能"（比如，出售给他方的运输权）中存在的不足，允许"已售运能"在一个可比的基础上与管道自身拥有的运能进行竞争。FERC 同时要求管道公司允许托运人按照自己的用途"分割"运能。分割之后运能可以分别用在完整供应链上的不同部分，方便了运能的使用和转手。它修正了管理和惩罚条款的不平衡（在又一次大规模的听证之后），将惩罚评估限制在那些有确切证据表明需要维护系统稳定的案例中。最后，它要求对任何限制运输用户使用合同运输权的行为——自己使用或者转售给他人——都需要提出与管道安全和稳定有关的证据。托运人公司最终获得的是定义明确且可靠的运输权实际参数。

7.5.2　为运输权交易建立可预期的成本基础

　　FERC 在天然气运输协议下解决了运输权问题，它还必须处理一批关于交易权是否拥有可预期的成本基础的争议。对运输权买卖双方来说，有两种因素会对成本基础产生不可预计的影响。第一个是费率设计：固定的运输服务成本是否会在固定的受监管管道价格中反映出来？第二是关于运输权的成本基础：运输权的内在市场价值是否由管道运输合同持有者保留，或者被管道公司应用与建造新的管道。FERC 通过命令管道公司收取"固定基础上的浮动费率"（SFV rate）来解决费率设计的问题。这种费率类似于运输权的租借合同支付，因为其大部分与管道实际运送的天然气无关。[82] 固定基础上的浮动费率与 FERC 在 20 世纪 70—80 年代使用的等级费率不同,只是将买卖运输权的成本基础变得容易预测——这就方便了其交易。

第二条对运输权市场的潜在伤害更大。它需要处理管道公司是否可以利用现有运输权中的内在价值来补贴新管道建设项目的成本。当天然气市场上两点间的运能价值超过其基于成本的监管费率的时候,管道公司与托运人公司究竟应该由谁获得运输权价值的控制权。在大部分情况下,受监管费率低于市场中运能的价值——差距经常会很大。

FERC 在使用权公开之前也受到了类似的困扰,允许管道公司收取存量和增量的费用。另外,在使用权公开之前,一些管道公司系统地将所有新建管道的成本合并,而另外一些公司则将新管道项目的成本分开计算,按照不同客户在不同时间与公司签订设施使用合同的情况来区分不同的费率水平。[83] 在诉讼的案例中,FERC 在这个问题上并没有显示出一致性。[84] 但是在使用权公开以及将运输权转移到托运人的合同之前,这并不是一个主要的问题。

FERC 在 1985 年和 1992 年的行动为公司托运人建立起明确的运输合同,这就突出了这个问题的重要性。托运人希望其最新获得的运输权保持其价值,而管道公司希望运输权的价值可以低于建设成本的价格为新增运输权的销售提供财务保障。从经济学角度看,这种争端的本质很简单,因为存量定价法(rolled-in pricing)显然对管道的使用造成了不合理的障碍。存量定价明显会对市场上的新运输权造成损害,因为无论新建管道的实际成本增量为多少,拥有低历史成本的管道公司所修建的项目会在市场上受到极大的欢迎。

这场管道公司与其协议托运人之间的争端从 1992 年持续到 2000 年。1995 年,FERC 公布了一项政策,明确了如果管道扩张项目中现有托运人增加的成本小于 5%,那么 FERC 会赞成使用存量定价,但是这项政策失败了。[85] 5% 的范围使得管道公司采取了意料之中的行动:在接下来的几年中,大多数的管道扩张计划都使得现有托运人的成本增长保持在 5% 之内。但是,管道公司在存量定价上的胜利是暂时的。FERC 从许多案例中发现,任何范围都会影响管道公司的行为,并且对新管道的建设形成负面影响。2000 年,FERC 修改了政策,要求管道公司将新建管道的成本分开计算,从而计算新增运能的监管费率。[86] 通过实施增量定价,FERC 允许有远见的托运人决定管道项目扩张是否在财务上可行。对持有现存交易权的人来说,新政策意味着运输权的市场价值不会被管道公司用来为竞争建设新的点对点管道项目提供财务上的支撑。市场上的交易权价值由交易权持有人保留——根据他们对交易权市场价值的估计进行使用或者交易。

7.5.3 建设完全信息与低成本的交易体系

FERC 在 2000 年要求提高并改善管道公司的综合报告体制,提高价格透明性,并且对可能的歧视和市场权力行为进行更有效的监管。第一个问题牵涉到机密的管道信息（FERC 坚持认为从定义上并不应该存在机密）。第二个问题涉及交易平台。

要建立合法运输权市场的必要因素之一就是信息的自由和公开流动。FERC 致力于继续推进建设最公开和及时的电子信息系统，坚持认为点对点运输权市场的发展会依赖于它。[87] 并且，当 FERC 得知一些托运人认为信息报告机制可能会造成一些负担，并且可能会使得竞争者了解对方的总体市场策略的时候，它更加确定建立高效且信息完全公开市场的必要性，并且可以在市场出现不公正歧视或者市场操纵行为的时候及时发现。因此，FERC 要求托运人提供最全面和及时的信息，包括身份认证、资质、地理位置等信息。对 FERC 来说，在使用受监管的管道系统方面，没有所谓的交易秘密——需要做到人尽皆知。

除了将受联邦监管的管道运能向买卖双方公开之外，FERC 还要求管道公司建设互联网交易平台（电子公告牌）。[88] 那些公告牌成为在受监管州际天然气管道中买卖双方进行日常运输权交易的信息和交易平台。

7.5.4　FERC 在监管运输权市场中的角色转变

对新建管道施行增量定价结束了一直以来关于执照问题的争端。如果管道公司向 FERC 提出新项目申请，它们再也没有必要像公开使用权时代那样提供天然气来源的证明。如果可以提供托运人新增需求的新建信件，FERC 就可以初步获得经济需求的证据，也就是天然气法案要求获得的东西。管道公司施行增量定价，并且没有办法利用现有合同的价值以补贴新的建设项目，因此只有那些签署协议新建项目（即交易中的"本金"）的公司才会承担风险。而其他的管道用户不会受到新建项目的影响。于是，看上去永不停息的关于执照的传统争端就这么消失了。随着 SFV 以及增量定价的实施，无论运输权归谁所有，实际天然气通过管道的数量究竟是多少，管道公司的服务成本（以及持有人愿意支付的权利）都可以收回。

一同消失的还有关于州际管道定价的无休止的诉讼，大型托运人集团在输气管道系统的成本分配上相互争斗。由于对服务成本进行了全面的研究，现有的管道运能费率基本按照传统的成本分配方式，并且管道用户对这种分配方式或者费率设计基本没有异议。执照、费率等管道问题在 FERC 面前都变成了例行公事。

这并不是说 FERC 在天然气管道运输权市场监管中毫无作为。它密切关注着运输权市场的发展，判断是否需要为运输权制定价格上限，或者让它们在市场可接受的范围内交易。在 1992 年、2000 年和 2008 年的事件中，FERC 首先决定制定价格上限，然后暂时取消监管，并且最终在市场上永远取消了监管。本质上说，FERC 在这个问题上经验丰富，它认为运输权交易市场并不需要价格或者其他方面的监管。[89] 同时，在管道用户获得公开使用权之后，他们决定不再使用以前对管道公司有利的运输路线，FERC 不得不对这种情况作出反应。实质上，托运人——大部分是天然气分销商——选择最佳路线的能力造成了价格的下跌。有些运输权对托运人的价值小于其成本，并且被"退回"给管道所有者（特别是在1990年中期）。FERC必须对管道进行公平处理，同时确保那些运输权的成本不会简单地由依然在使用那些管道的用户来承担。

FERC还必须留意任何扰乱和损害运输权交易市场功能的行为。这就是说，新任务更多地需要确保交易权市场的安全和高效运行，而不是传统的费率监管或者发放执照（也不再具有很多争议）。

7.5.5 运输权市场自身的发展

FERC建立基于合同的运输权交易市场是一方面，另一方面便是运输权的买卖双方需要学习如何使用并且高效的进行交易。从这些运输合同建立之后，美国运输市场发生的3次明显的大事件显示了运输权价格是如何运动的。[90]

第一次对运输权市场的考验发生在1995—1996年。那年的冬季非常寒冷，这使得天然气库存的提取量过大，一时无法完全补充。当美国中西部的温度再一次显著下降的时候，库存的天然气已经不足以满足不断上升的需求。结果，天然气贸易商开始出现了恐慌，芝加哥城市门站的价格相对路易斯安那州亨利中心的价格的差距大幅上升（价差达到10美元/千立方英尺，而正常值一般在几十美分左右）。这对天然气贸易商来说是个学习的过程。1997年的冬天与1996年差不多，但是天然气市场和贸易商已经从去年获得了经验，并且芝加哥门站的价差仅仅是去年同期的五分之一。[91]

第二个事件是2000—2001年加拿大著名的能源危机。供给约束以及其他原因导致了美国西部形成了大范围的电力短缺。因此，天然气价格大幅上升，因为燃气电厂生产的电能的价值升高了。加州边界的天然气价格在2000年底和2001年初的时候大幅上升，比同期亨利中心的价格高出30～50美元/千立方英尺。[92] 价差导致新管道扩张项目的快速规划、执照发放并实施建设，管道从落基山脉通向加利福尼亚，在2003年完工，扩大了克恩河管道的运能。

第三个也是最近的时间发生在2005年夏天，那是墨西哥湾的飓风季节。当时能源供给已经开始趋紧，两个飓风干扰了美国天然气生产和供给的很大一部分。除了亨利中心完全关闭8天之外，卡特里娜和丽塔飓风分别在全美国造成了不同的供需失衡，并且规模巨大，交易权市场的价差也随之扩大。但是市场在两种情况下都发挥了作用，与其他情况一样，往来于不同市场之间的运输权模式在2006年1月全部恢复了正常。[93]

这些事件说明了灵活且信息充分的运输权市场是如何在天然气市场上获得应对突发状况经验的。在3个事件中，外部的冲击（冬季高峰、季节性不平衡，或者自然灾害）使得市场的运输权现货价格运动反映当地天然气的供求状况，以及管道运输权的自由交易。

7.6 美国天然气分销商形成了有效的压力集团

从20世纪50年代末到2000年,有效的压力集团一直推动着管道监管的发展。与石油管道不同,在美国天然气管道行业中,一直长期存在着现成的受州政府监管的天然气分销商组成的压力集团。这些分销公司的历史长达几十年,从天然气在当地替代煤气开始就一直存在着。曾经,这些分销公司似乎会成为跨州的纵向一体化公共事业控股公司的一个永久组成部分。但是1935年的控股公司法案给予这些分销商独立地位,并受到州政府监管。这些分销商与北部的消费州和城市一起组成了有效的压力集团,在1950年早期到2000年支持了监管与立法上的争论,此后随着天然气运输权市场的兴起,压力集团逐渐解体。

州际管道沿线的位置决定了这些分销商压力集团的形成基础。比如,新英格兰用户集团由16个独立的天然气分销商组成,他们从"第六区"田纳西天然气管道(由田纳西州向新英格兰州供应天然气)获取天然气。集团统一聘请经济学家,并作为统一主体向FERC提出诉讼。中西部用户集团、纽约用户集团、阿尔岗昆用户集团以及其他集团都由分销商组成,为独立的顾问和专家提供资金,使他们在FERC面前为其辩护所有关于天然气管道和竞争性天然气运输发展的案件。[94]

在FPC和后来的FERC面前提出请求的方法上,他们仿效了联合天然气分销商集团(AGD)。AGD实际上由美国东北地区的分销商组成,成立于1955年。[95]阿尔弗雷德·卡恩见证了其有效性,它反对放松对天然气价格的监管,因为管道公司本身作为中间商,而买方没有获得管道的公开使用权,这就无法直接与天然气生产商直接谈判。儒勒·乔思科(Jules Joskow)1955年在纽约大学任经济学教师,他在1992年的传记中写道AGD是如何寻求他的帮助,用来反驳石油公司专家在井口价格控制的问题上复杂的演示。[96]乔思科承认他和他的同事欧文·施特尔策(Irwen Stelzer)对石油行业知道得并不多,但是施特尔策在康奈尔大学的论文指导教授阿尔弗雷德·卡恩以及他的朋友和同事乔尔·德拉姆却了解很多。分销商们聘请了这个团队。资助卡恩研究的正是AGD,AGD最终支持卡恩在FPC面前有效论证了天然气井口价格监管的不同案例。在为天然气分销商进行的调查和演示中,乔思科不知道他的同事们正在扮演着长期以来康芒斯的角色,作为经济学家应该在经济活动中支持正确的结论。[97]从这方面说,康芒斯可能会认为AGD的活动(即卡恩有效的公开作证)是专家和压力集团关系中非常重要的一部分,可以推进市场有序和高效的运作。

那些分销商在后来还采取了同样重要的行动,消除美国州际管道公司在市场中发挥权力的能力。管道公司在1986年首次总体接受公开使用权之后,不同的分销商集团继续施加压力，使得 FERC 在 1992 年开始施行商品条款（通过"联营点"）以及在 2000 年施行新增运能的增量定价方法。这些分销商和专家在运营和财务上作为集团，在决定运输权交易条款与情况的长期调查过程中同样做出了贡献。

天然气分销商以及其各州和各市政府代表了几百万当地天然气用户和选民的利益，如果不认识到他们集体行动的作用，那么美国天然气运输权市场的发展历史就是不完整的。可以毫不夸张地说，美国竞争性天然气运输市场的建立需要感谢这些坚强的天然气分销商，他们在几十年中不断应付对其不利的立法——首先应对天然气生产商，然后应对管道公司。他们几十年来支持消除造成市场权力的源头以及进入壁垒，这会使得天然气分销的价格上升，并且限制运输的选择。其他大型天然气市场中缺乏这种长期的集体行动——特别是欧盟——这可能是形成这种竞争性管道运输市场的最大障碍。

7.7 竞争性管道运输的演变

从 1935 年之前不受监管的纵向一体化管道——见证它们的艾洛克赛尔称之为不负责任并且非常容易收购——到 2000 年之后的竞争性运输权市场，这种转变并没有被设计过。20 世纪 30 年代的经济学家和立法者都不知道这些扰乱市场行为的解决方法既不是公共运送也不是公共事业监管，而是经济学家当时没有想到的无形产权市场。

但是，即使在没有设计的情况下，关于天然气运输市场从纵向一体化向科斯谈判转变的历史分析似乎蕴含着某些必然因素。国会在 20 世纪 30 年代没有进行真正的选择便把天然气分销商与管道分离开来，即使在当时会使得州政府第一次大规模干涉私营业务。拒绝使用公共运送也是由于既成事实，并不仅仅因为其作为监管石油管道的方法已经失败，还因为全国天然气用户（以及他们在政治上和实施上的代表）绝对不会接受丧失管道使用优先权的风险，这些管道是靠他们的信贷建设起来的，并且当地的选民绝对需要依靠这些燃料。

但是，国会将天然气管道作为公共事业——当时仅有的监管方式——来监管是注定要失败的，因为半竞争性的管道公司会购买天然气用来获得新管道的建设执照，投资新管道并且随着全国天然气的需求一起成长。这场竞争扭曲了上游市场，并且管道行业的最终消费者——上百万连接到分销商的用户——绝对不会同意像管道公司希望的那样放松监管。天然气价格监管本身也并非可靠的长久之计，因为监管者可以方便管道投资并且限制管道的市场权力，但是证据表明他们是优秀的天然气价格制定者。

高成本的短缺和过剩是注定会发生的,直到管道公司从天然气市场中被剥离出去,并且仅仅专注于运输为止。但是要接受这种变化就需要迎接监管和法律上更多的冲突。直到管道公司变成了基于成本的点对点受监管运能的拥有者和运营者的时候,冲突才会停止,这样托运人就可以根据全国不同地区天然气的价值购买和出售有效的永久性运输权。托运人和管道公司所有者之间的矛盾变化同时标志着监管者主要任务的转变。以前的任务主要是监管市场进入和价格,尽管监管者在实际监管诉讼的案例中主要只是在一旁被动观看双方(管道公司和分销商)的争端。现在FERC有了新的任务——为可交易运输权的持有方保护权利的价值。

由于管道所有权的私有性和多样性,分销商(以及消费者)在公共政策决定中的权力,以及最高法院在保护受监管财产不被没收方面的作用,几乎没有其他办法可以解决涉及石油生产公司、管道投资商以及天然气分销商之间的法律和监管冲突。2000年,FERC解决了最后一个重要问题,建立了竞争性的管道运输市场,奥利弗·威廉姆森写道,经济学家大量发表产权文献的情况"过分夸张的"地表明通过明确和施行产权来建立市场好像是很容易的事情。[98]威廉姆森是对的,这非常不容易。确实,这种理论在美国天然气管道运输体系中的应用非常成功。但是从国会的第一次辩论到最终的实现,几乎经历了一个世纪才宣告完成。

注　释

1. 有组织的贸易不仅发生在亨利中心,还发生在美国管道网络中很多主要的连接点。纽约商品交易所和国际能源署的数据显示,2010年年底,纽约商品交易所天然气期货贸易的数量是经合组织欧洲国家在欧洲能源交易所(EEX)交易量水平的850倍。

2. Troxel, "Long-Distance Natural Gas Pipe Lines", 347.

3. Hooley, *Financing the Natural Gas Industry*, 31.

4. 扬伯格是旧金山Goldman, Jacobs公司的合伙人。其投资报告中有一章叫作"平衡的一体化公司"。J. C. Youngberg, Natural Gas, America's Fastest Growing Industry (San Francisco:Schwabacher-Frey Company, 1930), 21.

5. 查理斯·菲利普斯(Charles Phillips)关于美国20世纪30年代中期公共事业控股公司结构混乱的讨论非常精彩。Charles F. Phillips Jr., The Regulation of Public Utilities (Arlington.VA:Public Utilities Reports, 1993), 625-35.

6. Richard D. Cudahy and William D. Henderson, "From Insull to Enron:Corporate (Re)regulation after the Rise and Fall of Two Energy Icons."Energy Law Journal 26, no. I (2005):35-110.

7. Troxel, Economics of Public Utilities, 165.

8. Sanders, Regulation of Natural Gas, 28, 33-34; and Castaneda, Invisible Fuel, 107.

9.49 Slat.803（1935），法案第一款宣称公共事业控股公司"影响到国家利益，"需要受到联邦监管。第二款和第三款分别处理了州际电力和天然气贸易的监管空白。第二款将电力归于联邦电力委员会（FPC）的管辖之下，该机构此前有权批准水电站对联邦土地和河道的使用。见《Sanders, Regulation of Natural Gas》35页。1935年6月11日，参议院以56比32票通过公共事业控股法案，尽管公共事业控股公司的股东和管理者激烈反对这项法案。众议院起初拒绝支持参议院的法案，但是在其作出修改后，众议院通过了法案并且由富兰克林·罗斯福总统签字生效。直到2005年能源政策法案（EPACT）制定之后该法案才被废除（第1263部分），此后美国天然气管道运输系统开始变成完全竞争市场。

10. 这就是著名的"死刑判决条款"。但是条款是否可以有效拆分控股公司依然存在疑问，直到最高法院使用该条款判决，参见 The North U.S. Company v. Securities and Exchange Commission, 90 L. ed. 737, 66 S. Ct.785（1946）。在这个案例中，最高法院判决 SEC 胜诉。见 William H. Anderson 的《"Public Utility Holding Companies:The Death Sentence and the Future》，发表于1947年《Journal of Land and Public Utility Economics》23卷3期244-54页。

11. Phillips, Regulation of Public Utilities, 634.

12. Troxel, Economics of Public Utilities, 172.

13. SEC 在拆分控股公司系统并且在强制其余控股公司重新完成财务组织的过程中扮演了超乎寻常的强势监管角色。美国政府在一个私有企业传统且强大的环境中运作，几乎很少清理并且重组一个成熟的行业。禁酒令摧毁了酿酒行业的投资价值，反托拉斯立法对一些行业进行了强制的财务和市场重组。但是两者都不及控股公司法案，它带来的是广泛的管理和财务变化。从来没有法律可以迫使价值10亿美元的财产进行剥离。因为国会看到控股公司的财务控制者采取了不同寻常的不良行为，促使其通过了超乎寻常的立法。国会毫不留情地处理了不负责任的大规模并购行为，更希望重塑公司结构而不是使其收敛。(ibid.,187-88).

14. PUHCA 拥有相对不同的特别豁免，比如允许国家燃料天然气公司保留其连接紧密并且部分重复的天然气管道控制权，同时还有其在纽约和宾夕法尼亚州的天然气分销业务。Hooley, Financing the Natural Gas Industry, 34-35.

15. 州政府对公共事业的监管在1906年威斯康星州和纽约州监管立法通过后就开始了。威斯康星州的法律由约翰·R.康芒斯在威斯康星州州长（后来成为参议员）老罗伯特·拉福雷特的命令下起草。纽约州法律由查理斯·伊凡斯·休斯独立起草，他后来成为美国最高法院法官。两部法律都是1905到1906年国家公民联合会研究的结果。

16. 在1906年到1935年期间，公司改革的浪潮从西奥多·罗斯福领导的共和党推向了其远房侄子（第五个）富兰克林·罗斯福领导的民主党。

17. 第二款将电力归于联邦电力委员会（FPC）的管辖之下，该机构与1920年成立,可以批准水电站使用联邦土地与可航行的河道。Sanders, Regulation of Natural Gas, 35.

18. 来自康奈尔大学的政治历史学家伊丽莎白·桑德斯说道:"独立生产商,特别是在潘汉德和胡格顿(Hugoton)油田的生产商,是公共运送法令最大的受益方。但是这些受益者在地理上过于集中,无法有效发挥政治影响力以规避法律规定的责任(即使瑞本是一个有影响力的朋友)。"(ibid.,37).

19. ICC使用的石油管道估值标准形成的问题直到国会将其对石油管道的管辖权在1978年转移到FERC手中时依然存在。当时,FERC发现ICC的费率"估值"基础很难理解、主观并且无法操作,促使其立即放弃ICC的方法,使用严格基于成本的"原始趋势成本"。然而,FERC"创立"了大部分现有石油管道的费率,其后来建立基于成本的新的会计记录在使用很多年后被认为是不切实际的。参见FERC Order No. 154-B (31 FERC, 61,377)。

20. 法案明确要求为不同等级的财产给出"适当且充足"的折旧率。

21. Troxel, "II.Regulation of Interstate Movements of Natural Gas."27-28.

22. Sanders, *Regulation of Natural Gas,* 41.

23. Troxel, "II.Regulation of Interstate Movements of Natural Gas," 29, 30.

24. Sanders《Regulation of Natural Gas》40页,讽刺的是,当审批条例在实际中保护州际管道免受竞争的时候,其运作的方式并没有按照现有管道公司(或者道尔蒂)希望的方式进行。在有些案例中,特别是在20世纪80年代和90年代,联邦和州监管方批准的管道在扩张的天然气市场中与现有的管道公司直接竞争,扩大了潜在的管道竞争,而没有采取现有管道公司的想法认为其可以在那些领域中提供更便宜的服务。1987年,威斯康星公共服务委员会驳回现有公司请求反对批准新管道的时候说道:"这种选择的能力使得威斯康星州的消费者……在今后的50年内获得选择权和灵活性。"Wisconsin PSC, Docket No. 6650-CG-104 (Dec. 10, 1987), 19页。纽约州的委员会在1991年的案例中同样鼓励新的管道进入市场(阿尔弗雷德·卡恩和我见证了这个案例),他说道:"纽约消费者明显会从帝国(管道公司)提供的天然气运输新路线中受益。"New York PSC, Opinion No. 91-3 (Mar. 1, 1991), 33页。联邦能源监管委员会在1989年做了相同的事情,批准天然气分销商(公民天然气公司)连接一个新的州际管道提供商,他说道:"新供给会给公民天然气公司提供第二条管道,并且给予其多样化的能力。"46 FERC, 61,10 (1989), 61,046.

25. Sanders, *Regulation of Natural Gas,* 41-42.

26. "据此,为公众提供最终天然气分销的运输和销售公司受到公共利益的影响,并且有关天然气州际和国际贸易中的运输和销售从公共利益角度上看需要受到联邦监管。"Natural Gas Act of 1938.52 Slat.(1938), p. 821.

27. Ibid.

28. 私有运送术语的广泛使用意味着管道不需要为所有用户提供服务，并没有义务为预期增长的需求作出运能增长的计划。从另一个角度讲，其意味着管道公司的义务与公共运送中的义务不同。私有运送包括运送管道公司自有的天然气，相对合同运送来说更为广义，其更加符合我所描述的国会如何在1938年管道监管中进行了创新。

29. Natural Gas Act of 1938, 52 Stat.(1938), p. 824.

30. 天然气公司不应该承担任何设施的建设或扩建……市场中的天然气公司已经使用了另一家天然气公司的服务……直到委员会首次批准认为新的建设或运营符合未来公众的方便和需求可能……但是，为市场服务的天然气公司可能为了满足增长的市场需求而在其运营的地域内增加或扩张其设施。[Natural Gas Act of 1938, 52 Stat.（1938），p. 825; emphasis in the original].

31. "任何天然气公司为了运输或者销售天然气，或者进行与其相关的行动都处于委员会的管辖之下，其运营过程中要求、建立或者收取的所有费率和收费项目以及相关的规则和监管都必须公正并且合理，任何不公正合理的费率都据此被认为是不合法的。"(ibid., 822).

32. "在期间每个天然气公司都必须制作、维护并保存这些账本与成本会计记录……以及其他记录，因为委员会将根据规则和监管手段，为了法案的施行制定必要及合理的要求……委员会将据此要求这类天然气公司保持其会计体系。" Natural Gas Act of 1938, 52 Stat.(1938), p. 825.

33. ICC规范石油管道会计方法的努力被广泛认为是一场不幸的失败，特别是在明确费率基础的方面。FERC在从ICC手中接过石油管道管辖权后，首次对主要石油管道费率制定进行的处理也受到了阻碍，没有成功。美国哥伦比亚地区上诉法院驳回了FERC希望再次使用ICC费率基础制定方法的努力，因为其"没有为继续使用被公认为陈旧并且模糊的（ICC）监管公式提供合理的解释。"参见 31 FERC, 61,377 at 61,832 (Opinion 154-B)。FERC第二次尝试（成为"原始趋势成本"，或者"TOC"）取得了成功但是在后来引起了争议。早期监管会计方案中的问题，包括ICC中的问题，参阅 Toxel 的《Economics of Public Utilities》121-22页，以及 Phillips 的《Regulation of Public Utilities》216-21页。

34. 的确，最高法院在1912年首次决定，如果公司提供公共服务，那么公众本质上拥有公司的运营和财务账本和记录。1912年的案例涉及了ICC监管下的运输商，美国最高法院裁定公共事业的会计体系拥有公共性质。参阅 Troxel, Economics of Public Utilities, 120, citing Interstate Commerce Com. v. Goodrich Transit Co., 224 U.S. 194, 211 (1912)。第二年，法院确认委员会的会计监管是合法的。见 Kansas City Southern Ry.Co. v. U.S., 231 U.S. 423, 440-41 (1913)，主要引用《Economics of Public Utilities》120页。这些是统一会计系统的法律前身，其伴随着1938年天然气法案，以及美国管道运营财务数据公共性的完全制度化。

35.Troxel 的《Accounting Control》5-37页，第 6 节 "Economics of Public Utilities" 讲到，特罗克赛尔在20世纪30年代参加了一些监管案例，处理会计标准的发展，他在其教科书以及主要学术文章中深入描写了这些问题。另外，最近更多的工作者都非常依赖其在监管会计方面的文章。比如，来自华盛顿和李大学的小查理斯·F. 菲利普斯（Charles F.Phillips Jr.）在其权威的教科书中将其引用了大约36次。参见 Phillips《Regulation of Public Utilities》。

36.Sanders, *Regulation of Natural Gas*, 42.

37.Ibid., 84.

38. 法律教授理查德·J. 皮尔斯（Richard J.Pierce）说道："由于市场不完全性只与运输有关，可以认为（公共运送的要求）可以有效避免FTC报告中提到的所有混乱……州际天然气管道被要求向所有第三方平等开放，许多生产商可以在一个完全竞争的天然气销售市场中自由地将天然气出售给天然气分销商和上百万的消费者。"参见 Pierce《Reconstituting the Natural Gas Industry》6-7页。

39.Smyth v. Ames, "169 U.S. 466, 546-47 (1898)"，在1934年康芒斯说道，在斯密斯诉埃姆斯案中，最高法院给出了一个"合理价值的复杂定义"。但是无论复杂与否，"当法院在正当估值程序下最终作出了决定，那么这个决定在美国的体制下就是当前合理价值的最终决定。"Commons, Institutional Economics, 683.

40.Troxel《Economics of Public Utilities》290-91提到，来自马里兰大学的艾丽·克莱门斯（Eli Clemens）有相似的观点："斯密斯诉埃姆斯案的判决模糊，并且没有实质上的意义。在最高法院判决内容的范围内，公平价值变成了现值的平均值，以及实际上的再生产成本。但是最高法院拒绝承诺提出一个特定的公式或者理论。"Eli W. Clemens, Economics and Public Utilities (New York:Appleton-Century-Crofts, 1950), 147.

41."这并不是说在成本、延迟性、不确定性，以及由此引起的反对与争论方面，这种方法的表现……没有引起公共丑闻；显然，当前费率监管中古怪和拖沓的直接和唯一原因就是因为（那个）方法。"参阅1940年华盛顿特区布鲁金斯学会出版的 Leverett S. Lyon 和 Victor Abramson 的《Government and Economic Life:Development and Current Issues of American Public Policy》卷2的691页。在其第二卷序言中的注释中，莱昂和阿伯莱姆森承认本·路易斯（Ben Lewis）在这一章中采用了这些引言。在后来的情况下，阿尔弗雷德·卡恩将其比喻为"工程学和计量经济学模型进行的斗争。"Alfred E. Kahn, Letting Go:Deregulating the Process of Deregulation, MSU Public Utility Papers (East Lansing:Michigan State University, 1998), 93页.

42.Federal Power Commission et al. v. Hope Natural Gas Co., 320 U.S. 591 (1944), p. 603:

43.Ibid., 602.

44. 纵观法律的历史，公共事业财产的合理价值问题是块硬骨头，很多人尝试解决这个问题但是并没有获得令人满意的结果……合理性的问题在民主社会中并不明确也没有最后的结论，很多人在解决价值的问题上会变得更加迷惑而不是越来越明确……我认为，最高法院在霍普法案中拥有合理监管的元素……至少其关注在合理收入的主要问题上而不是合理的资产价值，并且这是一个将委员会在未来决策行为重新定向的好决定。(Troxel, Economics of Public Utilities, 283-S4).

45."约翰·R.康芒斯以其著作《资本主义的法律基础》成名，在书中他跟踪了法庭行政价值理论的发展。今天必须加入一个新的章节，因为新的会计方法和新的法律改变了公共设施价值的全部本质以及其被决定的方法。……以精准和足够的簿记记录代替无聊和昂贵的审批程序对监管有利。" Clemens, *Economics and Public Utilities*, 187-88.

46. James C. Bonbright, "Utility Rate Control Reconsidered in the Light of the Hope Natural Gas Case," *American Economic Review* 38, no. 2 (1948):465.

47."如果（最高）法院有意放弃监管的全部目的并且坚持公共所有制，那么其很难通过对价值的裁决和原则有效达成目标。" James C. Bonbright, *The Valuation of Property* (New York:McGraw-Hill.1937), 2:1154.

48."无论如何，最高法院等待了很长时间，才用语言而不是模糊的判决，最终裁定为了避免循环论证的错误，费率制定的'公平价值'必须拥有特定意义。最高法院的行为目前只在历史上有意义。目前至少所有的专家基本同意，费率基础的'公平价值'尺度与征税、损坏赔偿的法律或者大部分其他的法律估价中的'公平价值'标准不是同一件事情。James C. Bonbright, Principles of Public Utility Rates (New York:Columbia University Press, 1961), 165-66.

49. 加拿大和美国拥有显著类似的监管要求，其"公平合理"的设施收入标准几乎是相同的。的确，加拿大西北基础设施的公司诉埃姆斯案在美国霍普案之前15年就发生了。Northwest Utilities v. City of Edmonton, S.C.R.186 (NUL 1929).

50. 菲利普斯石油公司案发生在威斯康星公共事业委员会与底特律请求FPC授予其针对菲利普斯石油公司向密西根—威斯康星管道公司进行销售的管辖权，后者是该地区主要的天然气供应商。FPC拒绝给予管辖权，认为菲利普斯公司的生产与生产和收集程序"密切相关"，该程序会使得联邦费率监管侵占各州在天然气生产上的管辖权。威斯康星州与密尔沃基和底特律向哥伦比亚地区上诉法院提出上诉，最终FPC的决定得到了支持。上诉法院发现菲利普斯公司的销售发生在生产和收集之后，并没有干涉生产州的监管行为。最高法院支持了上诉法院的决定。Sanders, *Regulation of Natural Gas*, 95.

51. Pierce, "Reconstituting the Natural Gas Industry," 8.

52. Breyer and MacAvoy, *Energy Regulation by the Federal Power Commission*, 57.

53. 1942年修正案的重要性在于其保证了现有用户对管道运能的权利。在此修正案中，国会明确表示当天然气管道开始为一个用户服务时，不能以损害为现有用户提供服务能力的方式进行扩张或者向其他用户出售天然气。在潘汉德东部管道公司的案例中，FPC并没有允许公司为福特汽车公司提供服务，因为公司没有"足够的能力，在不损害……对现有用户服务的情况下将大量的天然气出售给新用户。"Troxel, *Economics of Public Utilities*, 96.

54. Joel B. Dirlam, "Natural Gas:Cost, Conservation, and Pricing," *American Economic Review:Papers and Proceedings* 48, no. 2 (May 1958):492.

55. 参阅在联邦电力委员会面前举行的天然气价格监管"综合性"听证会。In the Matter of Champlin Oil & Refining Co. et al., Docket No. G-9277 (1959).

56. 卡恩在评价作者的时候认为，管道开发者为了获得FPC批准而保留足够的储备对他们来说是一张"印钞的执照"，生产商会获得很大的市场权力，因为可以将大块的储备进行出租。Ibid.(testimony of Dr. Alfred E. Kahn), 70-71.

57. "大量的运能被长期协议锁定，只有小部分的新储量可以用新的定价方式投入市场。在这些有限的供给中集中了未来20多年中不断增长的需求预期，对管道长期承诺的要求对他们来说就是获得执照的门票。"Alfred E. Kahn, "Economic Issues in Regulating the Field Price of Natural Gas," American Economic Review:Papers and Proceedings 50, no. 2 (May 1960):508-9.

58. 天然气的价格双轨制看上去与使卡恩成名的边际成本定价原则互相矛盾。卡恩在其出现的时候声明："由作者提供并被FERC接受的（双轨制定价）理由在于将更高的价格扩张到原先的天然气上是没有必要的，因为这么做会为以前发现储备并且用更低成本开发的所有者带来一笔横财（非经济学的考量），并且也是没有必要的，因为原有的天然气投资已经完成了（一个经济性的考量）。"Kahn, Economics of Regulation.1:43-55.

59.MacAvoy, *Natural Gas Market*, 57.

60. 约尔·德拉姆和阿尔弗雷德·卡恩都为伯尼·沃特金斯·杰森公司提供过咨询，后者是反对井口价格取消监管制的天然气分销商NERA的前身。Dirlam, "Natural Gas," 491-501.

61. 德拉姆还说过"'大争端的诱惑'会继续，就像过去发生的那样，更关注在价格的变化上，特别对于独立的投机商来说。"Ibid., 494。

62. 结果是，J.保罗·盖蒂（J.Paul Getty）从来不是20世纪艺术的鉴赏家，在加利福尼亚与其同名的博物馆中没有杰克逊·波拉克（Jackson Pollock）的作品。在我后来的同事约尔·德拉姆的著作中没有发现什么错误——即使是在假设性的例子中。

63.Kahn, "Economic Issues in Regulating the Field Price of Natural Gas". 506-17.

64. 美国能源部计算出，由于价格监管导致的短缺使得消费者每年损失25亿到50亿美元，表现为能源价格上涨、工业生产减小。麦克维利用供给/需求模型，估计消费者作为一个集团在1968到1977年间损失了超过200亿美元。Pierce, "Reconstituting the

Natural Gas Industry," 10; and MacAvoy, *Natural Gas Market*, 15.

65. 西蒙怀着愤恨快速说道,"我怀着无法表达的愤怒报告……我们的能源危机,令人怕的天然气短缺……天然气集中在施行自由市场价格的州,但是一些州进行的联邦价格监管减少了供给,形成了天然气短缺……难道就从中就没有教训吗?"参阅1978年纽约MCGraw Hill出版社出版的William E. Simon的《A Time for Truth》,81-82页。保罗·麦克维尔在2000年的著作《天然气市场》中引用了西蒙的话。

66. Sanders, *Regulation of Natural Gas*.148-49.

67. 桑德斯分析了1978年天然气政策法案(NGPA)的起源和政治。*Regulation of Natural Gas*, chap.7, 165-92.

68. 菲利普斯很好地总结了NGPA方案下复杂的"旧"和"新"天然气定价。这是个范围很广而且复杂的价格组合。在1973年之前钻探的天然气井沿用每百万英热单位0.295美元的价格监管。低产井价格维持在每百万英热单位2.09美元。普鲁多湾(阿拉斯加州北部坡地)天然气价格维持在每英热单位1.45美元。不同种类的气田将在不同时期取消监管,包括陆上和离岸钻井(最初价格控制在每百万英热单位1.75美元,在1985年取消监管)。菲利普斯用了3页简明的表格抓住了1978年NGPA"新"和"旧"的复杂内涵。Phillips, *Regulation of Public Utilities*, 500-502.

69. 到1985年,美国工业用户占到天然气消费量的44%,其中三分之一的需求来自电力生产。*Gas Facts 1985:A Statistical Record of the Gas Utility Industry* (Arlington, VA: American Gas Association.1986), 67.

70. 照付不议的义务在不同管道公司间差异很大。许多管道公司采取有限照付不议政策,主要因为其天然气销售中的灵活性使其获得足够有竞争力的加权平均成本。"Pipeline Take or Pay Costs Continue to Mount", *Oil & Gas Journal*, Aug. 10, 1987, 20.

71. 在第436号令中,提供运输服务的管道公司需要根据现有的公司业务合同在没有歧视的基础上提供服务。换言之,只要托运人愿意支付FERC文件中规定的实际运费,公司所提供的运输服务应当相同。50 Fed.Reg. 42,408,42,409 (Oct. 18,1985).

72. FERC明确说明了选择的自愿本质。因为天然气法案没有将天然气管道作为第三方供给的运输方(除了为工业天然气终端用户提供运输之外),FERC认为其无权强制推行这种类型的服务,否则会在法律上遭到挑战,在没有正当程序和补偿的情况下违反美国宪法所禁止的损害投资者财产的行为。

73. FERC认识到如果管道公司选择开放,他们可能会承担更多的照付不议义务。如果开放的管道承担了严格照付不议的合同,其在天然气销售竞争中相对其他天然气销售商将处于劣势。第436号令为管道公司提供了分担其照付不议义务的方法,如果管道公司选择开放的话,可以向其用户增收固定的费用。接下来的第500号令用来处理这项政策实施中遇到的法律障碍,提供给管道公司的机制可以覆盖其大约一半的非经济性天然气成本。

74. 对于合同托运人继续支付FERC规定的最高管道费率及其运输合同条款(由于历

史成本会计其远远小于市场价值）来说，他们可以在没有限制的条件下重新签订合同。

75.59 FERC 61,030, 18 CFR Part 284 (Order No. 636), Apr. 8, 1992. p. 28.

76.Ibid., 31-32.

77. 在第436号令（1985）和第636号令（1992）之后，FERC处理的的案例包括管道公司是否可以向用户收取"仓储费"。许多分销商反对这项收费，他们认为管道公司向城市门站提供"天然气运输"的方式表明了在管道附属天然气销售和第三方销售之间存在不平等。我在南部天然气公司的案例中为一些分销商提供了证据。管道公司向其用户转移的加权平均成本比输入管道的路易斯安那州海湾现价高出了0.17到0.77美元。但是那些用户并没有转向更为便宜的第三方供应商。(Docket No. CP89-1721-000) 这些溢价说明向南部管道公司这样的公司可以在价格上获得妥协，因为其供应的管道附属天然气相对第三方天然气来说具有灵活性和可靠性。

78."无通知"服务打压了中西部天然气分销商对新英格兰地区的兴趣。后者在经销商历史上一直位于两大主要管道公司管道的末端，始终需要为其供应商提供通知条款，而中西部分销商使用的主要管道较多，因此不需要。中西部分销商认为他们需要这项服务，FERC同意了这个请求，要求管道公司为该项服务单独收费。这就为不同的经销商提供了动力——特别是北印第安纳公共事业公司。北印第安纳公司富有创造力的副总裁比尔·希区柯克（Bill Hitchcock）通过购买路易斯安那州盐丘储藏项目，避免了管道公司根据FERC要求对"无通知"服务的业务成本定价中不均衡的部分收费（通过综合注入/撤出上游行业以应对下游不确定的撤出）。其他公司进行了仿效。从这个意义上说，FERC通过要求管道公司"解放"其不同运输业务，促进了竞争。

79.FERC在其1992年法令中描述了联营点："FERC认为天然气买卖双方可以通过在各自管道中建立生产联营区域来方便交易。生产联营区域可以通过经销商将供应商集中起来。联营区域可以是天然气经销商向运输商转移天然气的区域，也可以是决定集中、协调或者惩罚的地方（'书面'联营点）。FERC不强制指定联营区域，但是不会允许妨害其发展的行为存在。"参阅59 FERC 61,030, 18 CFR Part 284 (Order 636), 108页。当我询问是谁提出这个建议的时候，当时FERC的委员布兰科·特兹克（Branko Terzic）说后来的FERC主席马丁·奥德（Martin Allday）（一位来自得克萨斯的律师，由乔治·H·W·布什提名）提出了这个建议，后来就形成了"联营点"的概念。

80. 纽约商品交易所（NYMEX）在1990年利用亨利中心（位于路易斯安那州伊拉斯的天然气管道系统交汇点）建立了期货市场，使得FERC在1992年发布法令。托运人与交易商开始使用运能释放机制作为从管道公司获得运输能力的替代方式，特别在1992年法令之后。在1992年法令之后，使用纽约商品交易所作为天然气供应交易渠道的数量迅速增长。

81.FERC在其总结中写道："在这条规定中，FERC修订了当前的监管框架，提高了市场效率，为受到限制的消费者降低了拥有长期管道运能的成本，并且保护其免受市场权力的影响。"[90 FERC 61,109, CFR Parts 154,161, 250, and 254（Order No. 637），Feb. 9, 2000]。

82. 在大多数的管道中，管道公司用来保持压力与运能的压缩泵利用的是天然气本身，实际上由托运人付款。换言之，管道公司运输一部分天然气（比如，96%），其余部分用来为压缩机提供燃料以克服管道中的摩擦。这个装置意味着管道公司不用单独为其压缩机购买燃料——使其更加远离天然气商品市场。

83. 两家州际天然气管道公司处理问题的方法截然不同。田纳西天然气运输公司加入了所有运能剩余，包括其向新英格兰的管道延伸段。在另一方面，得克萨斯东部运输公司将新建成本与新运能合约绑定，使得新增建设成本分离，并且建立全新附属企业（奥岗昆天然气运输公司）将业务向新英格兰拓展。FPC 在托运人获得运输权转移之前，对两种新增运能的定价方式都很满意。

84. FERC 对某些情况公布了新增性规定，参阅 (Great Lakes Transmission, Docket No. RP91-143-000 et al., Oct. 31, 1991)。而对其他情况公布了合并性规定参阅 (Battle Creek Gas Co. v. FPC, 281 F.2nd 42 (D.C. Circuit, 1960).

85. Statement of Policy, .PL94-4 (May 31, 1995)。我强烈反对这项政策，它将刺激许多小型管道计划以应对 FERC 的 5% 门槛，并且逐渐在新的管道市场中摧毁竞争。"FERC Takes the Wrong Path in Pricing Policy," Natural Gas (Wiley) 12, no. 2 (Sept. 1995):7-11。

86. Policy Statement on Determination of Need, 1902-AB86, FERC Docket No. PL-3-000.

87. 委员会认为公布详细交易信息对托运人获得价格透明性并作出决定有很必要，并且也可以监督交易中的不合理歧视和偏见。托运人需要知道通过特定渠道支付的运能价格可以使其决定所需的类似运能应该支付多少价格的问题……交易信息公开中不包含托运人的名称，这对其他托运人来说并不完整，因为无法决定是否与交易中的托运人属于类似的情况，以便揭示不合理歧视或者偏见……最后，为了决策的制定，交易信息必须在交易实际完成时公布。"(Order No. 637,183-85)

88. FERC 说道："自从电子信息板在行业实践中成了标准，委员会已经制定了规则，支持其使用并且发现没有带来新的负担。电子信息板必须与新运能发布的要求一致。" 59 FERC，61,030 (1992), p. 70。

89. FERC 在 2008 年 6 月第 712 号法令中完整阐释了美国最新的天然气管道规则，该机构对运输权市场的竞争性表示满意。永久性地消除了合法天然气运输权交易市场中的价格限制。这也有助于竞争性运营商为了在竞争性市场上更有效地销售运输权而进行投入。123 FERC，61,286 (issued June 19, 2008)。

90. 我利用数据，全面分析了运输系统如何应对这些冲击，"Seeking Competition and Supply Security in Natural Gas:The US Experience and the European Challenge," in *Security of Energy Supply in Europe*, ed. Francois Leveque, Jean-Michel Glachant, Julian

Barquin, Christian von Hirschhausen, Franziska Holz, and William J. Nuttal (Cheltenham, UK:Edward Elgar, 2010), 25-28.

91.William Trapmann and James Todaro, "Natural Gas Residential Pricing Developments during the 1996-97 Winter," *Natural Gas Monthly* (US Energy Information Administration), Aug. 1997.

92.2000年 10月 18日, US Energy Information Administration《Natural Gas Weekly Update》。埃尔帕索的天然气销售附属公司在2000年3月到2001年6月的三个合同中需要大量的埃尔帕索管道运能。2002年，FERC的行政主法官小柯蒂斯·L·瓦格纳（Curtis L.Wagner, Jr.）认为埃尔帕索公司通过保留大量运能对其加利福尼亚运输点实施了市场权力，限制了供给并且扩大了基础差异。Docket No. RP00-241-006 (Chief Judge's Certification of Record and Initial Decision), 23页，埃尔帕索公司同意向加利福尼亚州和其他私人当事人支付不超过20亿美元，解决其销售附属公司控制加利福尼亚管道运能期间所产生的民事诉讼。

93.US Energy Information Administration, *Natural Gas Weekly Update*, Sept. 29, 2005。

94.我见证了20世纪80年代和90年代天然气分销商压力集团在FERC面前的多次行动。

95.集团包括来自纽约市（布鲁克林天然气联盟和艾迪森联合体），费城天然气公司以及其他来自大西洋中部各州的天然气分销商。

96.1955年，（我们）接到费城电力公司乔治·泰勒（George Tyler）的电话，请求召开一个讨论石油行业的会议……我们见到他时，泰勒向我们解释他代表了一个由设施方和天然气公司组成的团体，希望阻止FPC正在进行的一系列行动……依据1954年最高法院菲利普判决中对天然气法案的解释。泰勒集团中的公司面临着如下情况。FPC诉讼中的一方是天然气生产商，主要是国内最大的石油公司。另一方面是FPC的人员……泰勒担心生产商展示的案例涉及不公平的过高定价，而FPC的人员无法专业角度与生产商提供的证词进行质询。泰勒希望出现一名或者几名对石油行业有所了解但没有被行业企业所关注的经济学家，而且他们愿意对石油公司的演示作出回应。参阅1990年纽约州怀特普莱恩斯市美国国家经济研究协会出版的Jules Joskow 的《NERA:A Somewhat Personal History》2-3页。丘尔斯·琼斯科（Jules Joskow）是1961年NERA的创始人之一，后来成为咨询公司的总裁。

97.曼克尔·奥尔森说道："康芒斯思想的基础在于认为市场机制本身并不能为经济中不同团体带来公平，并且坚信这种不公平是由于不同团体间议价权力之间的差异造成的。政府推动的集体行动并不会减少不公平性，除非强迫压力集团进行必要的改革……康芒斯认为，经济学家不应该寻求可以对整个社会有利的经济法则；而应该依附某些压力集团或阶级，为其长期利益提供咨询。" (Olson, *Logic of Collective Action*, 116-17).

98.Williamson, "New Institutional Economics." 596.

第8章 全球管道体系的竞争性潜力

在大陆内部进行竞争性的大宗商品交易需要得到竞争性内陆运输市场的支持。纽约商品交易所内天然气交易的增长伴随着并取决于科斯谈判以及运输竞争的发展。围绕亨利中心的天然气市场仅仅在天然气方面得到了证实,那么其他拥有自己交易地点的商品情况会怎样?为什么点对点管道运输的竞争性科斯谈判的使用范围没有得到更多的研究或者重视,用来支持其他商品的竞争性交易?为什么全国用户并不希望在类似运输市场的支持下,获得竞争性燃料商品市场以及安全供给?

其中一个答案必定是美国天然气管道监管看上去几乎不可复制。美国的制度根源以及一个世纪来管道的监管冲突增加了理解的难度,更不用谈复制了。如果不是这样,那么就会有人要求FERC或者国会将天然气的运输安排复制到石油管道上——但显然没有人这么做。另一个答案是在没有权利市场的情况下,石油和天然气管道的所有者和监管者并没有学习美国天然气管道行业范例的内在动力。的确,这个范例可以被其他行业理解,美国天然气管道监管中也包含着对投资资本价值的威胁。点对点运输权市场消除了管道的市场权力和监管的现状——已经建立起来的政府监管管道行业方式。

本章研究其他管道系统是否存在支持竞争性管道运输的潜力。可以肯定的是,科斯市场看上去是燃料长距离管道运输市场最好的方式。将其他现有的管道运输系统与科斯范例比较,可以发现阻碍市场提高效率的是既得利益。以下几部分描述了其中的一些既得利益,这可以表明在其他管道体系中提升管道运输效率的空间很小。但是,美国的竞争性管道运输市场在20世纪60年代的时候也会遇到强大的阻力。有效的集体行动和政治意愿,并且在适当的形势下,这些阻力是可以消除的。

8.1 美国的石油管道:围绕公共运送演变的一个世纪

石油管道市场权力的讨论从来没有在美国消失。其根源便是赫本修正案中对合理管道协议的公共运送限制,以及随后不可避免的纵向一体化。国会、司法部和FERC实际上承认一个世纪以来的行业僵化已经无药可救,即使其中的症结很好理解。但是,3家机构却决定仅仅研究并处理市场权力的症状而不是根源。

如果国会打算为石油运输体系建立类似天然气行业中的可交易运输权市场，情况又会如何？在公共运送下行业发展了一个世纪之后，FERC 在任何情况下都会为美国石油管道运能转变为科斯谈判模式付出巨大的转换成本。约翰·R·康芒斯在很久以前说过，私有财产为经济关系提供了稳定性。[1] 在一个世纪的公共事业监管历史中，美国法院已经明确定义了私有财产的内容。FERC 无法靠自身改变监管风格——它需要接受国会的指导。并且，最高法院逐渐禁止国会转变监管的风格，防止其损害受监管财产的价值。[2] 同样不可想象的是，美国纵向一体化的石油管道行业会默默同意新的监管方式，使他们成为产权可交易的运输体系的建造者和运营者（独立天然气管道公司在强制的条件下才会这么做）。即使国会可以抵挡石油行业的压力集团（过去大部分时间没有做到），赫本修正案的废止以及将天然气法案扩大到石油管道领域，都会在今后的很多年造成连续不断的诉讼。即便国会在最后取得胜利，行业所要面对的市场可能是一个对管道地点和尺寸的历史决定都表示反对的市场。其结果会对"困难"资产形成冲击，并且导致诉讼无法进行。

科斯谈判模式的收益是否会超过将行业长期的特殊结构颠覆而产生的成本，这是一个严肃的问题。司法部一直不是一体化石油管道公司的朋友，它在 1986 年发现了行业实际竞争性的潜力。另外，FERC 在 1978 年之后的管道监管部分消除了 ICC 留下的监管混乱，包括依据每条石油管道费率基础制定财产价值。FERC 通过在管道建设之间提前批准关键费率和收费事项，减轻了公共运送下新管道建设的融资风险。[3] 另外，FERC 在 2008 年对一条费率基础最大的管道采取了全面的行动，阿拉斯加管道的合理资本结构和收益率都得到了妥善的解决，这个问题从 1941 年一致性法令之后一直困扰着整个行业。[4]

在没有科斯谈判的情况下，天然气管道公开使用权之前的市场进入和成本分配上的传统监管冲突会继续在石油管道领域发生。[5] 但是石油管道存在实际的竞争者，即使 FERC 采用的每桶费率监管方法非常费力，石油运输可以通过其他方法（比如河运、海运以及陆运），并且监管方法的改进可以合理限制石油管道的市场权力。公共运送还是管道监管方法中较差的一种，它会对管道所有者与独立竞争性的托运人建立长期合同关系造成损害。如果取消参议员洛奇的 1906 年赫本修正案并且向建立运输权市场的方向前进，那么毫无疑问，这对原油和石油产品管道的竞争性使用和扩张将起到推动作用。如果石油管道如同天然气行业一样（比如，瑟曼·阿诺德推迟到 1941 年的努力所形成的结果）在 20 世纪 30 年代的公共事业私有运送监管下，那么美国石油行业纵向一体化的程度必定会逐渐减小。但是，对于在某些情况下对长期行业结构和机制的燃料市场作出合理反映的行业来说，并不可能产生这种监管的激烈变革。

8.2 加拿大的天然气管道：没有运输权市场的使用权公开

加拿大拥有庞大的省际天然气管道系统，由跨加拿大管道公司（TransCanada）垄断。跨加拿大公司与其美国同行类似，承担私有运送的作用——从气源地购买天然气并且向天然气分销商和其他公司出售。1985年之前，加拿大天然气的受监管价格建立在联邦政府与艾伯塔省签订的原油协议价值之上，大部分天然气来自艾伯塔省。一系列的政治和经济紧急情况导致了1985年10月的定价公式，即"万圣节协议"（比如，西部能源价格税收协议），由联邦政府与3个主要的天然气生产省签署：艾伯塔省、不列颠哥伦比亚省以及萨斯喀彻温省。最需要注意的是，万圣节协议取消了天然气价格的监管。[6] 加拿大随后的监管改革将原先捆绑出售的天然气和运输服务进行了拆分。[7]

1989年，当全国能源董事会（NEB）同意改变跨加拿大的管道系统，允许托运人将其公司的运输权出售给第三方的时候，运输权二手交易市场开始建立起来。NEB允许释放运能，但是不要求加拿大天然气管道公司将运输权指派给托运人。[8] NEB在1995年决定并不需要将运能的交易显示在电子显示屏上，并且对管道公司没有强制要求。[9]

从宪法基础到行政管理实践、会计实践以及司法检查，加拿大和美国在监管环境上并没有显著的差别——加拿大的费率案例中甚至引用了霍普案。[10] 两国的监管环境都由司法判决决定，包含了获取投资"公平收益"的权利，由资本的机会成本决定，加拿大称为"投资一致性"标准。的确，加拿大的很多决定被广泛认为是建立在有效保护受监管财产所有人权利的基础上，这一点同美国非常相似。[11]

加拿大与美国在监管环境上的相似性在运输系统的透明性和运能权利的二手交易上逐渐消失了。NEB在1996年注意到天然气管道运能二手市场中几乎不存在关于规模和流动性的可靠信息，但市场本身较为活跃。NEB支持这个观点，指出到1995年秋天，剩余400多份跨加拿大公司服务协议，据跨加拿大公司所知，其中三分之一是临时性的。[12] 但是，许多协议运能的释放是通过口头协议的方式达成的。同样，NEB认为这个市场上的信息并不可靠。

美国合法运输权市场的四大要素——现有运能和交易价格的完全透明性、无摩擦的互联网交易所、有效的商品条款以及新运能的增量定价方法——在加拿大并不存在。[13] 产权体系没有那些要素，那么管道所有权与合法运输权就无法明确区分。托运人运输权中内含的产权在没有那些要素的情况下无法在美国进行有效交易，类似市场没有在加拿大出现也不足为奇，尽管天然气管道公司参与的运能交易数量也很大。

由于加拿大是一个向南方提供巨大的天然气市场的整体供应商，其合法运输权交易非常活跃，加拿大管道运输权交易中科斯谈判的缺乏可能对加拿大不同地区的天然气价格影响有限。边境地区（集中了加拿大天然气用户的大部分）的天然气价格与美国竞争性天然气价格并没有显著的差别。因此，并没有强大的压力要求改变加拿大现有的天然气运输使用权公开的安排。也没有明确证据表明管道所有权与运输权会产生类似美国在2000年发生的分离。但是，如果新建的天然气管道从阿拉斯加通过加拿大再通向48个州，那么缺乏运输权市场可能成为一个问题。[14]

8.3　英国天然气管道：抽象运输

英国政府进行英国天然气公司私有化的时候，并没有严肃考虑独立天然气销售商公开使用权义务的现实情况。对英国政府的事后批评是很容易的，[15]而要充分理解英国政府在20世纪80年代所拥有选择却更为困难（比如，即使在1986年，美国还没有成功实施公开使用权）。然而，私有化错失了建立更有竞争性和更有效率的行业结构的机会。

私有化后的英国天然气公司是一个纵向一体化的天然气供应、储存、运输以及分销的公司。私有化并没有产生独立的分销商，可以为其连接的用户充当压力集团的角色。英国政府没有建立基于私有化的会计和监管机制，这使得投资管道的资本财产价值不明确，并且阻碍了合同交易。因此，英国政府和监管者关注于降低天然气商的市场进入门槛，尽管他们需要在进口/出口费率模式下承担较高的运输成本。

8.3.1　运输抽象中的附加机制

从进口/出口模式首次使用以来，英国天然气管道运输定价方式的复杂程度越来越高。[16]受监管的定价分成了两部分：管道所有者以及管道"系统运营方"。每一方都有其自己独特的费率。进口/出口基本模式的模型基于每个进口点和出口点的长期边际成本计算（LRMC）。[17]进口能力通过5个相关的拍卖机制出售，期限从1天到16年，并受制于模型中的"保留价格"。成本、定价和系统能力分配相当复杂，需要召开研讨会和培训会才能使得经验丰富的行业参与者理解这个模式。除了有效防止了独立使用管道的可能之外，这种复杂性使得英国的管道运输系统几乎都处于低效的运行和扩张状态。

为什么英国天然气运输系统的定价方法这么复杂呢？首先，它反映出监管者希望追求新古典主义的效率陷阱，而没有考虑其受监管的定价方式在现实中受到的限制。希望在被允许的收入水平上将所有管道公司的费率联系起来，这使得天然气管道 LRMC 模型的大部分工作变得脱离实际（特别是如果与管道系统中某条路径无关的话）。运能拍卖机制很复杂，并且不支持管道公司与其主要用户之间达成长期可预计的费率关系，而资产专用性需要这种关系的存在。[18] 在英国支持这种定期拍卖的人明显相信这是一种高效的交易方式，但是科斯在 1937 年就看到了它的缺陷。科斯和他以后的经济学家理解了交易成本，他们发现将拍卖的方式使用在管道的商业关系中与内陆运输行业内含的资产专用性并不一致，并且对有效使用这些专用性的运输资产也会产生不利的影响。

8.3.2 监管困难的结构性障碍

英国天然气公司的迅速私有化对其他国家的管道私有化努力产生了两个后果。首先是政府在私有化之前没有进行重组。不计成本地向第三方天然气运输方开放系统产生了忽视运输系统基本运营的定价模式。尽管这种定价模式显然没有能力传递有效的天然气运输价格信号，或者为天然气管道公司和托运人之间形成稳定有序的关系发挥效用，但现实证明这种定价模式无法取消。同样，私有化没有在结构上将分销商从运输管道公司进行强制分离，同时也没有施行"商品条款"——本来可以使得英国天然气公司不再拥有其负责运输的天然气——这就无法产生有效的私有压力集团。这意味着关于进口/出口体系的可行性或者高成本的争议只会在英国天然气公司（以后的国家电网天然气公司）以及它的监管者（先是 Ofgas，以后是 Ofgem）之间发生。管道所有者与监管者都没有动力使得英国的天然气运输变得更加基于成本、富有竞争性或者高效性。这么做需要使双方放弃各自都喜欢的机制：全国范围内的进口/出口费率有效地阻止了竞争性进入并且创造了更多就业。

英国天然气公司迅速私有化造成的第二个后果是对现有的基于公众—企业的会计进行研究（即"拜厄特报告"），但是受监管的私有财产并没有因此获得利于有序监管或者使得受监管企业方便进行合同交易的定义。[19] 在这些交易的机制基础中最重要的有两点：透明的合法会计准则以及可靠的（符合宪法的）私有财产定义，它们可以避免财产在使用过程中内含的不确定性和循环性，而且不会影响作为监管价格基础的合理收益。[20] 英国无论在私有化的时候还是在现在都没有为其受监管的行业，包括管道行业，制定强制的会计准则。另外，财产价值并不能反映英国资本投资的机会成本，而不像美国的霍普案那样，英国的财产价值取决于 Ofgem 从不停的费率检查中决定的独立估值。霍普案定义了资本的机会成本需要通过精确和客观的簿记权益的"最终结果检验"，从这个角度看，管道的估值是模糊和主观的。[21] 即使英国为了形成点对点的长期运输协议，废除进口/出口模式以及基于拍卖的第三方开放（TPA）后问题依然存在，因为受监管的私有产权没有得到体制的强大支持。不建立在合同基础之上的财产价值并不明确，会对现有管道系统可预计的监管以及合同权利的价值和交易性产生损害。换言之，如果宪章没有明确定义清晰以及更为可靠的受监管财产价值，英国很难有效累积起大批长期运输权利，从而建立成功的科斯谈判和竞争性运输。

英国拥有多个天然气接入点，以及与欧洲大陆和爱尔兰直接连接的管道。即使考虑到地理限制，似乎也不存在物理和技术上的理由，使得管道运输系统的扩展和使用无法拥有竞争性交易的更大潜力。但是由于私有化时期形成的结构和制度障碍，英国为了促进这个目标达成而完成内陆天然气运输定义的进程还很漫长。

8.4 澳大利亚：克服结构和体制障碍

东澳大利亚东部的管道系统庞大，并且天然气用量持续增长，但是在天然气供给和运输方面几乎没有任何竞争性。希尔姆报告之后，主要的天然气消费城市不再使用公有天然气管道垄断公司的服务，而是由两大私有且逐渐不受监管的天然气运输管道公司提供服务，管道公司来自高度集中的天然气生产部门的合资企业。在天然气供给如此集中的情况下，天然气管道运输的竞争很难方便地展开。但是，如果当高度集中的管道部门继续保持神秘性并且继续控制管道的运输权，那么很难预计天然气生产部门会朝着提升竞争性的方向发展。

这并不是说管道费率监管在建立科斯谈判基础方面相比英国有着更好的机会。澳大利亚运输费率监管的会计基础最终将公共企业估值的基础建立在英国私有化之前所赞同的观点之上，这在拜厄特的报告中有所描述。在新西兰施行了基于"最优剥夺价值"的费率会计方法（"拜厄特报告"中的概念）之后，澳大利亚最终也采用了该报告。比如，在 2003 年 9 月的费率案例中，估算蒙巴—悉尼管道费率基础的会计准则就引发了不切实际的估值（再一次根据英国的做法，以受监管财产的主观价值为基础，而不是以投资资本的合理收益为基础），管道所有者要求 8.34 亿澳元，而澳大利亚竞争与消费者委员会（ACCC）作为联邦监管者，认为资产的价值只有 5.45 亿澳元。公司向澳大利亚竞争仲裁法庭（ACT）进行上诉，法院最终支持了公司的诉求。

ACCC 向联邦法庭上诉，法庭在 2006 年支持较低的数字。公司再一次进行上诉，澳大利亚高级法院认定了较高的数字。[22] 单个案例中管道的费率基础差别达到了 2.89 亿澳元，足以说明受监管资产估值中不现实的不确定性，而这正是本布莱特（在他 1937 年的《资产估值》中）以及后来的美国最高法院（1944 年霍普案）中所要避免的情况。

澳大利亚天然气部门竞争性的欠缺表现为天然气定价机制缺乏市场化的基础。目前国家中每个地区的天然气价格是通过定期的复杂和冗长的高度套利活动进行的。考虑到澳大利亚的生产商数量以及连接天然气田和消费区域的现存天然气管道，似乎存在一个竞争性天然气市场的结构性基础。澳大利亚建立竞争市场的障碍是制度性的。有两个因素会使澳大利亚在挖掘天然气供给竞争性潜力的能力持续不足：(1)两大生产集团垄断了澳大利亚东部市场大部分的天然气（尽管独立生产的煤层气还有希望）；(2)管道系统保持相对不透明并且不受监管——或者在维多利亚州的案例中没有能力提供合约——使得天然气分销商、发电厂和其他方面无法在透明和可预计的受监管价格上签订长期运输合同。

8.5 阿根廷天然气管道：体制困难与探索

阿根廷天然气行业历史悠久，并且拥有一些全球最长和最古老的天然气管道。此外，在私有化期间，一批训练有素的经济学家组成了经济部及其下属部门（比如燃料局），政府高层也向科多巴大学受人尊敬的经济学高级教授卡洛斯·基弗里（Carlos Givogre）征求意见。那些经济学家忽视了欧洲纵向一体化天然气公司的建议，并在私有化之前对国有公司进行了重组——特别是提升了管道的竞争性，推行"商品条款"，而且把独立的分销商作为与独立生产商接触的主要方面。[23]

但是，虽然阿根廷政府可以为高效和竞争性天然气管道部门建立结构性基础，但是它在维护私有企业监管的精细体制基础时遇到的困难却无法避免。[24]关键的例证来自会计方面。私有化最初的会计簿记方式与美国受监管的管道较为相似。[25]但是购买私有化的运输和分销公司的企业大多数是欧洲的天然气公司。公司所有者与缺乏经验的监管方都对维持这种监管方式和费率会计方法的兴趣越来越小。由于监管机构自身没有按时出台维护监管会计方式的明确决定，为费率而制定的透明监管会计方式很大程度上没有坚持下去。[26]

最终，政府没有能力维持稳定的宏观经济和货币系统，对阿根廷私有化造成了更大损失。货币的问题最终摧毁了阿根廷私有天然气行业的信誉和他们在21世纪初的增长及为公众服务的能力。从20世纪70年代到90年代，在阿根廷燃气公司私有化之前，阿根廷经历了或许是历史上最严重的持续性恶性通货膨胀，其12个月的通胀率达到了20266%的最高点。[27]从累积的角度看，1991年1720亿旧比索才相当于1970年1月份一个比索的购买力。阿根廷应对通胀问题的办法是将阿根廷比索与美元挂钩，并且制定严格的汇率制度限制，同时作为1991年兑换法的一部分，禁止签订使比索贬值的合约。国际投资者和阿根廷的顾问（来自世界银行和其他方面）明确知道私有化的成功要求未来公共事业的持有者对货币不稳定做出应对。阿根廷所有的公共事业私有化特许协议都使用美元计算费率（以签订日期的汇率为准）的方式似乎可以解决这个问题。从20世纪90年代到2001年，阿根廷维持了盯住美元的政策，尽管越来越多的证据表明估值过高的比索正在将经济拖入更深的衰退之中。[28]

到 2001 年 12 月，阿根廷经济陷入了危机。2002 年年初，阿根廷经济出现了崩溃。2002 年 1 月 6 日，根据公共紧急状态法，阿根廷单方面背弃了公共事业特许协议中的美元条款，并且要求重新对所有私有的特许协议进行商议。去美元化的后果很快显现：随着比索贬值 70%，公共事业公司的美元现金流大部分枯竭，并且很快导致了他们对美元方面合约的违约。要求对特许协议进行重新谈判的后果来得较为缓慢，尽管一些新特许协议的签署在 2007 年底完成，当时阿根廷公共事业的权益价值已经渐渐恢复到 2001 年年末紧急状态法实施之前的水平。

在紧急状态法的影响下，阿根廷政府收到了大量对于征用条约的上诉。到 2004 年 11 月，世界央行的国际投资争议和解中心（JCSID）积压了 74 个案件，其中 30 个案件涉及石油、天然气和公共事业公司要求阿根廷政府赔偿紧急状态法实施之后所造成的损失。[29] 那些案件中的一些判决结果使得私有的天然气管道和分销公司所有者获得了几亿美元的损失赔偿。

公共事业公司股价下跌在 2001 年末导致了在紧急状态法之前的货币危机，这表明尽管存在特许协议，但是受监管公共事业的价值随经济情况波动。尽管紧急状态法在 2002 年年初很生硬地让人明白了这点，但它仅仅确认了脆弱的经济和投资中的外国资本之间无法分离的关系。当经济发生危机，并且舆论坚决反对从用户向私有运输设施转移资产时，公众利益需要首先考虑。这就解释了阿根廷没有在 2002 年坚持特许协议的义务，就像纽约在 1839—1842 年的危机中无法承担伊利运河债务的情况一样。

阿根廷深层次的体制失败摧毁了受监管天然气管道保持的脆弱信用。阿根廷需要投入更多的额外努力，吸引维持和扩张管道所必需的资本。行业的结构是正确的，并且监管者有时间成熟并且发展。但是阿根廷政府在保护外国投资上的信誉已经在 25 年中崩溃了两次，这会在可预见的将来阻碍阿根廷管道系统发展的效率和经济性。

8.6 天然气管道对欧洲竞争性天然气市场的阻碍

如果世界上有一个地方可以从在不同天然气供给商中创造竞争性条件而获益的话，那么这个地方就是欧洲大陆。欧盟在制度上可以在很多政策领域将成员国的主权集中起来，但是其根源以及接下来的努力方向，是要建立一个共同市场，消除各行业及民众生产和消费的产品之间的内部贸易壁垒。由于一些因素的影响，能源市场的进步落后于其他的行业。但是，欧盟国家有内部气源，也有 4 个主要的外部气源——没有一个占到欧洲天然气供给的四分之一。[30] 同时，欧盟也有计划通过土耳其将高加索和中东地区作为主要的气源地之一。除了管道供给，欧盟在消费市场附近拥有很多地下天然气仓储设施,并且现有的 LNG 终端也有十几个,占到欧盟目前消费量的 10%~12%。欧洲大陆天然气分散的供给以及管道硬件使其有条件建立竞争性天然气市场。但是欧盟目前在这个方面还没有取得显著的进步。因此,欧盟当局不仅非常担心天然气供给和运输方面缺乏竞争性,同时还担心基本的供给安全——政治与实际两方面,特别是在俄罗斯方面,它是欧盟最大的天然气供应国。

欧洲大陆的纵向一体化程度就证明了欧盟缺乏管道竞争。许多天然气分销商是大型管道供应公司的一部分(比如在法国和英国)。欧洲确实拥有很多分销公司(比如在德国和荷兰)。[31] 但是,这些由当地管理的企业一般没有能力与天然气供应商和管道运输公司签订协议——因此就没有能力组织起来向美国和加拿大分销商为其客户主张权利——这是"完全零售权限"立法系列中的一部分。大型生产商或者他们在纵向一体化的全国天然气公司中的附属公司全部或者部分拥有主要的"连接管道"(即不受第三方进入规则约束的管道)。最严重的问题在于欧盟成员国的政府允许俄罗斯天然气公司(Gazprom)向下游整合其管道公司并且对天然气供应商进行纵向一体化。[32] 这很令人担心,像欧盟一样的主要大陆天然气市场会允许天然气供应商获得管道公司和管道附属公司的所有权,从而成为供给安全的主要威胁。[33]

如果欧盟将管道所有权与管道合法运输权分离,情况会怎么样呢?这会使得四大主要供应国(挪威、阿尔及利亚、荷兰及俄罗斯),以及欧盟内部规模较小的供应方之间相互竞争,无论是在已有的天然气还是在将管道拓展到土耳其和高加索等新地区方面。运输权的贸易会为新管道是否值得建设提供可靠的信号依据。欧盟充足的天然气供给多样性可以给予欧盟竞争当局足够的信心,在保守的情况下,如果管道系统自身是透明的并且是竞争性的,那么天然气供给的竞争潜力会很大。通过在欧盟范围内建立运输权市场,管道公司和生产商的市场权力,以及先前所担心的供给安全问题,都会像美国的情况一样随之消失。此外,按照美国的经验,欧盟管道的透明交易市场会使得欧盟竞争当局更容易地发现任何滥用市场的行为。这种情况的产生似乎可以在物质、操作或者技术层面找到依据。

欧盟管道的制度差别与美国相比是最大的。在欧洲,所有的主要天然气运输管道是由政府或者国有公司建造的。[34] 欧盟没有强大的权威阻止成员国在国际管道上设置障碍。确实,欧盟根本没有强大的大范围监管权威——管道受到欧盟和各国的复杂监管。[35] 美国的运能透明性、成本与定价几乎在欧洲都不存在,[36] 也不存在有效的压力集团代表消费者。欧洲完全没有天然气运输的可交易运输权市场系统。欧盟中存在一些短期的管道运能互换协议,但是这完全由管道公司决定。在欧盟建立类似市场的障碍是制度性的,不是物质性的。

8.6.1 运输权市场内在的制度性障碍

科斯设计的市场需要严谨的物质和法律定义,两方面的模糊性会对贸易形成阻碍。从 1985 年到 2000 年，美国将大量精力用于对运输权物质和法律方面的定义上。如果欧盟希望在内陆运输权市场得到进一步发展的话，那么会遇到什么阻碍呢？欧盟竞争性的内陆管道运输贸易，以及天然气贸易，面临 6 个主要的制度性障碍。

（1）管辖权分裂。或许建立竞争性运输市场最大的阻碍是政治性的——欧盟与其成员国之间对管道监管的管辖权存在分裂。欧盟条约与美国商业条款不同，后者给予美国联邦政府对所有州际贸易唯一并且明确的管辖权。欧盟竞争当局知道这是个严重的问题。[37] 2009 年通过的关于天然气监管的第三指导意见在第八章中要求成员国监管当局形成相似的政策目标，列出共同责任的清单，并且"相互间紧密沟通与协作……共享任何对完成目标有帮助的信息。"[38] 但是由于各国政府和监管者希望保护各自"大型国家"纵向一体化管道公司，这些条款存在天生的软弱性。在成员国统一监管方面，第三指导意见仅仅是总体上告诫各成员国监管者尽力而为。如果他们不作为，或者偏向本国公司的利益，那么监管是不会有成果的。欧盟管道定价和使用条款的监管权力依然保留在成员国监管当局手中，他们可以决定如何监管。

（2）第三方使用（比如公共运送）。[39] 第三指导意见规定欧盟天然气管道对第三方使用进行监管。[40] 它同时指出，"需要采取更多措施，保障运输费率的透明以及公正。费率必须在非歧视的基础上适用于所有用户。"[41] 合法运输权市场要求的内容不同：运输权上升到可交易产权的水平，那么就需要废止类似公共运送规则的实施。本书表明，在这种贸易限制下的管道建设融资需求会导致纵向一体化或者管道竞争的消失。换言之，欧盟监管方式中的 TPA 规定阻碍了运输产权的形成，并且有效妨碍了竞争性天然气运输市场的发展，后者可以支撑起活跃的天然气商品市场。

（3）纵向一体化的天然气管道公司。美国在 20 世纪 20 年代和 30 年代一样受到纵向一体化的公共事业控股公司的困扰，但欧洲纵向一体化的天然气管道似乎没有类似困扰。因此，其针对管道公司和天然气分销商之间关系的政策发展比美国相对温和。尽管如此，欧盟竞争当局还是强烈指责天然气管道系统中固有的"纵向排斥"。[42] 第三指导意见承认纵向一体化是一个问题，并且欧盟继续将"所有权分离"作为解决方法，但是新的计划更注重管道公司中商品供应功能的分离，而不是将管道公司从结构上与天然气分销商彻底分离。

无论哪种情况，欧盟在促使所有权分离的立法上都存在无法消除的漏洞：它允许管道所有者将其运营交给独立的运营方，而不是完全分离。[43] 欧盟竞争当局希望看到管道运输和新进入者之间的竞争，而独立的运营系统会在现实中产生阻碍。这种"独立"运营商在电网中很常见，这也明显是其思想的来源。[44] 但是，天然气运输的交易与电力传输的交易不同——前者的运输路径很容易知晓，但是后者在今天的技术条件下依然不可能预测。独立的系统运营商可以精确处理电力传输的原因在于电网的用户无法为其特殊设施签订单独的协议——这是天然气运输管道不适用于这种方式的根本原因。

一体化管道的所有者可以利用漏洞保持其纵向关系，同时可以有效防止新增管道的压力。独立的系统运营商对管道运输竞争性的妨碍有着复杂的根源——政治上的盘根错节、组织化的治理以及压力集团。独立系统运营商背后的目的是形成运营垄断。在竞争性的管道运输体系中，运输权的所有权与管道的所有权和经营分离，任何非管道的"系统运营商"都不是必要的。英国和维多利亚州都存在将垄断管理作为其主要目的的独立天然气管道系统运营商——其组织和工作内容取决于其对垄断地位的维护情况。阻碍所有权分离规则对独立系统运营商有利，一体化的管道公司将其作为规避分拆的很有吸引力的选择，并且作为一种保持对管道和天然气销售商有效卡特尔的手段。系统运营商的扩张会毫无疑问损害欧盟的运输竞争，尽管其会在管道附属公司最高的偏好形式上产生一些影响。

（4）管道运输的信息公开。科斯在1960年设想的合法权利市场完全取决于透明的和及时公开的流动信息。对 FERC 来说，在使用受监管的管道系统方面，没有所谓的交易秘密——需要做到人尽皆知。欧盟明显不同意这种透明性要求。无论是欧盟还是其成员国都没有强制性的会计系统，比如管道公司的统一会计系统。此外，只有"有能力的当局"，而不是公众有权获得管道公司保留的信息。最后，欧盟警告任何成员国不得要求管道公司提供任何"商业上敏感"的信息。[45] 总之，这些条款使得管道公司对其经营和财务数据有着完全的掌控权，从而阻碍了管道之间的竞争。

欧盟竞争当局曾经撰写过欧洲天然气系统信息公开背后的挫折——描述了两派意见的冲突，一方认为功能性强的天然气市场需要更多的透明性，另一方认为这种透明性会导致相互勾结。[46] 运输行业信息公开可能导致相互勾结的担心并不仅仅局限在欧洲。[47] 这种信息可能会为勾结行为提供方便，但也可能不会。但如果勾结行为的收益显著，那么这种情况就会在私下发生。向其他方面提供信息可能会造成损害，但这确实是使得受损方发现并解决竞争性问题的唯一有效方法。但是，除了可能发生勾结之外，在没有 FERC 透明性要求的情况下合法运输权市场无法发挥功能，但欧盟在这个方面留下了较大的漏洞。在2009年第三指导意见应用之后，欧盟确实采取了一些管理行动，在成员国之间协调提供监管信息。一些组织，比如欧洲能源监管者理事会（CEER）、能源监管者合作局（ACER）及欧洲电力与天然气监管者集团（ERGEG），都有义务促进各国监管者之间的合作和信息提供。虽然存在这些行动，但是在第三指导意见之下，管道公司依然控制了会计和运营信息。

（5）功能分离（"商品条款"）。从欧盟不同的立法规则以及最近发行的刊物来看，有很多关于管道系统公平使用的讨论——但是几乎没有讨论涉及管道所有者运输其自有天然气所引发的竞争性问题。功能分离的缺乏产生很多问题，欧盟竞争报告自身也承认有明显的证据证明管道所有者给予其附属托运人很大的折扣。[48] 报告引用了一些歧视性行为的案例，都是因为运输与天然气销售之间没有功能上或者结构上的分离。在很多纵向一体化的天然气公司内部，仍然共用贸易名称、品牌和商标。"商品条款"没有施行，管道公司就可以拥有其管道中的天然气，并且更加倾向于附属的天然气供应商。

(6) 管道财产及其监管（管理）费率。欧盟监管价格的管理相对较新，在各成员国中也并不一致。可预计的执照发放，会计以及监管费率的管理对新管道来说不存在。第三指导意见号召"费率公开，对所有合格的用户适用"（第32条第一部分），但是并没有进一步描述费率决定的公式或者规定允许的收入水平。欧盟中没有什么类似于霍普案的东西可以在共同市场中明确解决受监管财产的价值问题。可以预见的是，如果管辖权在为受监管财产明确产权的时候遇到了困难，那么在形成处理资产专用性的合同上也会同样遇到困难。[49] 在受监管和管理的财产没有坚实估值基础的情况下，欧洲大陆的管道公司在未来形成协议使用方式的基础并不明确，也很难形成科斯谈判的基础。

欧盟内部形成竞争性内陆天然气运输市场的另一个重大障碍是2009年立法行动中进口/出口的英国式定价在批发领域的施行，没有采用基于点对点的特定管道设施的定价方式——这是美国竞争性市场的基础。[50] 一些欧洲经济体承认了进口/出口定价机制在欧洲天然气贸易机制中的局限。[51] 比如在英国，在其他方式下，更为明确的资本密集型的管道设施，这种古怪的内陆运输定价方式下对其使用形成了更大的障碍——特别是其明显无法反应任何一种有效的定价方式，并且完全不利于形成合理的长期运输合同。但是直到2009年，就像可行的欧洲天然气市场中其他立法障碍的案例那样，保守主义者的集体行动明显在塑造欧盟政策上发挥了更强的作用。

8.6.2 竞争性运输：欧盟管道竞争的未来

对欧盟中那些希望设计3个天然气管道监管指导意见的人来说，在有限的篇幅中太过挑剔可能有些无情。但是从更大的角度说，在欧洲共同市场中，即使是最新最全的第三指导意见也无法达到其推进天然气竞争或者供给安全。欧盟当局只是在表面接触到了阻碍竞争的制度性障碍。此外，对欧盟中那些希望天然气竞争继续真正推进"欧洲终端用户市场"政策的人来说，他们只会更进一步丧失他们可能的分销商同盟，作为他们的压力集团，推动天然气或者管道运输的竞争。[52] 的确，改进后的第三指导意见——在严格纵向拆分要求上的漏洞以及进口/出口管道定价方式的全面覆盖——在追求竞争或者安全方面是一种倒退。系统运营商可能会阻止对附属公司明显的偏袒，但如果那些运营商出现，除了在庞大的管理成本之外，他们会造成新的制度性障碍。那些新的独立系统运营商坚持使用进口/出口模式，他们在未来竞争性更强的欧洲运输系统或天然气系统发展的过程中更加难以消除,就像目前已经存在的制度性障碍一样。[53]

由于竞争性的存在,任何向东拓展欧盟天然气供应线路的计划都伴随着强烈的政治策略。俄罗斯天然气工业股份公司(简称俄气)希望建造横跨波罗的海到达德国的管道,避免过境国波兰和乌克兰可能造成的阻碍。美国国务院和其他部门正在试图将另外一条天然气供应管道绕过俄罗斯连接东南欧以及里海地区,并且通过土耳其到达中东。美国国务院对几千英里以外的天然气管道很有兴趣,对于一个本质上是地区性生产和消费的商品来说,足以证明欧洲天然气供应背后复杂的政治关系。大量重复建设的管道并不是基于商业合同,而是出于投机以及主权国家的担保支持,这可能加剧欧洲地区间冲突和供应安全。但是这是一个代价高昂且高度不确定的方案,因为需要在没有资产专用性所要求的承诺情况下投入了大量的资本。成本明显较低的方案是更有竞争性地利用大陆中现有的管道。[54]

一个强大的欧盟,并且在其成员国的全面配合下,可以向竞争性运输市场发展,甚至可以发展出合法运输权市场。这需要明确的定义,并且将管道运输权分配给托运人,颁布严谨的会计准则,在宪法上确定管道财产的定义,将欧盟内部跨国界的运能协调起来,对主要天然气管道公司施行单一监管权,全面推进市场信息系统,使得不透明的市场透明起来,将管道公司进行结构性分拆,并且施行商品条款。即使如此,似乎也并不确定欧洲是否能在其民法之下建立起包含一系列合法权益的可交易财产。将一系列合法权利与支撑竞争性管道运输的那种财产结合起来,是欧洲法律学者的一项工作。

将合法的运输权从管道所有权中分离出去可能会造成负面影响、价格上涨以及一些其他的滥用市场现象——就像在美国发生的那样。竞争性的管道运输市场会使得一些管道被废弃,另一些受到限制或者有扩张的需求。监管者和天然气买方需要面对市场的小危机。欧盟还不得不处理目前占主导地位的长期与原油挂钩的天然气协议(就像其一度控制北美天然气市场一样)。

上述因素可能对管理、法律和政治造成更大的挑战。那些拥有市场权力(无论是私有还是国有,或者天然气供给国)的团体将极力进行阻挠。但是去除管道市场权力是建设竞争性天然气运输的关键。欧盟的收益会很大,就像北美的情况那样,在大陆的每个地方,天然气已经与其他竞争性贸易商品一样去除了政治属性。的确,到2011年年初,除了管道运输和分销的成本之外,1.15亿欧盟天然气用户付出的价格相当于美国同等类型的2倍——每年的差异超过500亿欧元——其中有很多原因,包括竞争性天然气市场的缺乏。欧盟天然气用户的相对价格可以再次证实曼瑟尔·奥尔森的观点,一个小型的集体(比如生产商和联合的管道公司)"在为自己寻求更大的社会收益的过程中可以更方便地影响社会。"其社会成本不受限制。[55]欧盟在几十年中不断努力改善制度,包括管道的监管方法、与用户的交易、方便或者阻碍竞争性天然气市场的发展，以及在不寻求重复的管道建设和复杂的政治策略的情况下促进天然气供应安全。

注　释

1.Commons, *Economics of Collective Action*, 21.

2.需要注意的是，正如一位法官在20世纪80年代描述天然气管道公司受挫中说的那样，美国天然气管道系统的开放是自发性的行为，但是实际说它是真正的自发性有些言过其实："当一个受刑人在绞刑和枪决中进行选择的时候，我们一般无法认为他'自愿'选择绞刑。"Associated Gas Distributors v. FERC (824 F.2d 981, June 1987), p. 82.

3.Barr, "Growing Pains," 49-55.

4.将股息限制在费率7%基础上的一致性法令使得一体化的管道公司通过母公司债权抵押的方式寻求高杠杆的资本结构，以便规避上限约束。有些管道公司，比如跨阿拉斯加管道，直到目前依然认为那些担保要求使用母公司以费率制定为目标的资本结构（在不受监管的石油公司中，大部分为权益，因此对石油管线使用者来说费率很高）。FERC最终在2008跨阿拉斯加管道费率法令中抛弃了这种观点，没有采用传统不分权重的受监管债权/股权资本结构。123 FERC，61,287, Opinion No. 502 (June 20, 2008).

5.这里的问题包括管道扩张的资金来源。石油管道公司持续加入扩张成本，因为对公共运送管道来说很难产生新增价格，其默认协议一直使用单一价格。因此，管道扩张计划使得天然气管道定价逐渐产生争议，并且在石油运输路线上的托运人（一体化与非一体化之间）中一直是个问题。

6.1985年10月31日，加拿大政府，《Agreement among the Governments of Canada, Alberta, British Columbia and Saskatchewan on Natural Gas Markets and Prices》。加拿大任命保守派苏格兰经济学家罗兰德·普瑞德（Roland Priddle）作为全国能源董事会的主席，并施行这套自由市场的方法。在担任全国能源董事会主席之前，普瑞德在荷兰皇家国际Shell公司。在其任职期间，普瑞德说道："历史已经证明了，能源政策的寿命与其长度和复杂程度成反比。"Peter Mckenzie-Brown, Gordon Jaremko, and David Finch, The Great Oil Age (Calgary:Detselig Enterprises, 1993), 141.

7.National Energy Board, *Natural Gas Market Assessment:Ten Years after Deregulation* (Calgary.Alberta:National Energy Board, Nov. 1996), v viii.

8.Ibid., 22.

9.1995年，全国能源董事会取消了二级市场运输权的定价上限。Ibid.

10.比如，艾伯塔省资本总成本的规定，其中能源和公共事业董事会（EUB）说道，"董事会一致认为之前的规定（西北，霍普和蓝田）在建立受监管设施合理收入方面，其管辖权威的相关性最大。"Alberta Energy and Utilities Board, Generic Cost of Capital

Decision 2004052 (2005), 13.

11.Roger A. Morin, *New Regulatory Finance* (Vienna, VA:Public Utilities Reports, 2006), 12.

12.National Energy Board, *Natural Gas Market Assessment*, 22.

13. 国家能源委员会在新增运输权的增量定价上没有实际的规定。在这种情况下，任何管道公司都可以将新增运能扩张的成本进行添加，使得现有托运人的成本增加——美国的管道公司已经无法做出这种行为。

14. 从20世纪70年代早期开始，阿拉斯加北坡的大量天然气已经激起了建造一条从加拿大到美国48个州的管道的兴趣。对于管道的兴趣，在2008年中期天然气价格大幅上升时达到最高，当时阿拉斯加州和跨加拿大管道公司无法达成初步协议。但是，需要继续注意的是这种兴趣是否会在天然气价格下降一半之后继续存在。如果要建造管道，美国天然气经销商以及发电厂会构成主要的托运人，会为管道资本带来主要的回报，他们肯定会希望拥有自己的运输权，就像拥有目前提供服务的美国天然气管道的运输权一样。

15. 原先的1986年天然气法案 [Part I, Section 4(2)(d)] 确实明确了天然气供应办公室主任应该"在任何前提下，保障以每年超过25000千卡的速率保障天然气供应的有效完成。"但是，在没有明确技术/信息机制以及英国天然气公司提供合作公开的情况下，这方面并没有取得成功。

16. "The Statement of the Gas Transmission Transportation Charging Methodology" ("Methodology") and "The Statement of Gas Transmission Transport Charges" ("Charges"), effective from Apr. 1, 2007, National Grid.

17. 英国天然气公司负责模型的员工在1995年向我演示了第一版的详细模型。当时，有一套假设性运能变量，在其他进出点不变的情况下，控制单个进出点的运能扩张，整套模型运行、计算长期边际成本需要花费一个人大约一个月的时间。

18. 监管者天然气和电力市场办公室经常需要回应各种批评意见，批评其设计的各种业务拍卖在实践中没有效率。如果那些拍卖没有受到重视，天然气和电力市场办公室可能会通过控制托运人执照的方式强迫一些托运人或者其他方面参加，以"保证各方都适宜地参加。" Ofgem, letter from managing director, Networks, re "DN (distribution network) Interruptions Reform and Shipper Participation," Sept. 12, 2008.

19. 英国私营公司费率制定的会计和财务法规源于1986年的文件，适用于各种公共事业的估值，文件名称为《Accounting for Economic Costs and Changing Prices:A Report to HM Treasury by an Advisory Group》。"拜厄特报告"由I·C·R·拜厄特倡导，他后来成为英国财政部第二首席经济顾问，他在英国监管界非常有名。"拜厄特报告"在后来新西兰和澳大利亚私有化的过程中也是一份重要的参考文件——特别是在1993年和1994年，新西兰商务部形成"最优价值损失"估值矩阵的时候，澳大利亚在后来使用不同的名称，有效采用了这一方法。*Rationale for Financial Performance Measures in the Electricity Information Disclosure Regime*, a report to the Energy Policy Group by Ernst & Young, Aug. 1994.

20. 在财产估值方面，"拜厄特报告"总结："一项业务的财产价值指的是潜在竞争者可能会为其支付的价格，即使竞争是假设性的。这就是当期等效资产的净重置成本，如果资产可以重置，或者在不能重置情况下的可恢复数量（1:6）。"这个结论反映的视角与美国最高法院在霍普法案中由邦布莱特表达的综合财产估价条约完全相反。这也就反映了美国和英国经济学家在受监管价格基础问题上总是各说各话。

21. 天然气和电力市场办公室依靠会计咨询师审议成本定义的标准化监管条款，但是每一批会计都可以采用新的规则。天然气和电力市场办公室解释到其愿意废除过去的资本费用，因为其明显没有效率，而现实中的项目费用比预测更高。Ofgem, *Gas Distribution Price Control Review:One Year Control Final Proposals* (London:Ofgem, 2006), chap.3.

22. East Australian Pipeline Ply Limited v. Australian Competition and Consumer Commission (2007) HCA 44 (Sept. 27, 2007).

23. 还需要提到的是后来阿根廷国有油田公司（YPF）主席约瑟·佩佩·艾斯塔索罗（Jose "Pepe" Estenssoro），他也是阿根廷燃气公司的首席执行官。艾斯塔索罗被迫与来自政府和世界银行的经济学家（包括我在内）合作，讨论如何将国有企业迅速转型（变成两个管道公司和八个独立的分销商）。在创建资产专用性天然气管道成功交易的条件方面，他与英国的丹尼斯·卢克（Denis Rooke）爵士意见相反。艾斯塔索罗死于空难，他的小型飞机在1995年厄瓜多尔基多坠毁。

24. 阿根廷的问题引起了关于这种私有化体制性缺陷的大量研究，比如监管能力、责任机制以及财政效率方面的缺陷——这些因素对于建立针对私有管道企业有效监管来说非常重要。Antonio Estache and Liam WrenLewis, "Toward a Theory of Regulation for Developing Countries:Following JeanJacques Laffont's Lead," *Journal of Economic Literature* 47, no. 3 (2009):72969.

25. 作为私有化的起因，有关费率手册的最初结构由NERA设计并由斯隆和韦伯斯特完成，其依照美国统一会计制度。FERC逐渐采用了这种管道费率。

26. 私有化之后的第六年，我在布宜诺斯艾利斯与一个主要的欧洲分销商一同工作的时候发现了这个问题。我觉得会计记录可以追溯到私有化结束之后的一段时间，但是其保存和维护工作由于监管当局的懈怠而被大部分忽略了。

27. Carmen M. Reinhart and Miguel A. Savastano, "The Realities of Modern Hyperinflation", Finance and Development 40 (June 2003):21.

28. Ricardo Hausman and Andres Velasco, "Hard Money's Soft Underbelly:Understanding the Argentine Crisis," *Brookings Trade Forum* (2002); and J. F. Hormbeck and Meaghan

K. Marshall, *The Argentine Financial Crisis:A Chronology of Events,* Report for Congress, Congressional Research Service, June 5, 2003.

29.Anouk Honore. "Argentina:2004 Gas Crisis," *Oxford Institute for Energy Studies*, Nov. 2004.

30. 在欧洲，俄罗斯占据了不到30%的市场，前五大生产商的占比约为85%。Holz, von Hirschhausen, and Kemfert, "Strategic Model of European Gas Supply".

31. 关于荷兰市政分销商演变的描述，参阅 Peelbes《Evolution of the Gas Industry》32-34页。

32. 俄气在欧洲有很多管道投资，包括主要的连接站（特别是英国连接站），Blue Stream 管道，途经波兰和白俄罗斯的亚马尔—欧洲管道，以及波罗的海的 Nord Steam 管道。同时，俄气在法国、意大利、德国、匈牙利、荷兰、波兰以及瑞士等国家与该国的管道公司和国家天然气供应商合作开办合资企业。

33. 的确，克里斯·帕顿（Chris Patten）表达了对于俄罗斯在能源政策方面分裂欧盟成员国的担忧，他列举了前财政部长杰哈德·施罗德（Gerhard Schroeder）在卸任不久就出任了俄气股东委员会主席的职务，俄罗斯与欧洲大型能源公司（法国、奥地利、意大利和德国）之间的双边协议，以及俄罗斯企图在东南欧锁定天然气的进口收益。Chris Patten, "What Is Europe to Do?" New York Review of Books 57, no. 3 (Mar. 11, 2010):12.

34. 有些欧洲天然气管道公司（特别是德国和荷兰）并非国有，但包含大量的公共市政股份。

35. 欧盟确实拥有单一市场条约，并且欧盟的法律支持其超越各成员国的法律。但是，欧盟没有独立的政治强制力，因此新的法律和规定都要依托个成员国之间的协定。欧洲理事会和欧洲议会（EC）的713/2009号条例（2009年7月13日）确实建立了一个协调各成员国能源监管方的机构。但是这个机构只有建议权。

36. 作者提到："美国与欧洲透明性之间显著的不同（见脚注2）。"欧洲的管道有时会公开"可用运能"的数据，但是各方的定义并不统一，而且管道公司可以控制数据。托运方的名称由管道公司秘密保护，欧洲内部的天然气运输信息并不对外公开接受调查，欧洲的运输方因此承担了很大的后勤和信息成本，并且还需要独自在欧洲进行天然气运输。Tooraj Jamasb, Michael Pollitt, and Thomas Peter Triebs, "Productivity and Efficiency of US Gas Transmission Companies:A European Regulatory Perspective," *Energy Policy* 36, no. 9 (Sept. 2008):3399.

37. 在2007年1月的竞争报告中提到，"在没有单一跨国监管的情况下，各国监管者必须在管理监管和连接能力分配上相互协调……另外，各成员国实施的监管规则不同，并且在某些情况下会产生监管真空——特别在跨国的情况下。" European Commission, *DG Competition Report on Energy Sector Inquiry* (Brussels:European Commission, Jan. 10,

2007), 50, 59.

38.Directive 2009/73/EC of the European Parliament and of the Council, of July 13.2009. concerning common rules for the internal market in natural gas and repealing Directive 2003/55/EC ("third legislative package").Article 42.

39. 这些术语作为同义词仅仅反映了经济学文献在这个问题上的通行做法——其准确意义和经常使用的含义比较模糊。法律学者可能会激烈反对——其理由很充分——经济学家和其他人对于这些术语的模糊处理。

40.Third legislative package, Directive 2009/73/EC, Article 32.

41.Ibid., preliminary，23页。不是所有欧洲的天然气管道系统都使用第三方开放规则。国内系统和将天然气从持有长期协议的生产国进行运输大型国际管道（即"连接站"）之间存在差异。参阅《Directive 2009/73/EC》第36条。

42."目前网络和供给利益的区分方式不利于市场发挥作用以及在网络中刺激投资。这对新进入者构成了主要的障碍并且威胁到供给安全。"European Commission, *DG Competition Report*, 7。

43."尽管委员会认为拆分所有权是首选，但还是为不愿这么做的成员国提供了替代方案……这个方案部分放弃了基本的所有权拆分路径，被称为'独立系统操作者。'这个方案使得纵向一体化公司可以保持对网络资产的所有权。"在第二版牛津英语词典中，这个词是指权威弱化或者法律的部分废止。替代方案的确在很大程度上减弱了所有权拆分的要求，甚至可能导致关联交易。所有权拆分使得区域内有争议管道之间产生竞争的可能性几乎就不存在了。这个建议出现在第三套立法中第四章，第9.8条。Proposal for a Directive of the European Parliament and of the Council, Amending Directive 2003/55/EC, third legislative package, Explanatory Memorandum, Brussels, 2007, Section 1.2 (emphasis in the original).

44. 第三套立法中的解释备忘录为电力系统提供了一定数量的参考。

45.Third legislative package, Articles 16 and 30。

46. 部门问询证实了天然气批发商在网络运能信息是否充足的问题上存在分歧。现有公司通常表示满意，但是大多数新进入者发现信息不足，表明纵向一体化公司在获得信息上占据优势……过度的透明性可为主要市场参与者相互勾结提供便利，特别是在寡头垄断市场中。为了防止勾结并且改善透明性，就必须在发布信息的内容和方式上达到平衡。(European Commission, *DG Competition Report*, 90)。

47. 澳大利亚竞争特别法庭拒绝监管东部天然气管道公司，使得澳大利亚对其他公司也取消了监管，因为公共信息可能导致勾结协议的产生。第4章。

48."同时，委员会收集了证据，表明TSO（运输系统操作者）在运输费上支付大量回扣给关联供应公司，而非关联网络的用户较少。通过这种方式，TSO直接增强了关联供给公司的竞争地位……如果所有权的关联被打破，那么网络操作者的动机会产生改变。它会寻求网络业务的最优化，而不是为纵向一体化集团的整体利益服务。European Commission, *DG Competition Report*, 58.

49.MIT 的达龙·阿西莫格鲁（Daron Acemoglu）在研究宪法和财产权对经济增长的影响方面成就显著，他认为："所有权制度更好的社会可以产生更好的合作机制。" Daron Acemoglu, "Constitutions, Politics, and Economics:A Review Essay on Persson and Tabellini's *The Economic Effects of Constitutions*," *Journal of Economic Literature* 47, no. 4 (Dec. 2005):102548.

50. 参见 Regulation (EC) No. 715/2009 of the European Parliament and of the Council of July 13, 2009 第 13 条："2011 年 9 月 3 日之前，各成员国应该保证，在过渡期之后，网络费率不应该以协议为基础进行计算。"

51.The foreword by Jonathan Stern, of Oxford University, in Paul Hunt's working paper "Entry-Exit Transmission Pricing with Notional Hubs:Can It Deliver a Pan-European Wholesale Market in Gas？" Oxford Institute for Energy Studies, Working Paper NG 23, Feb. 2008. ii.

52.The Explanatory Memorandum for the proposed third package, Section 5.6.

53. 英国和维多利亚州封闭市场中现存的独立系统运营商在价格、对管道竞争的明显漠视以及对保存并扩大管辖权的强烈愿望方面可以提供很多信息。

54. 正如一位前美国驻土耳其大使（现在是布鲁金斯协会的成员）在 2009 年布鲁金斯会议上关于土耳其、俄罗斯和其他地区性能源问题上提出的那样，在欧洲保障供给安全的机制方面，"解决问题的方法不在于向东铺设更多的管道，而是在于布鲁塞尔。"

55.Olson.*Rise and Decline of Nations*, 44.

第9章 理解管道：新制度经济学的视角

选择适当的经济学视角对理解管道来说至关重要。奥利弗·威廉姆森在2009年诺贝尔奖的演讲中提到为什么新古典主义的传统在分析在理解某些行业关系方面无能为力：其采用了选择的视角，而不是合同的视角。[1] 合同的视角可以说明资产专用性以及管道行业组织中公共运送的不可持续性。合同的视角使得政策制定者强化了支持长期管道确定性合约的制度，以促进管道的投资。合同的视角明确了新古典主义的选择视角忽略了管道的治理，以及内陆运输竞争性的可能性。

管道行业与其他受监管行业不同。长距离管道不是公共实施垄断（比如当地的能源或者自来水公司），也不是受制于传统价格监管的运输方式，它在不受监管的时候表现得更好（比如航空和汽车运输公司）。长距离管道受到资产专用性的拖累，面临其特殊的融资和合同签订问题。对管道采用传统的公共事业监管方法遏制了竞争性市场进入的可能性——阻碍了商品市场的发展。但是，取消管道价格的监管会使得消费者在地理上受制于一条单独的管道，从而引发混乱。本章表明，管道运输在建设方面可以是竞争性的，并且可以作为燃料市场全面竞争的载体。但是它也表明，这种竞争性运输的制度基础是稳定（比如受监管的管道财产定义）和微妙的（比如成熟和独立的监管者放弃一些传统的监管手段而获得另一些手段）。的确，处理油气管道一个世纪的经验说明，像约翰·D.洛克菲勒首次发现管道使用方式那样维持管道是非常困难的——比如作为降低商品市场竞争性的手段，以及作为商品贸易路线上利润丰厚的收费站。解决这些熟悉的管道问题的方法来之不易。美国最早试图限制原油管道进行商品市场集中或者收取高价的权力，这种努力失败了。其借鉴铁路的监管经验，试图分散或者转移这种权力，因为管道投资者拥有保护其长期固定资本价值的合法诉求。欧洲和澳大利亚加强管道监管的努力最终也没有成功。他们通过并不适用于独立管道运输的监管模型，最终创造了横跨大洲的多个国有垄断集团，并没有促进管道运输的竞争性以及独立天然气市场的诞生。

本章的大部分内容描述了国会与联邦监管者如何经过几十年的积累，创造出针对管道的可靠精细的治理机制。这是一系列的努力，包括可靠合法的会计准则，可胜任的监管者、管道用户组成的强大利益集团，以及英明的司法决定。科斯在1960年预见了这种无形产权的竞争，但是要在一个拥有私有管道系统的国家中施行并不容易，而且这个国家的制度、立法者以及监管机构长期以来一直保护私有财产的价值不受掠夺。在其他管道系统中建立类似竞争性机制——特别是对欧洲的天然气用户，管道运输的竞争似乎得到了承诺——显得更加困难。令人沮丧的是，大部分通过经济学理论或者公共事业定价机制的分析和政策，并没有发挥多大作用。

现代经济学家对这个行业并不了解，也没有将其放在概念性的经济学框架中，并从中得出有效的公共政策。美国大部分关于竞争性管道运输经济体制的深入研究都是在20世纪前20年由制度经济学家完成的，早于新古典主义传统出现的年代。有远见的政治家和法学家做出了更多的贡献。一位精明的美国参议员在关键时刻从19世纪无效的公共运送教条中拯救了天然气管道系统。公共运送作为治理体制在30年中被逼入绝境，政府、国会以及法院定义的单独监管元素使得基于合同的州际管道运输有效运行。因此，当舆论要求结束州际天然气管道的监管空白的时候，国会就可以有工具起草创造性的立法，其对燃料生产商、融资方以及管道用户等各个集团来说都具有特殊的敏感性。并且在不可避免的法律诉讼中，最高法院为管道财产的价值提供了客观的定义——当时的经济学家毫不夸张地认为它是美国法律历史中最重要的宣言。所有这些监管、立法以及司法努力都发生在20世纪上半叶——早于新古典主义传统产生的时期，也比后来的制度主义者重新关注交易成本、政府治理与公共选择的经济学分析早了几十年。

20世纪下半叶，富有洞察力的监管委员会，在天然气分销商及其拥护者组成的利益集团推动下，最终完成了管道运输向竞争性的转变。新古典主义传统下的经济学家在当时描写管道的时候一般被规模经济所迷惑（在更广阔的行业视野中并不重要），错误地接受了制度性障碍——比如公共运送——是适用于所有内陆运输的自然障碍，或者对运输市场进行抽象，从而集中关注商品。综上所述，无论是制度基础，还是美国最终向竞争性管道运输转变，都不是由于新古典主义经济学传统——与其他监管改革领域不同，比如航空运输可以更好地适用其理论。

从多方面看，将新古典主义经济学分析应用于管道阻碍发展。对世界上私有管道监管定价的大部分创新（比如，基于边际成本的管道定价模型，管道运能拍卖，管道服务半小时刷新的现货市场）都忽略了资产专用性并且妨碍了签订可靠合同的预期。这些做法形成了大型的管道垄断，消除了新进入者的威胁，可能还伴随着管道公司保持纵向一体化不可避免的愿望而出现的"独立系统运营商"。从独立系统运营商的角度看，自然可以预计到它们会与保护主义势力联合起来，寻求保持市场权力，并且不受新竞争者进入的压力影响。

从威廉姆森的合同角度看，他集中关注了一个世纪中管道监管与发展的特殊因素。其中有两个有效因素，第一个涉及财产：谁提供资本（投资者还是公众），如果涉及投资者的资本，那么财产价值的定义是否全面，从而使得受监管的价格可以预测，并且投资者可以确信其投资的机会成本可以在资产的使用期间得到补偿。第二个涉及公共运送或者第三方准入：将行业围绕合同进行组织是否合法。后来的制度对合同有另外两方面的补充,解释现有的制度从何而来,以及它们是否可以被合理的批判:集体行动(竞争性管道运输的出现会提高集体利益,它们是否会促进这种情况发生)以及制度与政治的历史(长期的当地习俗或者政治边界是否鼓励或者妨碍竞争性运输的发展)。

9.1 有形管道资产的价值

如果其受监管的有形管道财产在司法上的定义不明确,那么管道投资者除了阻止竞争者的进入市场之外,没有其他办法处理其资产专用性——发展成大型的阻止市场进入的公共事业公司,或者通过纵向一体化。在全世界的管道中,管道价值是否明确和客观决定了其一个多世纪演变的分化。首先是美国的管道。20世纪初,公有/私有公共事业问题的研究人员偏向于认为私有融资只不过是美国行业发展的一部分。但现实更加复杂,因为美国首个内陆运输项目——19世纪早期的运河——进行的是公共融资。只有在市场认识到私有资本应用到铁路上可以确保投资者收回其资本之后,私有融资才在美国内陆运输中替代了公共融资。毫无疑问,长期的传统以及运输公共融资的失败造成了美国管道的私有化。

私有性对行业的组织和监管有至关重要的影响。首先,其极大限制了国会如何对行业进行监管,因为任何在没有正当程序的情况下损害私有财产的立法都会被美国最高法院以违反宪法的名义否决(塑造了美国的立法辩论)。其次,其要求会计标准化与透明性,使得新成立的独立特别监管委员会可以有效客观地处理私营企业与公共福利之间的冲突。第三,最高法院必须制定出受监管财产价值的定义(1944年霍普法案)并且适用于私有受监管行业面临的独特估值问题。私有财产的存在——特别是在天然气管道领域——促进了制度进步,使得后来的独立管道行业可以利用合同来处理资产专用性。

如果没有为监管制定有形管道资产价值的迫切愿望的话,管道合同所必要的支撑制度是不可能形成的。美国的原油管道行业受到1906年不当立法——目前依然施行——的阻碍,中立的监管委员会从来没有成功地研究出一种衡量有形管道投资价值的方法。对使用公共资金建造的管道来说,整个私有财产的问题一直悬而未决。对公共管道项目来说,从来没有创造会计准则或者监管体系的需求,以确保单一管道在其使用期间内自负盈亏。

缺乏衡量受监管的有形管道资产价值的需求,其后果是对全世界私有管道来说,独立私有的管道运输行业缺少了处理资产专用性的基本工具。由于没有使相关资产形成长期可靠合同的能力,管道行业需要其他政府机制的维持。有些管道依然处于公有状态,其有形财产价值的问题依然不重要或者没有引起争议(或者至少被更大的政府预算所掩盖)。其他管道,特别是作为独立个体被私有化的管道,被作为特许公共事业进行了有效监管,这就阻止了竞争者的进入以及对现有管道的超越。还有一些进行了纵向一体化,将燃料供给、长距离运输与当地的分销商绑定在一个封闭的系统内——同样强烈抵制竞争者进入。

交易成本经济学的角度,与合同的角度一样,使得全世界管道系统的组织变得明白易懂。针对受监管的有形资产制定合同需要精细的制度基础——管道投资者可以免受来自机会主义监管者或者机会主义管道用户带来的损失——否则,竞争性的独立私有管道系统中并不可能形成基于合同的燃料运输。另外,受监管价格、服务限制、拍卖,或者其他具体的费率制定与运营因素都对其没有帮助。只有在解决受监管的有形管道资产价值的问题之后,竞争性管道运输的演化才会发生——通过无形运输权的科斯市场。

9.2 公共运送与第三方准入的负担

在资本密集的内陆运输系统中,从合同角度看,公共运送是一个典型的但是妨碍发展的19世纪传统观点。虽然公共运送采用温和并且似乎不冒犯任何人的方式防止歧视,但其阻碍了管道之中的交易。因此,唯一剩下的一种运输管道的经济治理结构就是纵向一体化,或者类似于特许公共事业的管道,可以防止新进入者的威胁。

公共运送所附带的责任与管道投资者的需求大相径庭,强制执行的结果是在这种限制周围会不可避免地产生其他制度,从而造成混乱。美国的原油管道在监管规则实施之后迅速形成并实施了一系列复杂的限制措施,限制管道优先客户的使用权。最终,美国石油公司发现,只有通过纵向一体化以及广泛的合资企业,以及其他的限制措施,才可以在解决"公共"使用对行业造成的问题的同时克服资产专用性。一个世纪以来形成了非常复杂的石油管道行业——盘根错节的横向和纵向关系以及复杂的运营规则——而美国天然气管道的监管方式从来没有在原油管道上出现过。如果不采用合同的视角,那么两种管道系统间治理的差异就会变成从复杂行业历史中产生的秘密。合同的视角揭示了令人费解并且基本没有竞争性——以天然气管道为标准——的行业结构。

欧洲施行的管道系统第三方准入,以及澳大利亚类似的情况,加剧了通过制定长期协议的方式解决资产专用性问题的难度。对欧洲天然气行业的大多数来说,第三方开放意味着现有的管道如同特许公共事业。新的大型主要"互联"管道不适用于第三方开放——否则无法吸引大量的投资。但是这些互联管道的所有者一般是现有的管道公司或者主要的天然气供应商,因此纵向一体化可以将各方联系在一起以支持这种项目（类似于美国原油管道中纵向一体化的合资企业）。

从合同的角度看，公共运送与第三方开放不利于形成独立管道运输部门。多层次的复杂定价和服务条款，以及本质上妨碍竞争性进入的体制——比如"独立系统运营"——只是在保护这种体制，并且使得竞争性内陆燃料运输更加难以完成。从这种角度看，受监管价格或者其他方面的治理都没有清除妨碍长期合同制定的障碍，并且形成竞争性。

9.3 集体行动的角度

制度的各种层次——立法、司法判例、监管规则都围绕着管道系统存在。每一层次都有其独特的情况，人们根据其自身经验，在行业特定时期的明确需求所形成特殊社会冲突上寻找解决方法。但是这些需求又是谁概括的呢？管道市场发展的问题在于，消费者压力集团是否会在为制度和监管规则的制定者提供咨询意见的时候与管道或者石油公司的小集团保持一致。美国拥有强大的代表独立分销商的压力集团，而欧洲却没有，这是美国与欧洲天然气管道系统之间明显的区别。

美国代表天然气消费者利益的天然气分销商压力集团的产生需要归功于国会，它强制拆分了地区性分销与天然气运输，当代经济学家将其称为美国工业史上最正确的立法——真正的对症下药。该立法创造了地区性分销商的压力集团，在20世纪下半叶保留了顾问经济学家。这些压力集团挫败了石油和天然气生产商在美国天然气管道系统形成有效的合同运输形式之前要求取消井口价格监管的努力。此后，还是这些压力集团在抵制州际管道公司保持其传统市场权力的各种尝试中起到了关键的作用。如果起初国会没有对纵向一体化管道公司所在的行业进行彻底的调查，那么天然气生产商和管道公司在商品定价和内陆天然气运输上保持其市场权力的持续努力就不可能如此成功地受到抵制。

纵向一体化以及表面上意图良好的——但却是会阻碍发展——"完全零售开放"使得天然气消费者无法获得代表其利益的游说集团所带来的好处。在没有这种集团的情况下，消费者无法与纵向一体化的国家天然气公司，或者其各自的国家能源部长进行对话。如果欧洲拥有可以代表内部几百万消费者的独立天然气分销商，那么那些消费者会得到更公正的对待。

可以肯定的是，即使独立天然气分销商可以在欧洲形成代表几百万消费者的压力集团，其形成竞争性天然气运输的道路依然漫长并且充满不确定性。建立单一欧盟管道监管的计划需要各成员国的监管者放弃对跨欧洲天然气运输的管辖权——这与任何监管者的本质存在抵触。在欧盟建立单一的公开会计准则和信息框架需要行业和运营记录拥有高度的透明性，公司经理或者股东本质上并不愿意这么做。禁止现有管道进行利润丰厚的自有天然气贸易会招致其强烈的反对。建造跨国天然气管道无缝连接的条件与各国保护各自纵向一体化的"国家大型"天然气公司的动机并不一致，并且各国也不希望暴露其在竞争性运输市场中被认为是多余的管道。

另一个严重的问题在于当地天然气分销商所代表消费者的集体行动是否可以克服这些制度性障碍——它们是科斯谈判所必需的。曼瑟尔·奥尔森所说的"集体行动的视角"——或者其他人所称的"公共选择的视角"都表明在多重治理体制包裹下的行业组织都需要对立的竞争。在燃料消费者没有形成目的明确的游说集团的情况下——比如20世纪30年代美国以及阿根廷私有化时代的情况——不欢迎竞争的燃料生产商及其联合的现有管道公司会独步天下。

9.4 制度历史的角度

首个管道监管的制度是私有企业与公共福利之间社会冲突的产物。其出现是由于人们——立法者、法官和监管者——需要利用手边的工具处理近期的问题，后来便固化为"自然"的制度结构。对于那些将其成长过程中的制度作为自然而然的事情的人来说，很难在这个角度中有所扩展。这就成了管道分析中的一个问题，其周围包含了多层的政治、公共政策和立法因素。以自然垄断为例，对那些没有通过新制度经济学考察管道的人来说，他们很容易相信当垄断计划和公共融资伴随着管道出现的时候，地区性的管道系统就形成了自然垄断。

北美的制度历史并不能说明管道属于自然垄断。从19世纪开始，交通项目的私有融资，包括铁路和管道，就表现出真实的竞争性因素。那些研究管道行业历史的人知道只有在狭义情况下，这种内陆运输的模式才能被认为是自然垄断。北美的经济学家将几十年前形成的其他制度比如关于监管会计的立法，受宪法保护的财产价值，以及正当的行政程序，作为理所当然的事情。加拿大和美国经济学家对制度的推崇使得其他地区的经济学家非常不解。

对于拥有广泛性、持久性和固定性的行业来说，资产专用性比政治边界在解释制度发展和监管上更有说服力。美国宪法中的商业条款给予联邦政府对州际贸易中使用的管道唯一并且明确的管辖权，以其为基础的州际管道运输监管秩序非常重要。欧盟没有类似的制度可以超越各主权成员国的边界。澳大利亚只是在最近将管道监管的管辖权从各州转移到联邦当局手中。对大陆规模的管道运输系统来说，没有单一的权威监管方，就会使得管道系统有秩序的监管或者促进竞争性运输的未来变得模糊。

制度历史的角度表明，有能力处理类似于主要管道运输系统的复杂行业的制度演变至多是零碎的并且理想化的。事情并不是在任何时候都可以进行。的确，大部分时候能做的非常有限。并且即使有机会进行，争论的内容由舆论决定，其运作方式复杂而且不可预测。但是，对竞争性管道运输来说可以参照科斯的思想，可能由于其存在，这种竞争性的发展的可能性会更大。

9.5 管道与后来的制度主义者

　　管道或许是最后一个可以体现制度主义者研究力量的行业。管道在几十年中固定不变，也几乎没有新的技术，它们只是在一个世纪中在两点之间跨越整个国家运输燃料。行业的组织在本质上属于经济治理的制度：公有或者私有、法律体系、政治边界以及监管立法。从这些制度中抽象出来的经济学理论无法解释主要管道系统的组织及其可能的竞争性。只有需要基于治理制度的经济学分析再次复兴所提供的历史和跨学科方法，才能决定当前管道系统来源和发展方向。

　　管道运输业在本质上很难研究。其治理机制相互不同，高度复杂，并且经常妨碍而不是方便经济学分析。管道在消费者的上游，其运输燃料的成本都埋没在上百万的取暖账单、电价、各种工业产品以及汽车燃料之中。那些拥有市场权力的管道公司——可以指定燃料价格或者将竞争性进入者排除在燃料运输之外——更喜欢在幕后行使权力。只有美国的管道会计和运营信息是公开的，因为施行了美国最高法院在几十年前所决定的制度。当欧洲的经济学家利用他们可以获得的美国数据而不是欧洲的数据进行管道实证研究的时候，管道行业一直维持的秘密就被揭开了。

　　国际治理制度的研究一直很困难。但随着制度的经济学研究从边缘走向中心，由于科斯、威廉姆森、奥尔森、诺斯和其他人的努力，未来的管道行业与竞争性潜力分析会更好。当然，对于一个技术变化小，而组织和竞争的多样性主要是由于制度多样性的行业来说，这是唯一一种有效的经济学分析。治理体制解释了为什么美国的原油和天然气管道在1906年5月4日的国会开会之后走上了完全不同的发展道路。这种制度解释了为什么北美洲之外的管道系统在财产价值不受重视的情况下得以发展。制度解释了为什么在美国境内可以很容易地确定可供运输的管道运能——精确的地点和价格——而在欧洲和澳大利亚却做不到相同的事情。竞争性管道运输——以及相关的竞争性内陆燃料市场——的范围边界取决于当地的治理制度是否推动这种竞争的发展，或者是否有意阻止竞争。

注　释

　　1."对经济学家来说，如果治理和组织对分析的影响很大，那么它们就是重要的。在此，将运行的内容加入治理的概念可以通过协议的视角（而不是新古典经济学中选择的视角）研究经济组织，这是一个跨学科项目，涉及经济学和组织理论（以及后来的法律视角），并且加入被忽视的交易成本因素。"这是2009年12月8日威廉姆森在斯德哥尔摩诺贝尔奖讲座上的修订版。Oliver E. Williamson, "Transaction Cost Economics: The Natural Progression," *American Economic Review* 100, no. 3 (June 2010):673.

参考文献

Acemoglu, D. "Constitutions, Politics, and Economics: A Review Essay on Persson and Tabellini's The Economic Effects of Constitutions." Journal of EconomicLiterature 47, no. 4 (Dec. 2005): 1025–48.

Acemoglu, D., S. Johnson, and J. A. Robinson. "Institutions as a Fundamental Cause of Long-Run Growth." In Handbook of Economic Growth. Edited by A. Aghion and S. N. Durlauf. Vol. 1A. Amsterdam: Elsevier, 2005.

Adelman, M. A. The World Petroleum Market. Baltimore: Johns Hopkins University Press, 1972.

Anderson, R. E., and R. T. Rapp. Competition in Oil Pipeline Markets: A Structural Analysis. White Plains, NY: National Economic Research Associates, 1978.

Anderson, W. H. "Public Utility Holding Companies: The Death Sentence and the Future." Journal of Land and Public Utility Economics 23, no. 3 (1947): 244–54.

Armstrong, M., S. Cowan, and J. Vickers. Regulatory Reform, Economic Analysis and the British Experience. Cambridge, MA: MIT Press, 1994.

Arrow, K. J. "Reflections on the Essays." In Arrow and the Foundations of the Theory of Economic Policy, edited by G. Feiwel, 727–34. New York: New York University Press, 1987.

Bailey, E. E., D. R. Graham, and D. P. Kaplan. Deregulating the Airlines. Cambridge, MA: MIT Press, 1985.

Bajari, P., and S. Tadelis. "Incentives versus Transaction Costs: A Theory of Procurement Contracts." RAND Journal of Economics 32, no. 3 (Autumn 2001): 387–407.

Baker, G., R. Gibbons, and K. J. Murphy. "Relational Contracts and the Theory of the Firm." Quarterly Journal of Economics 117, no. 1 (Feb. 2002): 39–84.

Baron, D. P., and J. A. Ferejohn. "Bargaining in Legislatures." American Political Science Review 83, no. 4 (Dec. 1989): 1181–1205.

Barr, C. J. "Growing Pains: FERC's Reponses to Challenges to the Development of Oil Pipeline Infrastructure." Energy Law Journal 28, no. 1 (2007):43–70.

Baumol, W. J., J. C. Panzar, and R. D. Willig. Contestable Markets and the Theory of Industrial Structure. New York: Harcourt Brace Jovanovich, 1982.

Beckjord, W. C. "The Queen City of the West" —During 110 Years! A Century and

10 Years of Service by the Cincinnati Gas & Electric Company, 1841–1951. New York: Newcomen Society in North America, 1951.

Belkin, P. "CRS Report for Congress: The European Union's Energy Security Challenges." Statistical Pocket Book, 2007. Washington, DC: Congressional Research Service, Jan. 30, 2008.

Bertrand, J. "Review of Théorie mathematique de la richesse sociale and Recherches sur les principles mathematique de la theorie des richesses." Journal des Savants (1883): 499–508.

Bonbright, J. C. Principles of Public Utility Rates. New York: Columbia University Press, 1961.

——. "Utility Rate Control Reconsidered in the Light of the Hope Natural Gas Case." American Economic Review 38, no. 2 (May 1948): 465–82.

——. The Valuation of Property. 2 vols. New York: McGraw-Hill, 1937.

Breyer, S. G., and P. W. MacAvoy. Energy Regulation by the Federal Power Commission. Washington, DC: Brookings, 1974.

Castaneda, C. J. Invisible Fuel: Manufactured and Natural Gas in America, 1800–2000. New York: Twayne Publishers, 1999.

——. Regulated Enterprise: Natural Gas Pipelines and Northeastern Markets, 1938–1954. Columbus: Ohio State University Press, 1993.

Castaneda, C. J., and C. M. Smith. Gas Pipelines and the Emergence of America's Regulatory State: A History of Panhandle Eastern Corporation, 1928–1993. Cambridge: Cambridge University Press, 1996.

Cheung, S. N. S. "Ronald Henry Coase (b. 1910)." In The New Palgrave: A Dictionary of Economics. 1st ed. London: Macmillan, 1987, 1:455–57.

Christensen, L. R., and W. H. Greene. "Economies of Scale in U.S. Electric Power Generation." Journal of Political Economy 84, no. 4 (Aug. 1976):655–76.

Clemens, E. W. Economics and Public Utilities. New York: Appleton-Century-Crofts, 1950.

Coase, R. H. "Coase on Posner on Coase." Journal of Institutional and Theoretical Economics 149, no. 1 (1993): 96–98.

——. "The Federal Communications Commission." Journal of Law and Economics 2 (1959): 1–40.

——. "The Nature of the Firm." Economica 4, no. 16 (1937): 386–405.

——. "The Problem of Social Cost." Journal of Law and Economics 3 (1960):1–44.

Coburn, L. L. "The Case for Petroleum Pipeline Deregulation." Energy Law Journal

3, no. 1 (1982):225–72.

Commons, J. R. The Economics of Collective Action. New York: Macmillan,1950.

——. Institutional Economics. New York: Macmillan, 1934.

——. Legal Foundations of Capitalism. New York: Macmillan, 1924.

——. Myself. New York: Macmillan, 1934.

Cookenboo, L., Jr. Crude Oil Pipe Lines and Competition in the Oil Industry. Cambridge, MA: Harvard University Press, 1955.

Crocker, K. J., and S. E. Masten. "Regulation and Administered Contracts Revisited:Lessons from Transaction-Cost Economics for Public Utility Regulation." Journal of Regulatory Economics 8 (1996): 5–39.

Crocker, K. J., and K. J. Reynolds. "The Effi ciency of Incomplete Contracts: An Empirical Analysis of Air Force Engine Procurement." RAND Journal ofEconomics 24, no. 1 (Spring 1993): 126–46.

Cudahy, R. D., and W. D. Henderson. "From Insull to Enron: Corporate (Re)regulation after the Rise and Fall of Two Energy Icons." Energy Law Journal 26, no. 1 (2005): 35–110.

Daggett, S. R. Principles of Inland Transportation. New York: Harper and Brothers, 1928.

Dales, J. H. Pollution, Property and Prices. Toronto: University of Toronto Press, 1968.

Dalton, J. A., and L. Esposito. "Predatory Price Cutting and Standard Oil: A Re-examination of the Trial Record." Research in Law and Economics 22(2007): 155–205.

Davis, L. E., and D. C. North. Institutional Change and American Economic Growth. Cambridge: Cambridge University Press, 1971.

Davison, A., C. Hurst, and R. Mabro. Natural Gas: Governments and Oil Companies in the Third World. Oxford Institute of Energy Studies. Oxford: Oxford University Press, 1988.

de Chazeau, M. E., and A. E. Kahn. Integration and Competition in the Petroleum Industry. New Haven, CT: Yale University Press, 1959.

DiLorenzo, T. J. "The Myth of Natural Monopoly." Review of Austrian Economics 9, no. 2 (1996): 43–58.

Dirlam, J. B. "Natural Gas: Cost, Conservation, and Pricing." American Economic Review: Papers and Proceedings 48, no. 2 (May 1958): 491–501.

Dixit, A. "Governance Institutions and Economic Activity." American Economic Review 99, no. 1 (Mar. 2009): 5–24.

Dixon, F. H. "The Mann-Elkins Act, Amending the Act to Regulate Commerce." Quarterly Journal of Economics 24, no. 4 (Aug. 1910): 593–633.

Ellerman, A. D., P. L. Joskow, and D. Harrison Jr. "Emissions Trading in the US: Experience, Lessons and Considerations for Greenhouse Gases." Pew Center on Global Climate Change, May 2003.

Erize, L. A., and S. M. Porteiro. "Argentina." Gas Regulation 2007. London: Global Legal Group, 2007.

Estache, A., and L. Wren-Lewis. "Toward a Theory of Regulation for Developing Countries: Following Jean-Jacques Laffont's Lead." Journal of Economic Literature 47, no. 3 (2009): 729–69.

European Commission. DG Competition Report on Energy Sector Inquiry. Brussels:European Commission, Jan. 10, 2007.

Furubotn, E. G., and R. Richter. Institutions and Economic Theory: The Contributions of the New Institutional Economics. Ann Arbor: University of Michigan Press, 1997.

Ganguin, B. Fundamentals of Corporate Credit Analysis. New York: McGraw Hill, 2005.

Glaeser, M. G. Outlines of Public Utility Economics. New York: Macmillan,1927.

Goldberg, V. P. "Pigou on Complex Contracts and Welfare Economics." Research in Law and Economics 39 (1981): 39–51.

Grossman, S. J., and O. D. Hart. "The Costs and Benefits of Ownership: A Theory of Vertical and Lateral Integration." Journal of Political Economy 94,no. 4 (1986): 39–84.

Hadfield, G. K. "The Many Legal Institutions That Support Contractual Commitments." In Handbook of New Institutional Economics, edited by C. Ménard and M. M. Shirley, 175–203. Dordrecht, Netherlands: Springer, 2005.

Hansen, J. U.S. Oil Pipeline Markets. Cambridge, MA: MIT Press, 1983.Hart, O. D. "Corporate Governance: Some Theory and Implications." Economic Journal 105, no. 430 (May 1995): 678–89.

Hart, O. D., and J. Moore. "Property Rights and the Nature of the Firm." Journal of Political Economy 98, no. 6 (1990): 1119–58.

Hausman, R., and A. Velasco. "Hard Money's Soft Underbelly: Understanding the Argentine Crisis." Brookings Trade Forum (2002).

Henderson, J. M., and R. E. Quandt. Microeconomic Theory: A Mathematical Approach. 2nd ed. New York: McGraw-Hill, 1971.

Hodgson, G. "John R. Commons and the Foundations of Institutional

Economics." Journal of Economic Issues 37 (Sept. 2003): 547–76.

Holmes, Oliver Wendell. "The Path of the Law," address, 1897. Reprinted in Collected Legal Papers. New York: Harcourt, Brace and Howe, 1920.

Holz, F., C. von Hirschhausen, and D. Kemfert. "A Strategic Model of European Gas Supply." Discussion paper 551, DIW Berlin, Jan. 2006.

Honoré, Anouk. "Argentina: 2004 Gas Crisis." Oxford Institute for Energy Studies, Nov. 2004.

Hooley, R. W. Financing the Natural Gas Industry. New York: AMS Press, 1968.

Hormbeck, J. F., and M. K. Marshall. The Argentine Financial Crisis: A Chronology of Events. Report for Congress, Congressional Research Service, June 5, 2003.

Hunt, P. "Entry-Exit Transmission Pricing with Notional Hubs: Can It Deliver a Pan-European Wholesale Market in Gas?" Oxford Institute for Energy Studies, Working Paper NG 23, Feb. 2008.

Hunt, S., and G. Shuttleworth. Competition and Choice in Electricity. New York: Wiley, 1996.

Jamasb, T., M. Pollitt, and T. Triebs. "Productivity and Efficiency of US Gas Transmission Companies: A European Regulatory Perspective." Energy Policy 36, no. 9 (Sept. 2008): 3398–3412.

Johnson, A. M. The Development of American Petroleum Pipelines: A Study in Private Enterprise and Public Policy, 1862–1906. Ithaca, NY: Cornell University Press, 1956.

——. Petroleum Pipelines and Public Policy, 1906–1959. Cambridge, MA: Harvard University Press, 1967.

Joskow, J. NERA: A Somewhat Personal History. White Plains, NY: National Economic Research Associates, 1990.

Joskow, P. L. "Transaction Cost Economics, Antitrust Rules, and Remedies." Journal of Law, Economics and Organization 18, no. 1 (2002): 95–116.

——. "Vertical Integration." In Handbook of New Institutional Economics, edited by C. Ménard and M. M. Shirley. Dordrecht, Netherlands: Springer, 2005.

Kahn, A. E. "Economic Issues in Regulating the Field Price of Natural Gas." American Economic Review: Papers and Proceedings 50, no. 2 (May 1960): 506–17.

——. The Economics of Regulation: Principles and Institutions. 2 vols. New York: Wiley, 1971.

——. Letting Go: Deregulating the Process of Deregulation. MSU Public Utility

Papers. East Lansing: Michigan State University, 1998.

———. "Refl ections of an Unwitting 'Political Entrepreneur.'" Review of Network Economics 7, no. 4 (Dec. 2008): 616–29.

———. "Telecommunications: The Transition from Regulation to Antitrust." Journal of Telecommunications and High Technology Law 5, no. 1 (2007):159–88.

Keeler, T. E. Railroads, Freight and Public Policy. Washington, DC: Brookings Institution, 1983.

Kennedy, J. L. Oil and Gas Pipeline Fundamentals. Tulsa, OK: PennWell Books, 1993.

Klein, B. J., R. Crawford, and A. Alchian. "Vertical Integration, Appropriable Rents, and the Competitive Contracting Process." Journal of Law and Economics 21, no. 2 (1978): 297–326.

Knight, F. H. Risk, Uncertainty and Profi t. 1921. Reprint, Chicago: University of Chicago Press, 1971.

Kwerel, E. R., and G. L. Rosston. "An Insider's View of FCC Spectrum Auctions." Journal of Regulatory Economics 7, no. 3 (May 2000): 253–89.

Landis, J. M. Report on Regulatory Agencies to the President Elect. US Senate Committee on the Judiciary, 86th Cong., 2nd Sess. Washington, DC: Committee Print, 1960.

La Porta, R., F. Lopez-de-Silanes, A. Shleifl er, and R. W. Visny. "Law and Finance." Journal of Political Economy 106, no. 6 (Dec. 1998): 1113–55.

Leeston, A. M., J. A. Crichton, and J. C. Jacobs. The Dynamic Natural Gas Industry. Norman: University of Oklahoma Press, 1963.

Lohman, S. "Rational Choice and Political Science." The New Palgrave Dictionary of Economics, edited by S. N. Durlauf and L. E. Blume. 2nd ed. New York: Palgrave Macmillan, 2008.

Lyon, L. S., and V. Abramson. Government and Economic Life: Development and Current Issues of American Public Policy. Vol. 2. Washington, DC:Brookings, 1940.

Mabro, R., and I. Wybrew-Bond, eds. Gas to Europe: The Strategies of Four Major Suppliers. Oxford: Oxford University Press, 1999.

MacAvoy, P. W. The Economic Effects of Regulation. Cambridge, MA: MIT Press, 1965.

———. The Natural Gas Market: Sixty Years of Regulation and Deregulation.New Haven, CT: Yale University Press, 2000.

———. Price Formation in Natural Gas Fields. New Haven, CT: Yale University

Press, 1962.

MacAvoy, P. W., and S. Breyer. Energy Regulation by the Federal Power Commission. Washington, DC: Brookings Institution, 1974.

Makholm, J. D. "FERC Takes the Wrong Path in Pricing Policy." Natural Gas (Wiley) 12, no. 2 (Sept. 1995): 7–11.

——. "Gas Pipeline Capacity: Who Owns It, Who Profits, Who Pays?" Public Utilities Fortnightly 132, no. 18 (Oct. 1, 1993): 17–20.

——. "Seeking Competition and Supply Security in Natural Gas: The US Experience and the European Challenge." In Security of Energy Supply in Europe, edited by F. Lévêque, J.-M. Glachant, J. Barquín, C. von Hirschhausen, F. Holz, and W. J. Nuttal, 21–55. Cheltenham, UK: Edward Elgar, 2010.

Masten, S. E., and S. Saussier. "Econometrics of Contracts: An Assessment of Developments in the Empirical Literature of Contracting." In Economics of Contracts: Theories and Applications, edited by E. Brousseau and J.-M. Glachant, 273–92. Cambridge: Cambridge University Press, 2002.

McAllister, E. W., ed. Pipeline Rules of Thumb Handbook. 4th ed. Houston: Gulf Publishing Company, 1998.

McCraw, T. K. Prophets of Regulation. Cambridge, MA: Harvard University Press, 1984.

McGee, J. S. "Predatory Price Cutting: The Standard Oil (N.J.) Case." Journal of Law and Economics 289 (1958): 137–69.

——. "Predatory Price Cutting Revisited." Journal of Law and Economics 289 (1980): 289–330.

Mckenzie-Brown, P., G. Jaremko, and D. Finch. The Great Oil Age. Calgary: Detselig Enterprises, 1993.

Ménard, C. "The Economics of Hybrid Organizations." Journal of Institutional and Theoretical Economics 160, no. 3 (2004): 345–76.

Ménard, C., and M. M. Shirley, eds. Handbook of New Institutional Economics. Dordrecht, Netherlands: Springer, 2005.

Merryman, J. H. "Ownership and Estate (Variations on a Theme by Lawson)." Tulane Law Review 48 (June 1974): 916–45.

Morin, R. A. New Regulatory Finance. Vienna, VA: Public Utilities Reports, 2006.

Mulherin, J. H. "Complexity in Long-Term Contracts: An Analysis of Natural Gas Contractual Provisions." Journal of Law, Economics, and Organization 2, no. 1 (Spring 1986): 105–17.

Munro, W. B. "Review: The Civic Federation Report on Public Ownership." Quarterly Journal of Economics 23, no. 1 (1908): 161–74.

Nash, J. F., Jr. "The Bargaining Problem." Econometrica 18 (1950): 155–62.

National Civic Federation. Municipal and Private Operation of Public Utilities. 3 vols. New York: National Civic Federation, 1907.

Nelson, J. R. "The Role of Competition in Regulated Industries." Antitrust Bulletin 11 (1966): 1–36.

Nerlove, M. "Returns to Scale in Electricity Supply." In Measurement in Economics, by C. F. Christ, M. Friedman, L. A. Goodman, Z. Griliches, A. C. Harberger, N. Liviatan, J. Mincer, et al. Stanford, CA: Stanford University Press, 1963.

Newbery, D. M. Privatization, Restructuring and Regulation of Network Utilities. The Walras-Pareto Lectures, 1995. Cambridge, MA: MIT Press, 2000.

North, D. C. "Economic Performance through Time." American Economic Review 84, no. 3 (June 1994): 359–68.

———. "Sources of Productivity Change in Ocean Shipping." Journal of Political Economy 76 (1968): 953–70.

Nuechterlein, J. E., and P. J. Weiser. Digital Crossroads: American Telecommunications Policy in the Internet Age. Cambridge, MA: MIT Press, 2007.

Olson, M. "Collective Action." The New Palgrave Dictionary of Economics. Edited by S. G. Durlauf and L. E. Blume. 2nd ed. New York: Palgrave Macmillan, 2008.

———. The Logic of Collective Action: Public Goods and the Theory of Groups. Cambridge, MA: Harvard University Press, 1965.

———. The Rise and Decline of Nations: Economic Growth, Stagflation, and Social Rigidities. New Haven, CT: Yale University Press, 1982.

Patten, C. "What Is Europe to Do?" New York Review of Books 57, no. 3 (Mar. 11, 2010): 11–12.

Peebles, M. W. H. Evolution of the Gas Industry. London: Macmillan, 1980.

Pegrum, D. F. "Restructuring the Transport System." In The Future of American Transportation, edited by E. W. Williams Jr. Englewood Cliffs, NJ: Prentice-Hall, 1971.

Persson, T., and G. Tabellini. Political Economics: Explaining Economic Policy. Cambridge MA: MIT Press, 2000.

Phillips, C. F., Jr. The Regulation of Public Utilities. Arlington, VA: Public Utilities Reports, 1993.

Pierce, R. J. "Reconstituting the Natural Gas Industry, from the Wellhead to the Burnertip." Energy Law Journal 9, no. 1 (1988): 1–57.

Platts EU Energy. "Long-Term Contracts: A Legal Quagmire," no. 174 (Jan. 11, 2008), McGraw Hill, 8–9.

Posner, R. A. "The New Institutional Economics Meets Law and Economics." Journal of Institutional and Theoretical Economics 149, no. 1 (1993): 73–87.

Pusey, M. J. Charles Evans Hughes. New York: Macmillan, 1952.

Read, H. J. Defending the Public: Milo R. Maltbie and Utility Regulation in New York. Pittsburgh: Dorrance Publishing, 1998.

Reinhart, C. M., and M. A. Savastano. "The Realities of Modern Hyperinflation." Finance and Development 40 (June 2003): 20–23.

Report of the Commissioner of Corporations on the Transportation of Petroleum (Garfield report). Washington, DC: US Government Printing Office, May 2, 1906.

Rostow, E. V. A National Policy for the Oil Industry. New Haven, CT: Yale University Press, 1948.

Rostow, E. V., and A. S. Sachs. "Entry into the Oil Refining Business: Vertical Integration Re-examined." Yale Law Journal 61 (1952): 856–914.

Samuelson, P. A. Foundations of Economic Analysis. Cambridge, MA: Harvard University Press, 1947.

Samuelson, P. A., and W. D. Nordhaus. Economics. 12th ed. New York: McGraw Hill, 1985.

Sanders, M. E. The Regulation of Natural Gas: Policy and Politics, 1938–1978. Philadelphia: Temple University Press, 1981.

Saussier, S. "Transaction Costs and Contractual Incompleteness: The Case of électricité de France." Journal of Economic Behavior 42 (2000): 189–206.

Shaikh, Hafees, Manuel A. Abdala, et al. "Argentina Privatization Program: A Review of Five Cases." Case Study 3: Gas del Estado. Washington, DC: World Bank, 1995.

Sharkey, W. W. The Theory of Natural Monopoly. Cambridge: Cambridge University Press, 1982.

Simon, W. E. A Time for Truth. New York: McGraw Hill, 1978.

Smith, A. The Wealth of Nations. New York: Modern Library, 1937.

Spiller, P. T., and S. Liao. "Buy, Lobby or Sue: Interest Groups' Participation in Policy Making: A Selective Survey." In New Institutional Economics—A Guidebook, edited by E. Brousseau and J.-M. Glachant, 307–27. Cambridge: Cambridge University Press, 2008.

Splawn, W. M. W. Report on Pipe Lines (in two parts). H.R. Rep. No. 2192, 72nd Cong., 2nd Sess. Washington, DC: US Government Printing Office, 1933.

Stark, J. "The Wisconsin Idea: The University's Service to the State." Madison, Legislative Reference Bureau, 1995, p. 17. Repr. in Wisconsin Blue Book, 1995–1996. Madison, State Printing Office, 1995.

Stigler, G. J. "The Law and Economics of Public Policy: A Plea to Scholars." Journal of Legal Studies 1 (1972): 1–12.

Tadelis, S. "Complexity, Flexibility, and the Make-or-Buy Decision." American Economic Review 92, no. 2 (May 2002): 433–37.

Tarbell, I. The History of the Standard Oil Company. New York: McClure, Phillips, and Co., 1904.

Trapmann, W., and J. Todaro. "Natural Gas Residential Pricing Developments during the 1996–97 Winter." Natural Gas Monthly (US Energy Information Administration), Aug. 1997.

Trebing, H. M. "Martin G. Glaeser." In Pioneers of Industrial Organization, edited by H. W. de Jong and W. G. Shepherd, 190–93. Cheltenham, UK: Edward Elgar, 2007.

Troxel, E. Economics of Public Utilities. New York: Rinehart and Company, 1947.

——. "Long-Distance Natural Gas Pipe Lines." Journal of Land and Public Utility Economics (Nov. 1936): 344–54.

——. "II. Regulation of Interstate Movements of Natural Gas." Journal of Land and Public Utility Economics (Feb. 1937): 20–30.

——. "III. Some Problems in State Regulation of Natural Gas Utilities." Journal of Land and Public Utility Economics (Feb. 1937): 188–203.

Tussing, A. R., and C. C. Barlow. The Natural Gas Industry: Evolution, Structure and Economics. Cambridge, MA: Ballinger, 1984.

Tussing, A. R., and B. Tippee. The Natural Gas Industry: Evolution, Structure and Economics. 2nd ed. Tulsa, OK: PennWell Books, 1995.

UK Competition Commission, Office of Fair Trade. "Gas and British Gas PLC: Reports under the Gas and Fair Trading Act." London: Monopolies and Mergers Commission, 1992.

US Department of Justice. Competition in the Oil Pipeline Industry: A Preliminary Report. Washington, DC: Antitrust Division, Department of Justice, May 1984.

US Department of Justice. Oil Pipeline Deregulation. Washington, DC: Antitrust Division, Department of Justice, May 1986.

Vickers, J. S., and G. K. Yarrow. Privatization: An Economic Analysis. Cambridge,

MA: MIT Press, 1988.

Weiss, L. O. "The Field of Industrial Organization at Wisconsin." In Economists at Wisconsin, edited by R. J. Lampman, 219–29. Madison: Board of Regents of the University of Wisconsin System, 1993.

Williamson, O. E. "Comparative Economic Organization: The Analysis of Discrete Structural Alternatives." Administration Science Quarterly 36, no. 2 (1991): 269–96.

——. "Credible Commitments: Using Hostages to Support Exchange." American Economic Review 83, no. 4 (Sept. 1983): 519–40.

——. The Economic Institutions of Capitalism. New York: Free Press, 1985.

——. "Franchise Bidding for Natural Monopolies—in General and with Respect to CATV." Bell Journal of Economics 7, no. 1 (Spring 1976): 73–104.

——. The Mechanisms of Governance. New York: Oxford University Press, 1996.

——. "The New Institutional Economics: Taking Stock, Looking Ahead." Journal of Economic Literature 38 (Sept. 2000): 595–613.

——. "Transaction Cost Economics." In Handbook of New Institutional Economics, edited by C. Ménard and M. M. Shirley, 41–65. Dordrecht, Netherlands: Springer, 2005.

——. "Transaction-Cost Economics: The Governance of Contractual Relations." Journal of Law and Economics 22, no. 2 (1979): 233–61.

——. "Transaction Cost Economics: The Natural Progression." American Economic Review 100, no. 3 (June 2010): 673–90.

Winston, C. "Lessons from the U.S. Transport Deregulation Experience for Privatization." Discussion paper no. 2009–10, OECD/ITF Joint Transport Research Center, Paris, 2009.

Wolbert, G. S., Jr. American Pipe Lines: Their Industrial Structure, Economic Status and Legal Implications. Norman: University of Oklahoma Press, 1951.

——. U.S. Oil Pipe Lines. Washington, DC: American Petroleum Institute, 1979.

Youngberg, J. C. Natural Gas, America's Fastest Growing Industry. San Francisco: Schwabacher-Frey, 1930.